蒋晓曙　李庆录　主编
金钦华　主审

中国土木工程学会教育工作委员会江苏分会组织编写

应用型本科院校土木工程专业规划教材

土木工程材料

知识产权出版社
全国百佳图书出版单位

内容提要

本书系"应用型本科院校土木工程专业规划教材"之一，详细说明了常用土木工程材料的基本性能及其在工程中的适用范围、质量要求及试验方法，重点介绍了无机胶凝材料、水泥混凝土和砂浆、金属材料、无机烧结材料、合成高分子材料、沥青与沥青混合料、木材及功能材料等内容。

本书内容翔实，资料较新，运用理论与试验相结合的方法，对土木工程材料的应用进行了较为深入的阐述，并辅以相关标准和试验作为指导，以便读者学习。

本书可作为土木工程等相关专业本科学生的教材或教学参考用书，也可作为土木工程设计、施工、监理和科研等相关人员的参考用书。

责任编辑： 阳　森　张宝林
文字编辑： 张　冰

图书在版编目（CIP）数据

土木工程材料/蒋晓曙，李庆录主编．—北京：知识产权出版社，2011.8
应用型本科院校土木工程专业规划教材
ISBN 978-7-5130-0657-6

Ⅰ.①土…　Ⅱ.①蒋…　②李…　Ⅲ.①土木工程—建筑材料—高等学校—教材　Ⅳ.①TU5

中国版本图书馆 CIP 数据核字（2011）第 128308 号

应用型本科院校土木工程专业规划教材

土木工程材料

TUMU GONGCHENG CAILIAO

蒋晓曙　李庆录　主编　　金钦华　主审

出版发行： 知识产权出版社
社　　址： 北京市海淀区马甸南村 1 号　　**邮　　编：** 100088
网　　址： http://www.ipph.cn　　**邮　　箱：** bjb@cnipr.com
发行电话： 010-82000860 转 8101/8102　　**传　　真：** 010-82005070/82000893
编辑电话： 010-82000860 转 8024　　**编辑邮箱：** zhangbing@cnipr.com
印　　刷： 北京中献拓方科技发展有限公司　　**经　　销：** 新华书店及相关销售网点
开　　本： 787mm×1092mm　1/16　　**印　　张：** 14
版　　次： 2008 年 1 月第 1 版　　**印　　次：** 2011 年 8 月第 2 次印刷
字　　数： 332 千字　　**印　　数：** 4100～7000
定　　价： 25.00 元
ISBN 978-7-5130-0657-6/TU・019（3558）

中国土木工程学会教育工作委员会江苏分会组织编写

应用型本科院校土木工程专业规划教材

总　序

中国土木工程学会教育工作委员会江苏分会成立于2002年5月，现由江苏省设有土木工程专业的近40所高校组成，是中国土木工程学会教育工作委员会的第一个省级分会。分会的宗旨是加强江苏省各高校土木工程专业的交流与合作，提高土木工程专业的人才培养质量，服务于江苏乃至全国的建设事业和社会发展。

人才培养是高校的首要任务，现代社会既需要研究型人才，也需要大量在生产领域解决实际问题的应用型人才。目前，除少部分知名大学定位在研究型大学外，大多数工科大学均将办学层次定位在应用技术型高校这个平台上。作为知识传承、能力培养和课程建设载体的教材在应用型高校的教学活动中起着至关重要的作用，但目前出版的教材大多偏重于按照研究型人才培养的模式进行编写，“应用型”教材的建设和发展却远远滞后于应用型人才培养的步伐。为了更好地适应当前我国高等教育跨越式发展的需要，满足我国高校从精英教育向大众化教育重大转移阶段中社会对高校应用型人才培养的各类要求，探索和建立我国高校应用型本科人才培养体系，中国土木工程学会教育工作委员会江苏分会与中国水利水电出版社、知识产权出版社联合，组织江苏省有关院校的教师，编写出版了适应应用型人才培养需要的应用型本科院校土木工程专业规划教材。其培养目标是既掌握土木工程学科的基本知识和基本技能，同时也包括在技术应用中不可缺少的非技术知识，又具有较强的技术思维能力，擅长技术的应用，能够解决生产实际中的具体技术问题。

本套教材旨在充分反映应用型本科的特色，吸收国内外优秀教材的成功经验，并遵循以下编写原则：

- 突出基本概念、思路和方法的阐述以及工程应用实例；
- 充分利用工程语言，形象、直观地表达教学内容，力争在体例上有所创新并图文并茂；
- 密切跟踪行业发展动态，充分体现新技术、新方法，启发学生的创新思维。

本套教材虽然经过编审者和编辑出版人员的尽心努力，但由于是对应用型本科院校土木工程专业规划教材的首次尝试，故仍会存在不少缺点和不足之处。我们真诚欢迎选用本套教材的师生多提宝贵意见和建议，以便我们不断修改和完善，共同为我国土木工程教育事业的发展作出贡献。

中国土木工程学会教育工作委员会江苏分会

2006年4月

前　言

本书是根据土木工程专业应用型本科人才的培养目标，考虑到适应土木工程专业涵盖了原有建筑工程、交通土建工程、桥梁工程和地下工程等专业的教学要求，并引用国家、行业的有关现行标准、规范进行编写的。

应用型本科人才的培养在目标上已经确立，要达到这一目标，需要在教材系列、教学方法和手段等方面进行深入的探索和实践。中国土木工程学会教育工作委员会江苏分会组织编写应用型本科院校土木工程专业规划教材，是一项重要的实践工作，因此在教材编写过程中我们力求将教材内容与工程实践建立紧密的联系。简化理论分析、突出工程实践应用是本书各章编写的重点。

“土木工程材料”是一门重要的专业基础课。本书主要介绍了土木工程材料的组成、技术性质及其应用之间的关系，以及各种产品和制品的质量要求、技术标准和试验方法等，并介绍了复合材料组配的基本方法；阐述了各种土木工程材料的发展趋势，有重点地介绍了一些新型土木工程材料。由于土木工程材料行业发展快，新型材料不断涌现，相应的技术标准不断更新，因此教材编写周期会出现一定的滞后，需要在教学中不断充实。

本书由蒋晓曙副教授、李庆录副教授主编，金钦华教授主审。本书的第一～三章和第八章由蒋晓曙编写；第四章由胡杰编写；第五章和第六章由李庆录编写；第九章由顾炳伟编写；第七章和第十章由胡阳编写；土木工程材料试验由李庆录摘编。

本书在编写过程中得到了金钦华教授的悉心指导，金教授对本书提出了很多宝贵意见。黄书峰博士也对本书的编写给予了帮助。承蒙相关院校的大力支持，本书最终得以完成。书中参考了大量国内外专家、学者的著作，吸收和借鉴了许多优秀成果。作者、审稿及相关人员付出了大量的辛勤劳动，在此，我们一并深表衷心的感谢！

由于土木工程材料发展很快，新材料、新品种不断涌现，且各行业的差异较大，加上编者水平所限，书中的疏漏、不妥、错误及不足之处恐难避免，敬请有关专家、学者和广大读者予以批评指正，以便再版时修订完善。

编　者

2007 年 11 月

目　录

第一章

绪　论

【本章要点】

- 土木工程材料的分类。
- 土木工程材料的发展趋势。
- 土木工程材料课程的学习方法。

土木工程材料是指在土木工程中所使用的各种材料的总和，它是土木工程的物质基础。由于原材料的种类、加工的方法及工程的要求不同，因此土木工程材料的种类繁多，且性能各不相同。土木工程材料在工程中用量大，价格差异大，占总造价的比例大，对工程的安全性、实用性、美观性和耐久性有着直接的影响。此外，随着人们生活水平的提高、建筑形式的变化以及结构设计和施工工艺的进步，促进了各种新材料不断应用于土木工程中。因此，认真地学习、了解和掌握土木工程材料的各方面知识，以至今后正确选择和合理使用土木工程材料，对整个土木工程的安全、实用、美观、耐久、技术先进、造价合理具有重大意义。

土木工程材料的分类方法较多，如按照材料来源划分，可分为天然材料及人造材料；按照使用功能划分，可分为结构材料、装饰材料、防水材料和绝热材料等。通常，按照组成物质的种类及化学成分，将土木工程材料划分为无机材料、有机材料和复合材料三大类，各大类中又可进行细分，如图 1－1 所示。

社会在进步，人类生活水平在改善，土木工程技术在提高，土木工程材料也随之快速发展。土木工程材料的发展主要体现在以下几个方面：

（1）提高性能，拓展功能。例如，配制高强混凝土、发展轻质保温隔热的墙体材料，等等。

（2）充分重视材料耐久性，加强这方面的研究及工程应用。

（3）在生产及应用土木工程材料过程中，充分利用可再生资源和工业废料，减少对环境的污染及对自然生态环境的破坏，例如粉煤灰的应用等。

- 土木工程材料
  - 无机材料
    - 金属材料
      - 黑色金属：钢、铁和不锈钢等
      - 有色金属：铝、铜及其合金等
    - 非金属材料
      - 烧结材料：砖、瓦、玻璃和陶瓷等
      - 天然石材：砂、石及石材制品等
      - 无机胶凝材料：石灰、石膏、水泥和水玻璃等
      - 混凝土及硅酸盐制品：混凝土、砂浆及硅酸盐制品
  - 有机材料
    - 植物材料：木材、竹材等
    - 沥青材料：石油沥青、煤沥青和沥青制品
    - 高分子材料：塑料、涂料、胶黏剂、合成橡胶等
  - 复合材料
    - 无机非金属材料与有机材料复合：沥青混合料、玻璃纤维增强塑料等
    - 金属材料与无机非金属材料复合：钢纤维增强混凝土等
    - 金属材料与有机材料复合：轻质金属夹芯板等

图 1-1　土木工程材料分类

一种新材料的开发，需要有一个过程，包括研究、技术上的成熟过程，还包括社会上的认识和适应过程。作为一名工程技术人员，应该积极而慎重地采用和推广新型材料，结合地区特点与工程性质，合理地发挥新材料的优点。

土木工程材料课程是土木工程专业的一门专业基础课程，为配合土木工程结构的设计、施工和房屋建筑学等课程，以及合理选择和使用土木工程材料打下基础。土木工程材料又是工程的物质基础，为此，必须了解各种材料的组织构造和成分等特点，从本质上理解材料的配制过程，以及在不同施工条件下和应用过程中发生的变化及各种条件之间的相互关系。在学习过程中要理解各种现象发生的原因、机理，掌握材料最基本的技术性能、试验方法，并合理使用技术。

对于同一类属不同品种的材料，不但要学习它们的共性，更重要的是了解各自的特性和具备这些特性的原因。学习时还要注意了解事物的本质和内在联系。从微观、亚微观到宏观结构对材料进行分析研究，洞察各种性质间的内在联系及其在不同条件下的变化规律。

“土木工程材料”是研究各种材料的组成、结构、组织构造、生产工艺、加工原理、技术性能、质量检验及应用范围等内容的技术科学。在学习本课程时要具有一定的数学、物理、化学和材料力学等方面的基本知识。此外，通过对土木工程材料课程的学习，可在有一定感性知识的基础上获得以下有关的知识：

（1）土木工程材料的技术性能及应用的基本知识。

（2）必要的基本理论知识。

（3）主要土木工材料试验的基本技能，各项标准中的指标要求。

“土木工程材料”是一门联系实际较强的科学，其试验是这门课程的一个重要环节。通过材料试验可以巩固所学习的理论知识，掌握各种材料试验、操作技术、国家标准和技术规范，对于各种实验室数据能够进行科学的分析和整理，可培养学生进行科学研究的能力。在学习本课程时，需联系实际、结合工程，有条件时多参与到工程实际中，以增进感性认识，加深对课程内容的理解与掌握。

第二章

土木工程材料的基本性质

【本章要点】

- 土木工程材料的物理性质。
- 土木工程材料的力学性质。
- 土木工程材料的耐久性。
- 土木工程材料的技术性质与其组成、构造的关系。

在土木工程中，由于工程性质、结构部位及环境条件的不同，对材料有不同的要求。例如，用作受力构件的结构材料，要求承受各种力的作用，其材料必须具有一定的强度；工业建筑或基础设施会受外界介质或环境的化学作用和物理作用，其材料必须具有抵抗这些作用的耐久性；民用建筑和住宅应外形美观、功能完善、使用方便、环境舒适，其材料还必须具有防水防潮、隔声吸声、保温隔热和装饰等功能。由此可见，土木工程对材料性能的要求是复杂和多方面的。此外，土木工程材料的选择和使用还应考虑材料对人居环境和人类可持续发展的影响。因此，就需要我们掌握材料的基本性质，并了解它们与材料的组成、结构的关系，从而合理地选用土木工程材料。

第一节　土木工程材料的物理性质

一、材料的密度、表观密度与堆积密度

(一) 密度

密度是材料在绝对密实状态下单位体积的质量，可按式（2-1）计算，即

$$\rho = m/V \tag{2-1}$$

式中：ρ 为密度，g/cm^3；m 为材料在干燥状态下的质量，g；V 为材料在绝对密实状态下的体积，cm^3。

绝对密实状态下的体积是指不包括材料内部孔隙的体积。土木工程材料中，除了钢材、玻璃等少数材料外，绝大多数材料都含有一定的孔隙，例如砖、石材等。对于这些有孔隙的材料，测定其密度时，须先将材料磨成细粉，经干燥至恒重后，用李氏瓶测定其体积，然后按式（2-1）计算其密度值。材料磨得越细，测得的数值就越准确。但是，材料的密度仅由其微观结构和组成所决定，与其所处的环境或自然状态无关。土木工程材料的密度可查阅有关手册。

（二）表观密度

表观密度是指材料在自然状态下单位体积的质量，可按式（2-2）计算，即

$$\rho_0 = m_0/V_0 \tag{2-2}$$

式中：ρ_0 为表观密度，g/cm^3 或 kg/m^3；m_0 为材料的质量，g 或 kg；V_0 为材料在自然状态下的体积，cm^3 或 m^3。

材料在自然状态下的体积是指包含材料内部孔隙的体积。当材料含有水分时，它的质量和体积都会发生变化，因而表观密度也不相同。故测定材料表观密度时，应注明其含水情况，未特别注明者，常指气干状态下的表观密度。材料对比试验则应在绝对干燥状态下进行。土木工程材料的表观密度可查阅有关手册。

（三）堆积密度

堆积密度是指散状材料或粉状材料在自然堆积状态下单位体积的质量，可按式（2-3）计算，即

$$\rho' = m/V' \tag{2-3}$$

式中：ρ'为堆积密度，kg/m^3；m 为材料的质量，kg；V'为材料的堆积体积，m^3。

材料的堆积体积是指在自然、松散状态下按一定方法装入一定容器的容积，包括颗粒体积和颗粒之间空隙的体积。因此，堆积密度与材料堆积的紧密程度有关。根据材料堆积的紧密程度，堆积密度可分为松堆密度和紧堆密度。土木工程材料的堆积密度可查阅有关手册。

二、材料的密实度与孔隙率

（一）密实度

密实度是指材料体积（自然状态）内被固体物质充实的程度，可按式（2-4）计算，即

$$D = V/V_0 \times 100\% = \rho_0/\rho \times 100\% = 1 - P \tag{2-4}$$

式中：D 为材料的密实度，%。

（二）孔隙率

孔隙率是指材料内部孔隙体积占材料在自然状态下总体积的百分率。它与密实度相对应，可按式（2-5）计算，即

$$P = (V_0 - V)/V_0 \times 100\% = (1 - \rho_0/\rho) \times 100\% \tag{2-5}$$

式中：P 为材料的孔隙率，%。

材料孔隙率或密实度的大小直接反映材料的密实程度。密实度越大，材料越密实；孔隙率越高，则表示材料密实程度越小。含有孔隙的材料，密实度均小于1。

必须指出，材料内部的孔隙是多种多样的，十分复杂，例如孔隙大小、形状、分布、连通与否等，这些均属构造方面的特征，统称为孔隙特征。孔隙特征对材料的物理、力学

性质均有显著影响。材料的孔隙特征主要是指孔隙的连通性，以此可将孔隙分为开口孔隙和闭口孔隙。开口孔隙（简称为开孔）是指材料内部孔隙不仅彼此互相连通，并且与外界连通，例如常见的毛细孔。在一般浸水条件下，开孔能吸水饱和。开孔能提高材料的吸水性、透水性和吸声性，并降低抗冻性。闭口孔隙（简称为闭孔）是指材料内部孔隙彼此不连通，而且与外界隔绝。闭孔能提高材料的隔热保温性能，适量均匀分布的微小闭孔还能提高材料的抗冻性和抗渗性。由此可见，材料的孔隙率也可分为开口孔隙率和闭口孔隙率。

三、材料的空隙率与填充率

(一) 空隙率

空隙率是指散粒或粉状材料颗粒之间的空隙体积占其自然堆积体积的百分率，可按式（2-6)计算，即

$$P' = (V' - V_0)/V' \times 100\% = (1 - \rho'/\rho_0) \times 100\% \tag{2-6}$$

式中：P'为材料的空隙率，%。

空隙率的大小反映了散粒状材料颗粒之间互相填充的致密程度。

(二) 填充率

填充率是指散粒状材料堆积体积中颗粒填充的程度。它与空隙率相对应，可按式（2-7)计算，即

$$D' = V_0/V' \times 100\% = \rho'/\rho_0 \times 100\% = 1 - P' \tag{2-7}$$

式中：D'为材料的填充率，%。

在以上各参数中，密度是材料的固有性质，不随孔隙的变化而变化，是一些计算的依据，例如计算材料的孔隙率及混凝土配合比；表观密度反映了材料自然体积和质量之间的关系，可用来计算材料用量；孔隙率和孔隙特征反映材料的密实程度，并与材料的强度、吸水性、保温性和耐久性等性质有密切关系；空隙率是配制混凝土时控制砂、石级配及计算配合比的重要依据。

四、材料与水有关的性质

(一) 亲水性与憎水性

与水接触后，有些材料可能被水润湿，而有些材料则不能被水润湿。这种现象说明了材料与水之间的相互作用性质，前者为亲水性，后者为憎水性。

材料的亲水（或憎水）程度可用润湿角θ来说明，如图2-1和图2-2所示。θ越小，表明材料易被水润湿。一般认为，当润湿角$\theta \leqslant 90°$时，表明水分子之间的内聚力小于水分子与材料之间的吸引力，材料具有亲水性；当润湿角$\theta > 90°$时，表明水分子之间的内聚力大于水分子与材料之间的吸引力，材料具有憎水性。

具备亲水性性质的材料称为亲水性材料。许多土木工程材料属于亲水性材料，例如混凝土、钢材和砖石等。这些材料可以被水润湿，即水可在材料表面铺展开，而且当材料存在孔隙时，水分能通过孔隙的毛细作用自动渗入材料内部。因此，这些材料耐水性差，但可对这些材料的表面进行憎水处理，以改善其耐水性能。具备憎水性性质的材料称为憎水性材料。大部分有机材料属于憎水性材料，例如沥青、石蜡、塑料和

有机硅等。憎水性材料不能被水润湿，水分不易渗入材料毛细管中。因此，憎水性材料常用作防水材料。

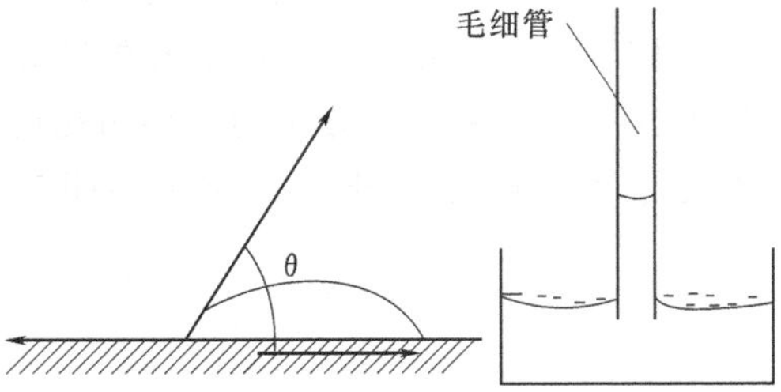

图2-1　亲水性材料的润湿与毛细现象

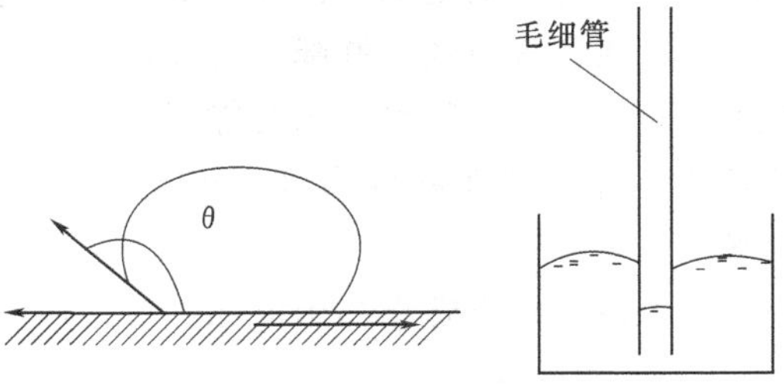

图2-2　憎水性材料的润湿与毛细现象

（二）吸水性

亲水性材料在水中吸收水分的能力，称为材料的吸水性，并以吸水率表示。材料吸水率有多种表示方法，土木工程材料常用质量吸水率来表示。

质量吸水率是指材料中所含水的质量与干燥状态材料的质量比，并以 W 表示，可按式（2-8）计算，即

$$W=(m_1-m)/m\times 100\% \tag{2-8}$$

式中：m_1 为材料在含水状态下的质量，g 或 kg；m 为材料在干燥状态下的质量，g 或 kg。

材料吸水率与其孔隙率有关，更与其孔隙特征有关。因为水分是通过材料的细微开孔吸入，并通过连通孔渗入内部的，材料具有细微且连通的孔隙越多，其吸水率就越大。因此，材料的含水状态对材料性质有很大的影响。

（三）吸湿性

材料在潮湿空气中吸收水分的性质称为吸湿性。吸湿作用一般为可逆过程，材料在此过程中可吸收空气中的水分，又可向空气中释放水分，这一过程在一定条件下会达到一种平衡状态，会随环境温度和空气湿度的变化而变化。与气温、湿度相平衡时的含水率称为平衡含水率（或称为气干含水率）。

材料吸水或吸湿后，对材料性能亦有显著的影响，它会使材料的表观密度增大、体积膨胀、强度下降、保温性能降低且抗冻性变差等。

（四）耐水性

材料长期在饱和水作用下不破坏而且强度也不显著降低的性质称为耐水性，并以软化系数 $K_{软}$ 表示，可按式（2-9）计算，即

$$K_{软}=f_{饱}/f_{干} \tag{2-9}$$

式中：$K_{软}$ 为材料的软化系数；$f_{饱}$ 为材料在吸水饱和状态下的抗压强度，MPa；$f_{干}$ 为材料在干燥状态下的抗压强度，MPa。

软化系数 $K_{软}$ 的大小表明材料在浸水饱和后强度降低的程度。一般来说，材料吸水后，材料内部的结合力削弱，造成强度不同程度的降低。材料的耐水性主要与其组成成分在水中的溶解度和材料的孔隙率有关。不同材料的耐水性差别很大，钢的软化系数为 1，

黏土的软化系数为 0，土木工程材料的软化系数在 0～1 之间波动。对于经常受到潮湿或水作用的结构，软化系数是选材的重要指标。工程中通常将软化系数大于 0.85 的材料称为耐水性材料，它们可以应用于水中或潮湿环境中的重要结构。材料用于受潮较轻或次要结构时，其软化系数也不得小于 0.75。

材料的耐水性与其亲水性、可溶性、孔隙率和孔隙特征等均有关，通常可从这几个方面来改善材料的耐水性。

（五）抗渗性

材料抵抗压力水或其他液体渗透的性质称为抗渗性（不透水性）。抗渗性可以渗透系数 K 或抗渗标号 P 表示。

对于一些防渗、防水材料，例如油毡、瓦和沥青混凝土等，通常以渗透系数 K 表示其抗渗性，即

$$K = Qd/AtH \tag{2-10}$$

式中：K 为材料的渗透系数，cm/h；Q 为总透水量，cm^3；d 为材料的厚度，cm；A 为渗水面积，cm^2；t 为渗水时间，h；H 为静水压力水头，cm。

对于土木工程中大量使用的砂浆、混凝土等材料，其抗渗性能通常以抗渗标号 P 来表示。例如，抗渗标号 P_6、P_8 分别表示材料能承受 0.6MPa、0.8MPa 的水压而不渗水。因此，渗透系数愈小或抗渗标号愈大，表示材料的抗渗性愈好。

材料抗渗性的好坏与其孔隙率和孔隙特征有关。绝对密实的材料和具有闭孔的材料，或具有极细孔隙（孔径小于 1μm）的材料，一般认为是不透水的。开口大孔最易渗水，故其抗渗性差。此外，抗渗性还与材料的亲水（或憎水）性有关，亲水性材料的毛细孔由于毛细作用而有利于水的渗透。

由于土木工程材料一般都具有不同程度的渗透性，当材料两侧存在不同水压时，周围的腐蚀性介质即可进入材料内部，然后将所分解的产物带出材料，使材料逐渐破坏。例如，地下建筑、基础和压力管道等经常受到压力水或水头差的作用，因此所用材料应具有一定的抗渗性。对于各种防水材料，其抗渗性要求更高。

（六）抗冻性

材料在吸水饱和状态下能经受多次冻融循环作用而不破坏、同时也不严重降低强度的性质称为抗冻性。土木工程材料的抗冻性以抗冻标号 F 表示。抗冻标号是指材料在吸水饱和状态下，经冻融循环作用，强度和质量损失均不超过规定值时所能经受的最大冻融循环次数。例如，F_{25}、F_{50} 等分别表示材料在经受 25、50 次的冻融循环后仍可满足使用要求。抗冻标号愈高，材料的抗冻性愈好。

抗冻性主要取决于材料内部孔隙率和孔隙特征，孔隙率小且孔均匀分布及具有适量封闭孔的材料其抗冻性较好。此外，抗冻性还与材料吸水饱和的程度、材料本身的强度以及冻结条件（例如冻结温度、冻结速度及冻融循环作用的频繁程度）等有关。

五、材料的热工性质

（一）导热性与隔热性

1. 导热性

材料传递热量的性质称为导热性。当固体材料的两侧表面存在温度差时，热量会从高

温的一侧传向低温的一侧。材料的导热性常用导热系数表示，匀质材料的导热系数可按式（2-11)计算，即

$$\lambda = \frac{Q\delta}{(T_1 - T_2)At} \tag{2-11}$$

式中：λ 为材料的导热系数，W/（m·K）；Q 为传热量，J；δ 为材料厚度，m；（T_1-T_2）为材料两侧温差，$T_1>T_2$；A 为传热面积，m^2；t 为传热时间，s。

热量传递方式有三种，即导热、对流和热辐射。除了密实材料的传热是靠导热外，多孔材料的传热是导热、对流和热辐射三种方式同时存在，因此，其导热系数是一种名义导热系数。大多数土木工程材料是多孔材料，影响多孔材料导热系数的主要因素如下：

（1）材料的组成和结构。通常金属材料、无机材料和晶体材料的导热系数分别大于非金属材料、有机材料和非晶体材料。

（2）材料的孔隙率。由于空气的导热系数很小，因此，通常导热系数随孔隙率增大而减小；但孔隙率过大，会产生连通孔，反而使导热系数增大。孔隙的大小和连通程度对导热系数也有影响，细小孔隙、封闭孔隙与粗大孔隙、开口孔隙相比，减少和降低了对流传热，因此，细小孔隙、封闭孔隙的材料的导热系数较低。

（3）含水率。材料中含水或冰时，因为水和冰的导热系数分别为 0.58W/（m·K）和 2.3W/（m·K），分别是空气的 25 倍和 100 倍，导热系数会急剧增加，因此，保温隔热材料在施工和使用过程中，应注意防水、防潮。

（4）温度。材料的导热系数随温度的升高而增大。

2. 隔热性

人们习惯将防止室内热量的散失称为保温，将防止外部热量的进入称为隔热，将保温隔热统称为绝热。在建筑热工中常将 $1/\lambda$ 称为材料的热阻，以 R 表示。材料的导热系数 λ 和热阻 R 均是评定土木工程材料保温隔热性能的重要指标。

材料的导热系数 λ 愈小，热阻 R 就愈大，则材料的导热性能愈差，其保温隔热的性能就愈好，常将 $\lambda \leqslant 0.175$ 的材料称为绝热材料。

（二）比热容与热容量

1. 比热容

比热容是指单位质量材料在温度升高或降低 1K 时所吸收或放出的热量，又称为比热容系数。其计算式为

$$C = Q/[m(T_1 - T_2)] \tag{2-12}$$

式中：C 为材料的比热容，J/（g·K）；Q 为材料吸收或放出的热量，J；m 为材料质量，g；（T_1-T_2）为材料受热或冷却前后的温差，K。

2. 热容量

比热容与材料质量的乘积称为材料的热容量。它表示材料温度升高或降低 1K 时所吸收或放出的热量。材料的热容量对保持建筑物内部温度稳定有很大意义，热容量较大的材料或构件，能在热流变动或采暖空调工作不平衡时，缓和室内的温度波动。

第二节　土木工程材料的力学性质

一、材料的强度

材料的强度是指材料抵抗外力破坏的能力，通常以材料在外力作用下失去承载能力时的极限应力来表示，又称为极限强度。

根据外力施加方式的不同，材料的强度可分为静力强度和动力强度。静力强度是在外力逐渐增加的条件下所测得的强度，通常用于承受静荷载作用的结构计算。动力强度是在单位时间内外力增量很大的条件下所测得的强度，在承受动荷载的结构或构件设计中，应考虑材料的动力强度，例如抗疲劳强度、抗冲击强度等。

在工程中，材料经常受到拉、压、弯、剪等四种不同外力的作用，如图 2－3 所示，相应的材料强度就有抗拉强度、抗压强度、抗弯强度和抗剪强度。

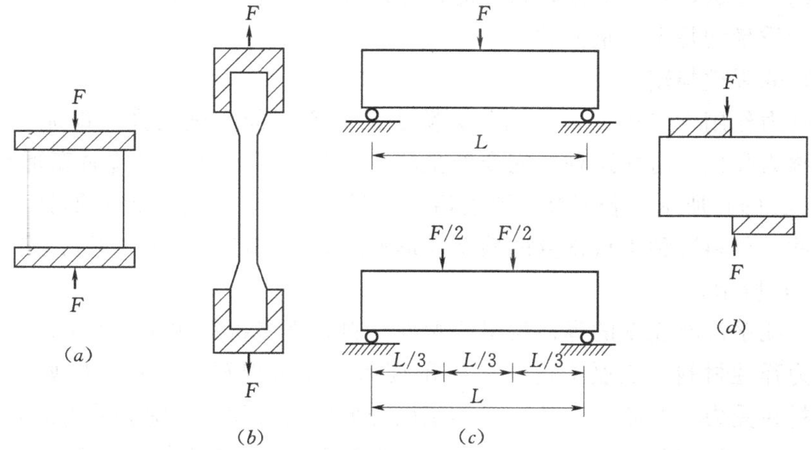

图 2－3　材料受力示意图

(a) 抗压；(b) 抗拉；(c) 抗弯；(d) 抗剪

材料的抗拉强度、抗压强度和抗剪强度可按式（2－13）计算，即

$$f = P_{max}/A \tag{2-13}$$

式中：f 为材料的抗拉强度、抗压强度和抗剪强度，MPa；P_{max} 为材料破坏时的最大荷载，N；A 为材料受外力面积，mm^2。

对于矩形截面的条形试件，材料的抗弯强度与荷载施加情况有关。当其两支点间的中点作用一集中荷载时，其抗弯强度可按式（2－14）计算，即

$$f_h = 3P_{max}L/2bh^2 \tag{2-14}$$

当在试件两支点间的三分点处作用两个相等的集中荷载（$P/2$）时，则其抗弯强度的计算公式为

$$f_h = P_{max}L/bh^2 \tag{2-15}$$

上述两式中：f_h 为材料的抗弯强度，MPa；L 为试件两支点间的距离，mm；b 和 h 分别为试件截面的宽度和高度，mm。

材料的强度主要取决于材料的组成和结构，不同种类的材料，强度差别甚大；同类材料，受力形式或受力方向不同，强度也不相同。例如，砖、砂浆和混凝土等的抗压强度较高，而抗拉、抗弯强度较低。木材和玻璃纤维增强塑料的顺纤维抗拉强度高于抗压强度。钢材的抗拉强度和抗压强度都很高。因此，应根据受力特点选择和使用土木工程材料。

此外，材料的强度是在一定条件下以一定的方法测试得到的，其测试条件和方法，试件的形状、尺寸和表面状况，加荷速度，以及环境的温度和湿度等，均不同程度地影响测试结果，因此，对于各种土木工程材料，必须严格遵照有关标准规定的试验方法进行检验。

为便于使用，结构材料均按强度值划分等级。例如，普通水泥按抗压强度和抗折强度分为 32.5、42.5、52.5 和 62.5 等 4 个强度等级，普通混凝土按抗压强度分为 C15、C20、C25、C30、C35、C40、C45、C50、C55、C60、C65、C70、C75 和 C80 等十四个强度等级；钢筋按机械性能（屈服点、抗拉强度、伸长率和冷弯性能等）划分等级。了解了结构材料按强度划分等级，对于掌握材料性能、合理选用材料、正确进行设计以及精心组织施工和控制工程质量均是十分重要的。

二、材料的弹性与塑性

材料在外力作用下产生变形，当外力除去后，变形能完全消失（即完全恢复原来形状）的性质称为弹性。材料这种能完全恢复的变形称为弹性变形（暂时变形），属可逆变形，如图 2-4（*a*）所示。若当外力除去后，材料仍保留一部分残余变形且不产生裂缝的性质称为塑性。材料这种不可恢复的残余变形称为塑性变形（永久变形），属不可逆变形，如图 2-4（*b*）所示。

实际上，几乎没有完全的弹性材料或塑性材料，许多材料在受力不大时，仅产生弹性变形，可视为弹性材料，当受力超过一定限度后，便出现塑性变形，例如建筑钢材。此外，有的材料在受力一开始，弹性变形和塑性变形便同时发生，除去外力后，弹性变形可以恢复（*ba*），而塑性变形（*Ob*）不会消失（见图 2-5），这类材料称为弹塑性材料，例如常见的混凝土材料。

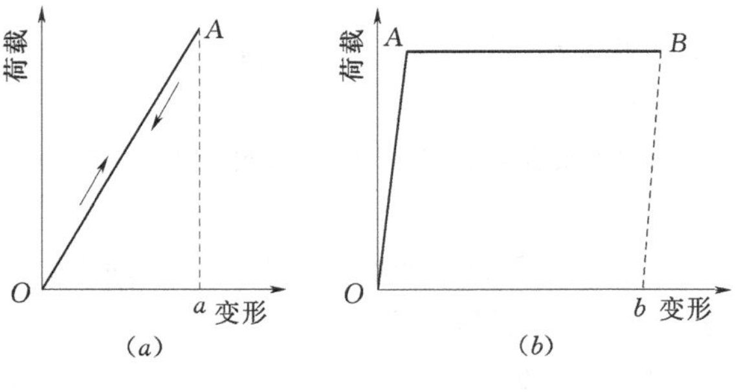

图 2-4 材料弹性变形和塑性变形曲线

（*a*）弹性变形；（*b*）塑性变形

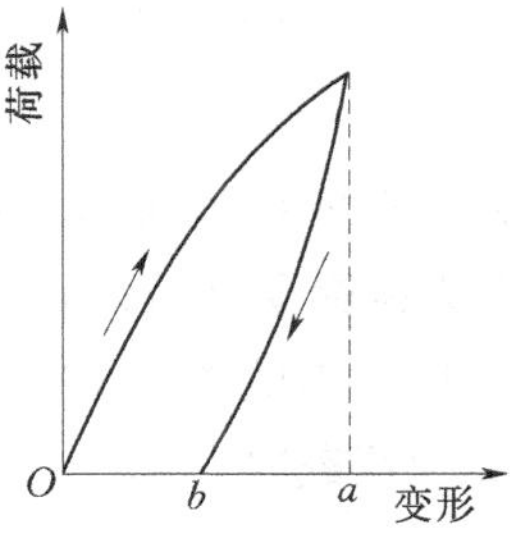

图 2-5 材料弹塑性变形

对于某些理想的材料，弹性变形的大小与其所受力的大小成正比，在某一范围内，其比例系数为一常数，这个常数称为弹性模量，以符号 E 表示，其计算公式为

$$E = \sigma/\varepsilon \qquad (2-16)$$

式中：σ 为材料所受的应力，MPa；ε 为在应力 σ 作用下的应变。

弹性模量 E 是反映材料抵抗变形能力的一个指标。其值愈大，材料愈不易变形，即刚度好。弹性模量是结构设计和变形验算时所依据的主要参数。常用建筑钢材的弹性模量约为 2.1×10^5 MPa；普通混凝土的弹性模量是一个变值，一般约为 2.1×10^4 MPa。

材料的弹性模量与强度之间没有固定的关系。钢材的弹性模量不受强度变化的影响；混凝土的弹性模量，在相同的温度和湿度条件下，一般强度高者，其弹性模量大，两者关系密切，但并不呈线性关系。

三、材料的脆性与韧性

（一）脆性

外力作用于材料并达到一定限度后，材料无明显塑性变形而发生突然破坏的性质称为脆性，具有这种性质的材料称为脆性材料，如图 2-6 所示。脆性材料的特点是塑性变形很小，且抗压强度远大于其抗拉强度（5～50 倍），但脆性材料承受冲击或震动荷载的能力很差，例如花岗岩、大理石、陶瓷、玻璃、黏土砖、普通混凝土和铸铁等。由此可见，仅用强度指标不能反映材料承受动荷载作用的能力，还必须对材料提出韧性的要求。

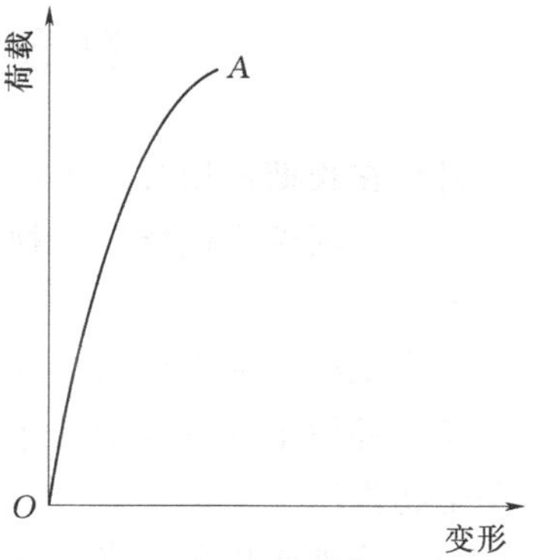

图 2-6　脆性材料的变形曲线

（二）韧性

冲击韧性（简称为韧性）是指材料在外力的作用下，能吸收较大能量、同时产生较大变形而不发生突然破坏的性质。韧性材料的特点是变形大，特别是塑性变形大，抗拉强度接近或高于抗压强度。木材、建筑钢材和橡胶等属于韧性材料。

在土木工程中，对于要求承受冲击荷载和有抗震要求的结构，例如吊车梁、桥梁和路面等所用材料，均应具有较高的韧性。

四、材料的硬度与耐磨性

（一）硬度

硬度是材料抵抗其他物体刻划或压入其表面的能力，它与材料强度等性能有一定的关系。不同种类材料的硬度测量方法不同，通常有刻划滚动法、回弹法和压入法。

刻划滚动法用于矿物材料的测定，以滑石、石膏、方解石、萤石、磷灰石、长石、石英、黄玉、刚玉和金刚石等十种矿物作为标准划分硬度等级，这种硬度称为莫氏硬度。

回弹法用于测定混凝土表面硬度，并可间接推算混凝土的强度，也可用于测定陶瓷、砖、砂浆、塑料和橡胶等的表面硬度并间接推算其强度。

压入法用于测定金属材料、塑料和橡胶等的硬度。以一定的压力将一定规格的钢球或金刚石制成的尖端压入试样表面，根据压痕的面积或深度来测定硬度值。常用的方法有布氏法、洛氏法和维氏法，相应的硬度值为布氏硬度（HB）、洛氏硬度（HRA、HRB、HRC）和维氏硬度（HV）。

一般来说，硬度大的材料，耐磨性较强，但不易加工。在工程中，常利用材料硬度与强度间的关系，间接推算材料的强度。

（二）耐磨性

耐磨性是材料表面抵抗磨损的能力。材料的耐磨性用磨损率或磨耗率表示，其值可按式（2-17）计算，即

$$N=(m_1-m_2)/A \tag{2-17}$$

式中：N 为材料的磨损率或磨耗率，g/cm^2；m_1 为试件磨损或磨耗前的质量，g；m_2 为试件磨损或磨耗后的质量，g；A 为试件受磨面积，cm^2。

材料的耐磨性与材料组成结构以及强度和硬度有关。在土木工程中，有些部位经常受到磨损的作用，例如道路路面、桥面和工业地面等，选择材料时，应适当考虑强度和耐磨性。

第三节　土木工程材料的耐久性

材料在长期使用过程中，抵抗外在作用而保持其原有性能的性质称为耐久性。材料的耐久性是一项综合性能。各种材料耐久性的具体内容，因材料的组成结构、用途和外界作用的不同而异。

土木工程材料在使用过程中，除材料内在原因使其组成结构或性能发生变化以外，还受到使用环境中各种因素的作用。这些因素的作用可概括为物理作用、机械作用、化学作用和生物作用。

（1）物理作用包括光、热、电和温度变化，以及冻融循环等作用，可使材料的结构发生变化，例如内部产生微裂纹或孔隙率增加。

（2）机械作用包括各种持续荷载的作用，以及各种交变荷载引起的疲劳、冲击、磨耗和磨损等。

（3）化学作用包括各种酸、碱、盐及其水溶液，以及各种腐蚀性气体的作用，对材料具有化学腐蚀或氧化作用。

（4）生物作用包括菌类、昆虫等的侵害作用，可使材料产生腐朽、虫蛀等而破坏。

实际工程中，不同材料受到的破坏作用往往是多种因素同时并存。例如，金属材料常因化学和电化学作用引起锈蚀，无机非金属材料常因溶解、冻融、风蚀和摩擦等因素的作用而引起材料的裂纹和剥落，有机材料常因生物作用、溶解、化学腐蚀、光和热等作用而引起老化。对材料耐久性最可靠的判断是在使用条件下，进行长期观测，但是，这需要很长时间。通常，人们是根据使用条件与要求，在实验室进行快速试验，对材料的耐久性进行判断。

提高材料的耐久性，对保证工程长期处于正常使用的状态、减少维护费用、延长使用年限以及节约材料，具有十分重要的意义。

思　考　题

2-1　材料的密度、表观密度和堆积密度有何区别？这些参数的大小不同，对材料的

应用提供哪些信息？试举例说明。

2-2　试分析材料的孔隙率和孔隙特征对材料的强度、吸水性、抗渗性、抗冻性和导热性的影响。

2-3　脆性材料和韧性材料各有何特点？它们分别适合承受哪种外力？

2-4　简述材料变形与材料性能的关系。

2-5　试述提高材料耐久性的意义及方法。

2-6　在工程结构设计及施工应用中应如何根据材料的性能选择材料？

2-7　材料的吸水性、吸湿性、耐水性和抗冻性各用什么指标或系数表示？

2-8　某材料的体积密度为 $1820kg/m^3$、孔隙率为 30%，试求该材料的密度。

2-9　决定材料耐腐蚀性的内在因素是什么？

第三章

无机胶凝材料

【本章要点】

- 石膏、石灰和硅酸盐水泥的组成。
- 石膏、石灰和硅酸盐水泥的技术性质。
- 石膏、石灰和硅酸盐水泥的工程应用。
- 石膏、石灰和硅酸盐水泥的组成、技术性质与工程应用的关系。
- 硅酸盐水泥用混合材料的概念。
- 其他品种水泥的特性及应用。
- 水泥石的耐久性问题。

凡能将松散物质胶结成整体，并具有一定机械强度的材料，统称为胶凝材料。

胶凝材料按其化学组成可分成无机胶凝材料和有机胶凝材料两大类。有机胶凝材料主要是天然的或合成的有机高分子化合物，例如石油沥青、各种合成树脂等。无机胶凝材料主要以无机化合物和矿物组成，例如石膏、石灰和各种水泥等。根据凝结强化特点，胶凝材料又可分为气硬性胶凝材料和水硬性胶凝材料。水硬性胶凝材料不仅能在空气中硬化，而且能在水中硬化，保持或继续发展其强度，例如硅酸盐水泥。气硬性胶凝材料是指只能在空气中硬化，也只能在空气中保持或继续发展其强度的胶凝材料，例如石膏、石灰、菱苦土和水玻璃等。本章主要介绍无机胶凝材料。

第一节　石　　膏

石膏胶凝材料是一种以硫酸钙为主要成分的气硬性胶凝材料，它有着悠久的发展历史，原材料来源广泛，生产能耗低，并具有许多优良性能。

一、石膏的原料及生产

生产石膏胶凝材料的原料主要是天然二水石膏，还有天然无水石膏和化工石膏等。其中，天然二水石膏又称为生石膏、软石膏，其主要成分为含有两个结晶水的硫酸钙（$CaSO_4 \cdot 2H_2O$），它是生产石膏胶凝材料的主要原料。天然无水石膏又称为硬石膏，其主要成分是无水硫酸钙（$CaSO_4$），只可用于生产无水石膏水泥和高温煅烧石膏。化工石膏是含有二水石膏的化工副产品及废渣。

生产石膏胶凝材料的主要工艺流程为原料破碎、加热和磨细，根据加热方式与加热温度的不同，可生产出不同品种的石膏胶凝材料。

将二水石膏（天然或化工材料）在107～170℃下煅烧，脱水生成β型半水石膏，磨细后生成以β型半水石膏为主要成分的建筑石膏。二水石膏在加压蒸汽（0.13MPa，124℃）中加热处理或置于某些盐溶液中沸煮，将脱水形成α型半水石膏，经干燥磨细后，成为以α型半水石膏为主要成分的高强石膏。二水石膏加热脱水的反应式为

$$CaSO_4 \cdot 2H_2O \xrightarrow[\text{煅烧}]{107 \sim 170℃} \beta - CaSO_4 \cdot 1/2H_2O + 3/2H_2O$$

$$CaSO_4 \cdot 2H_2O \xrightarrow[\text{蒸炼}]{0.13MPa, 124℃} \alpha - CaSO_4 \cdot 1/2H_2O + 3/2H_2O$$

天然或人工制造的硬石膏（在600～700℃下煅烧的二水石膏）与激发剂共同磨细可制得无水石膏水泥。常用的激发剂有5%硫酸钠或硫酸氢钠与1%铁矾（或铜矾）的混合物、1%～5%的石灰、10%～15%的碱性粒化高炉矿渣等。

将天然二水石膏或天然硬石膏在800～1000℃下煅烧，使部分$CaSO_4$分解成CaO，磨细后可制成高温煅烧石膏。由于其硬化后有较高的强度，耐磨性高，抗水性好，适宜作地板，故又称为地板石膏。

在石膏胶凝材料中，以半水石膏为主要成分的建筑石膏和高强石膏在建筑工程中应用较多，最常用的是建筑石膏。

二、半水石膏的水化与凝结硬化

建筑石膏和高强石膏的主要成分分别为β型半水石膏和α型半水石膏，它们与水拌和后，可调制成可塑性浆体，经过一段时间反应后，将失去塑性，并凝结硬化成具有一定强度的固体。建筑石膏的凝结与硬化主要是由于半水石膏与水相互作用，还原成二水石膏。α型半水石膏的晶粒较大，所以制成稠度相同的浆体时，其需水量比β型半水石膏要少，硬化后强度要高，高强石膏也因此而得名。其化学反应式为

$$CaSO_4 \cdot 1/2H_2O + 3/2H_2O = CaSO_4 \cdot 2H_2O$$

半水石膏加水后首先溶解并很快形成泡和溶液，然后水化生成二水石膏。由于二水石膏的溶解度比半水石膏的溶解度低，因此，二水石膏以胶体微粒从过饱和溶液中析出。因二水石膏的析出，破坏了半水石膏溶解的平衡，半水石膏继续溶解和水化。如此不断地进行着半水石膏的溶解和二水石膏的析出，直到半水石膏全部耗尽为止。在以上过程中，石膏浆体中的自由水分因水化和蒸发而逐渐减少，浆体逐渐变稠，并失去可塑性，这一过程称为凝结。其后，浆体继续变稠，二水石膏逐渐凝聚成为晶体，并逐渐长大、共生和互相交错生长，形成结晶结构网。在这个过程中，浆体逐渐变硬，强度不断增长，形成具有一

定硬度的硬化体，直到完全干燥，强度才停止增长，这一过程称为硬化（见图3-1）。实际上，石膏的凝结和硬化是一个连续、复杂的物理化学变化过程。

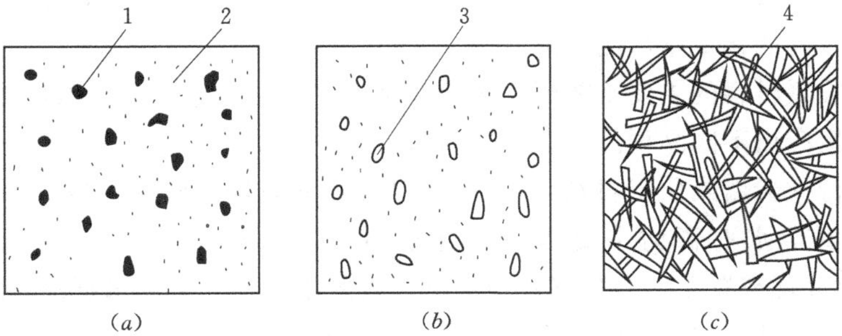

图3-1 建筑石膏凝结硬化示意图

(a) 胶化；(b) 结晶开始；(c) 晶体长大与互生

1—半水石膏；2—二水石膏胶体；3—二水石膏晶体；4—互生的晶体

三、半水石膏的技术性质

半水石膏是一种白色粉末状的气硬性胶凝材料，密度为2.600～2.758g/cm^3，堆积密度为800～1000kg/m^3。

与其他无机胶凝材料相比较，半水石膏及石膏制品具有以下特点：

(1) 凝结硬化快。建筑石膏加水拌和后，浆体的初凝和终凝时间都很短，一般初凝时间为几分钟至十几分钟，终凝时间在半小时以内，大约一星期左右完全硬化。初凝时间较短，不便于使用，为延长凝结时间，可加入缓凝剂，常用的缓凝剂有硼砂、酒石酸钠、柠檬酸和动物胶等。

(2) 硬化时体积稳定，具有良好的装饰性和可加工性。石膏在凝结硬化时，不像其他胶凝材料（如石灰、水泥）那样出现收缩，反而略有膨胀（膨胀率为0.05%～0.15%），使石膏硬化体表面光滑饱满，可制作出纹理细致的浮雕花饰。石膏硬化后的湿胀干缩也较小，尺寸稳定，干燥时不开裂，因此，石膏制品的质地洁白细腻，典雅美观，是一种较好的室内装饰材料。

(3) 硬化后孔隙率高，表观密度和强度较低。石膏浆体硬化后，多余的自由水将蒸发，内部将留下大量孔隙，孔隙率可达50%～60%，因而表观密度较小，并使石膏制品具有导热系数小、吸声性强、吸湿性大及可调节室内的温度和湿度的特点。

(4) 防火性好。石膏制品在遇火灾时，二水石膏将脱出结晶水，吸热蒸发，并在制品表面形成蒸汽幕和脱水物隔热层，有效地减少火焰对内部结构的危害，具有较好的防火性能。

(5) 耐水性、抗冻性差。石膏制品硬化体的吸湿性强，吸收的水分会削弱晶体粒子间的黏结力，使强度显著降低，其软化系数仅为0.3～0.45，若长期浸水，还会因二水石膏晶体溶解而引起破坏。吸水饱和石膏制品受冻后，会因孔隙中的水结冰而开裂崩溃。因此，石膏制品的耐水性和抗冻性都较差。

(6) 具有一定的调温、调湿作用。建筑石膏的热容量大，吸湿性能强，故能对室内温度和湿度起到一定的调节作用。

(7) 技术标准。根据《建筑石膏》(GB 9776—2008) 的规定，按细度、凝结时间和强度将建筑石膏分为3.0、2.0和1.6三个等级（见表3-1)。

表3-1 建筑石膏的技术要求（GB 9776—2008)

技术指标	要求	3.0	2.0	1.6
抗折强度（MPa)	≥	3.0	2.0	1.6
抗压强度（MPa)	≥	6.0	4.0	3.0
细度（0.2mm方孔筛筛余,%)	≤	10.0		
初凝时间（min)	≥	3		
终凝时间（min)	≤	30		

注 其中抗折强度和抗压强度为试样与水接触后2h测得的。

此外，若在温度过高的环境中使用（超过65℃)，二水石膏会脱水分解，造成强度降低。因此，未经特别加工的石膏制品不宜用于潮湿和温度过高的环境中。

四、石膏及其制品在土木工程中的应用

石膏是一种传统的胶凝材料，由于其资源丰富，且其制品具有一系列的优良性质，所以得到很快的发展，其中发展最快的是纸面石膏板、建筑饰面板及隔声板等新型建筑材料。

(一) 装饰石膏板

装饰石膏板是以建筑石膏为主要原料，掺入适量纤维增强材料和外加剂，与水一起搅拌均匀的料浆，经浇注成型、干燥而成的不带保护面纸的板材。所用的纤维增强材料为玻璃纤维，为了增加板的强度，也可附加长纤维或用玻璃长纤维捻成绳，在石膏成型过程中，呈网格方式布置在板内。装饰石膏板是具有良好防火性能和吸声性能的吊顶板材。这种板材的表观密度较小，强度较高，施工简便、快捷。板面可制成有浮雕图案并可带有小孔洞的装饰石膏板。

装饰石膏板花纹图案丰富，其孔板和浮雕还具有较强的立体感，并兼有轻质、保温、吸声、防火、防燃及调节室内温度等特点，主要包括石膏印花板、穿孔吊顶板和石膏浮雕吊顶板等，是一种广泛应用的室内装饰材料，适用于中高档装饰。

(二) 嵌装式装饰石膏板

以建筑石膏为主要原料，掺入适量的纤维增强材料和外加剂，与水一起搅拌均匀的料浆，经浇注成型、干燥而成的不带护面纸、板材背面四周加厚并带有嵌装企口的石膏板称为嵌装式装饰石膏板。它的正面可为平面、带孔或带浮雕图案。嵌装式装饰石膏板单位面积质量的平均值应不大于16.0kg/m^3，单个最大值应不大于18.0kg/m^3。嵌装式装饰石膏板的性能与装饰石膏板的性能相同。此外，它还具有各种色彩、浮雕图案、不同孔洞形式及其不同排列方式，且不再需要另行固定。而且，板材的企口相互咬合，故龙骨不外露。其整个施工全部为装配化，并且任意部位的板材均可随意拆卸或更换，极大方便了施工。选用嵌装式装饰石膏板最好选用与之配套的龙骨。

(三) 纸面石膏板

纸面石膏板是以建筑石膏为主要原料，掺入适量轻集料、纤维增强材料和外加剂构成芯材，并与护面纸牢固地粘结在一起的板材。

纸面石膏板按其用途分为普通纸面石膏板、耐水纸面石膏板和耐火纸面石膏板三种。

纸面石膏板表面应平整，不得有影响使用的破损、波纹、沟槽、污痕、过烧、亏料、边部漏料和纸面脱开等缺陷。其相关技术要求应符合《纸面石膏板》（GB/T 9775—2008）的规定，如表 3-2 所示。护面纸与石膏芯应粘结良好，按规定方法测定时，石膏芯应不裸露。板材的吸水率（仅适用于耐水纸面石膏板和耐水耐火纸面石膏板）应不大于 10.0%。板材的表面吸水量（仅适用于耐水纸面石膏板和耐水耐火纸面石膏板）应不大于 160g/m²。板材遇火稳定时间（仅适用于耐火纸面石膏板）应不小于 20min。

表 3-2　纸面石膏板断裂荷载技术要求

板材厚度（mm）	断裂荷载（N）			
	纵向		横向	
	平均值	最小值	平均值	最小值
9.5	400	360	160	140
12.0	520	460	200	180
15.0	650	580	250	220
18.0	770	700	300	270
21.0	900	810	350	320
25.0	1100	970	420	380

纸面石膏板具有质较轻、强度较高、防火、防蛀、耐火、隔热、吸声及自动微调室内湿度的作用。普通纸面石膏板广泛用于内墙、隔墙和顶棚的装饰。经过防火处理的耐水纸面石膏板可用于湿度较大的房间墙面，例如卫生间、厨房和浴室等贴瓷砖、金属板和塑料面砖墙的衬板。

（四）吸声用穿孔石膏板

吸声用穿孔石膏板是指以穿孔的装饰石膏板或纸面石膏板为基础板材，基板背面粘贴透气性材料和能吸收入射声能的吸声材料组合而成的石膏板。吸声用穿孔石膏板的棱边形状有直角形和倒角形两种。

吸声用穿孔石膏板不应有影响使用和装饰效果的缺陷。对以纸面石膏板为基板的板材不应有破损、划伤、污痕、凹凸和纸面剥落等缺陷，对以装饰石膏板为基板的板材不应有裂纹、污痕、气孔、映角和色彩不均匀等缺陷。穿孔应垂直于板面。棱边形状为直角形的板材，侧面应与板面成直角。

吸声用穿孔石膏板除具有一般石膏板材的性能外，主要的功能是吸声。吸声用穿孔石膏板主要用于播音室、音乐厅、影剧院、会议室以及其他对音质要求较高或对噪声限制较严的场所，作为吊顶、墙面等的吸声装饰材料。在潮湿环境中使用或对耐火性能有较高要求时，则应采用相应的防潮、耐水或耐火基板。

（五）其他石膏制品

除了以上介绍的常用石膏制品外，还有利用特殊原料，应用于特殊场合的一些石膏制品，例如特种耐火石膏板、艺术造型石膏板等；还有使用多种材料复合形成的石膏板，例如轻质硅酸钙吊顶板、菱镁装饰板、珍珠岩植物复合板和矿渣石膏装饰板等复合板。

第二节　石　　灰

石灰是人类使用较早的一种气硬性无机胶凝材料。由于其原料分布广，生产工艺简单，成本低廉，因而在土木工程中应用广泛。

一、石灰的原料及生产

石灰的主要原料是以碳酸钙（$CaCO_3$）为主要成分的天然岩石（石灰石）。石灰石经过900℃以上至1000℃高温的煅烧，排除分解出的二氧化碳后，所得的以氧化钙（CaO）为主要成分的产品即为石灰，又称为生石灰。其反应式为

$$CaCO_3 \xrightarrow{900℃} CaO + CO_2$$

生石灰呈白色或灰色块状，为便于使用，块状生石灰常需加工成生石灰粉、消石灰粉或石灰膏。生石灰粉是由块状生石灰磨细而得到的细粉，其主要成分为CaO；消石灰粉是块状生石灰用适量水熟化而得到的粉末，又称为熟石灰，其主要成分是$Ca(OH)_2$；石灰膏是块状生石灰用较多的水（约为生石灰体积的3～4倍）熟化而得到的膏状物，又称为石灰浆，其主要成分也为$Ca(OH)_2$。

在实际生产中，为加快分解，使原料充分煅烧，并考虑到热损失，常将煅烧温度提高到1000～1100℃。由于石灰石原料的尺寸大或煅烧时窑中温度分布不匀等原因，石灰中常含有欠火石灰和过火石灰。欠火石灰中的碳酸钙未完全分解，使用时缺乏黏结力。过火石灰结构密实，表面常包覆一层熔融物，熟化很慢。由于生产原料中常含有碳酸镁（$MgCO_3$），因此生石灰中还含有次要成分氧化镁（MgO），根据氧化镁含量的多少，生石灰可分为钙质石灰（$MgO \leqslant 5\%$）和镁质石灰（$MgO > 5\%$）。

（一）石灰的熟化

生石灰（CaO）与水反应生成氢氧化钙的过程，称为石灰的熟化或消失。反应生成的产物氢氧化钙称为熟石灰或消石灰。石灰熟化的反应式为

$$CaO + H_2O = Ca(OH)_2 + 64.9kJ$$

石灰熟化时放出大量的热，体积增大1～2.5倍。煅烧良好、氧化钙含量高的石灰熟化较快，释放热量和体积增大也较多。

根据加水量的不同，石灰可熟化成消石灰粉或石灰膏。石灰熟化的理论需水量为石灰重量的32%。在生石灰中，均匀加入60%～80%的水，可得到颗粒细小、分散均匀的消石灰粉。若用过量的水熟化，将得到具有一定稠度的石灰膏。石灰中一般都含有过火石灰，过火石灰熟化慢，若在石灰浆体硬化后再发生熟化，会因熟化产生的膨胀而引起隆起和开裂。为了消除过火石灰的这种危害，石灰在熟化后，还应“陈伏”2周左右。陈伏期间，石灰浆表面应保持有一层水，使之与空气隔绝避免碳化。

（二）石灰的硬化

1. 结晶作用

石灰浆在使用过程中，因游离水分逐渐蒸发和被砌体吸收，引起溶液某种程度的过饱和，使$Ca(OH)_2$逐渐结晶析出，促进石灰浆体的硬化。

2. 碳化作用

在大气环境中，氢氧化钙在潮湿状态下会与空气中的二氧化碳反应生成碳酸钙，并释放出水分，即发生碳化。其反应生成的碳酸钙晶体相互交叉连生或与氢氧化钙共生，形成紧密交织的结晶网，使硬化石灰浆体的强度进一步提高。但是，由于空气中二氧化碳含量很低，表面形成的碳酸钙层结构较致密，会阻碍二氧化碳的进一步渗入，因此，碳化过程

是十分缓慢的。

二、石灰的技术性质

(一) 保水性和可塑性

生石灰熟化后形成的石灰浆中，石灰粒子形成氢氧化钙胶体结构，颗粒极细（粒径约为 1μm），比表面积很大，其表面吸附一层较厚的水膜，可吸附大量的水，因而具有较强的保持水分的能力，即保水性好。将它掺入水泥砂浆中，配成混合砂浆，可显著提高砂浆的和易性，从而提高砂浆的可塑性。

(二) 硬化

石灰依靠干燥结晶以及碳化作用而硬化，由于空气中的二氧化碳含量低，且碳化后形成的碳酸钙硬壳阻止二氧化碳向内部渗透，也妨碍水分向外蒸发，因而硬化缓慢，硬化后的强度也不高，1∶3 的石灰砂浆 28d 的抗压强度只有 0.2～0.5MPa。在处于潮湿环境时，石灰中的水分不蒸发，二氧化碳也无法渗入，硬化将停止；加上氢氧化钙易溶于水，已硬化的石灰遇水还会溶解溃散。因此，石灰不宜在长期潮湿和受水浸泡的环境中使用。

石灰在硬化过程中，要蒸发掉大量的水分，引起体积显著收缩，易出现干缩裂缝，因此，石灰不宜单独使用，一般要掺入砂、纸筋和麻刀等材料，以减少收缩，增加抗拉强度，并能节约石灰。

石灰具有较强的碱性，在常温下，能与玻璃态的活性氧化硅或活性氧化铝反应，生成有水硬性的产物，产生胶结。

三、石灰在土木工程中的应用

石灰在土木工程中应用范围很广，主要用途如下：

(1) 配制混合砂浆。用消石灰膏可配制混合砂浆，用于砌筑或抹灰工程。

(2) 拌制石灰稳定土。将消石灰粉或生石灰粉掺入各种粉碎或原来松散的土中，经拌和、压实及养护后得到的混合材料，称为石灰稳定土。它包括石灰土、石灰稳定砂砾土和石灰碎石土等。石灰稳定土具有一定的强度和耐水性，一般用于道路的路面基层。

(3) 生产硅酸盐制品。以石灰（消石灰粉或生石灰粉）与硅质材料（砂、粉煤灰、火山灰和矿渣等）为主要原料，经过配料、拌和、成型和养护后可制得砖、砌等各种制品。因内部的胶凝物质主要是水化硅酸钙，所以称为硅酸盐制品，常用的有灰砂砖、粉煤灰砖等。

第三节 水 玻 璃

水玻璃又称为泡花碱，是一种碱金属硅酸盐。根据其碱金属氧化物种类的不同，又分为硅酸钠水玻璃（$Na_2O \cdot nSiO_2$）和硅酸钾水玻璃（$K_2O \cdot nSiO_2$）等，以硅酸钠水玻璃最为常用。通常，水玻璃的模数为 2.6～2.8。

一、水玻璃的原料及生产

水玻璃可采用湿法或干法生产。湿法是将石英砂和苛性钠溶液在高压釜内用蒸汽加热并搅拌，直接生成液体水玻璃。干法是将石英砂和碳酸钠磨细拌匀，在 1300～1400℃ 的熔炉中熔融，经冷却后生成固体水玻璃，然后在水中加热溶解成液体水玻璃。优质纯净的水玻璃为无色透明的黏稠液体，且溶于水。当含有杂质时呈淡黄色或青灰色。

二、水玻璃的水化硬化

液体水玻璃是一种既具有胶体特征，又具有溶液特征的胶体溶液。水玻璃的硬化是水玻璃与硬化剂反应生成硅酸凝胶，从溶液中析出，并逐渐干燥脱水和聚合形成无定形二氧化硅固体的过程。具有一定的酸性或能与水玻璃反应生成难溶的硅酸凝胶或硅酸盐的化合物均可作为水玻璃硬化剂。碱性盐（如氟硅酸、氟硼酸的碱金属盐等）、酸（如乙酸乙酯）等都能使水玻璃硬化。例如，水玻璃在空气中吸收二氧化碳，形成碳酸钠和无定形硅酸凝胶，并逐渐干燥聚合而硬化。

但此硬化过程非常缓慢，为了加速硬化，可加入适量硬化剂。作为硬化剂，氟硅酸钠的掺量为水玻璃质量的12%～15%。若掺量少于12%，不但硬化速度慢、强度低，而且存在许多未反应的水玻璃，它们易溶于水，因而耐水性差。若掺量超过15%，则会引起凝结过快，造成施工困难，且硬化水玻璃的抗渗性和耐酸性降低。氟硅酸钠作为硬化剂能提高水玻璃的耐水性，但它有一定的毒性，使用时应注意安全防护。

三、水玻璃的性质

水玻璃硬化后的主要成分是二氧化硅凝胶，具有较高的黏结力，用水玻璃配制的混凝土的抗压强度可达15～40MPa。在高温作用下，二氧化硅的网状结构能保持较高的强度。因此，具有优异的耐热性，耐热度可达900～1100℃。硬化后形成的二氧化硅耐酸性好，可以抵抗除氢氟酸、热磷酸和高级脂肪酸以外的大多数无机酸和有机酸的腐蚀。但硬化水玻璃的耐碱性、抗渗性和耐水性较差。此外，水玻璃对眼睛和皮肤有一定的灼烧作用，氟硅酸钠具有毒性，使用过程中应注意安全防护。

四、水玻璃的应用

在土木工程中，水玻璃除用作耐热材料和耐酸材料外，还用于以下主要用途：

（1）涂料。直接用液体水玻璃涂刷或浸渍含有石灰的建筑材料，可提高其密实度、强度和耐久性，但不能用于涂刷石膏制品，因为硅酸钠与硫酸钙反应生成硫酸钠，会在制品的孔隙中结晶膨胀，导致破坏。作为主要原料，水玻璃还可用于生产建筑涂料和耐火涂料。

（2）注浆材料，用于土壤加固。水玻璃是一种化学反应胶凝材料，常将它与硬化剂共同或分别注入土壤或岩体等基础中，以提高承载力，增加不透水性。例如，将水玻璃溶液与氯化钙溶液交替注入土壤，发生反应，反应生成的二氧化硅凝胶起胶结作用，能包裹土粒并填充其孔隙，使土壤固结，提高承载力和抗渗性。

（3）配制速凝防水剂。以水玻璃为原料，加入两种、三种或四种矾，可配制成二矾、三矾或四矾速凝防水剂。它们与水泥浆拌和后，凝结迅速，一般不超过1min，适用于防水堵漏，填高局部抢修工程。

（4）配制耐酸、耐热砂浆及混凝土。水玻璃与促硬剂和耐酸粉料配合，可制成耐酸胶泥，若再加入耐酸骨料，则可配制成耐酸混凝土和耐酸砂浆，它们在冶金、化工等行业的防腐工程中，是普遍使用的防腐材料之一。

利用水玻璃耐热性好的特点，可配制耐热砂浆和耐热混凝土，用于高炉基础、热工设备基础及围护结构等耐热工程中，也可以调制耐热胶泥等材料。

钢筋混凝土中的钢筋，用水玻璃涂刷后，可具有一定的阻锈作用。

第四节 硅酸盐水泥

水泥是土木工程中最重要的建筑材料之一，具有良好的水硬性，广泛应用于土木工程的各个领域。按用途不同，水泥可分为通用水泥、专用水泥和特性水泥。目前，通常使用通用水泥，主要包括硅酸盐水泥、普通硅酸盐水泥、矿渣硅酸盐水泥、火山灰质硅酸盐水泥、粉煤灰硅酸盐水泥和复合硅酸盐水泥。在一些特殊工程中，还使用专用水泥和特性水泥，例如铝酸盐水泥、膨胀水泥、快硬水泥和低热水泥等。随着水泥的科学研究及生产技术的发展，满足各种特殊性能要求的新品种水泥不断增多。水泥品种虽然很多，但硅酸盐水泥是最基本的。

一、硅酸盐水泥的生产及矿物组成

(一) 硅酸盐水泥的生产工艺

凡由硅酸盐水泥熟料、0～5%的石灰石或粒化高炉矿渣、适量石膏磨细制成的水硬性胶凝材料，称为硅酸盐水泥（又称为波特兰水泥）。硅酸盐水泥分为两种类型：在粉磨硅酸盐水泥时，不掺加混合材料的称为Ⅰ型硅酸盐水泥，其代号为P·Ⅰ；掺加不超过水泥含量5%的石灰石或粒化高炉矿渣混合材料的称为Ⅱ型硅酸盐水泥，其代号为P·Ⅱ。

硅酸盐水泥生产工艺过程如下：以石灰质原料和黏土原料为主要原料，将几种原材料按适当的比例混合后，粉磨成生料，然后将制得的生料入窑进行煅烧，得到熟料，再将熟料配以适当的石膏和混合材料在磨机中磨细，即得到硅酸盐水泥（见图3-2）。整个硅酸盐水泥生产工艺过程可概括为“两磨一烧”。

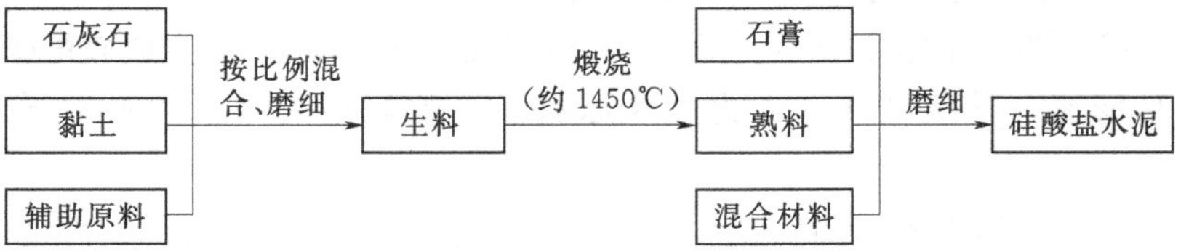

图3-2 硅酸盐水泥生产主要工艺流程

在硅酸盐水泥的生产中，关键是生料的配料和熟料的煅烧。在煅烧时，生料首先脱水和分解，生成$CaO \cdot SiO_2$、Al_2O_3和Fe_2O_3，然后在更高的温度下结合成新的化合物，称为水泥熟料矿物。

(二) 硅酸盐水泥的矿物组成及特性

硅酸盐水泥熟料的主要矿物是硅酸三钙、硅酸二钙、铝酸三钙和铁铝酸四钙，它们在熟料中的含量如下：

(1) 硅酸三钙（$3CaO \cdot SiO_2$），简写为C_3S，含量为37%～60%。

(2) 硅酸二钙（$2CaO \cdot SiO_2$），简写为C_2S，含量为15%～37%。

(3) 铝酸三钙（$3CaO \cdot Al_2O_3$），简写为C_3A，含量为7%～15%。

(4) 铁铝酸四钙（$4CaO \cdot Al_2O_3 \cdot Fe_2O_3$），简写为 C_4AF，含量为10%～18%。

其中，硅酸三钙和硅酸二钙的总含量在70%以上，铝酸三钙和铁铝酸四钙的含量在25%左右，故称为硅酸盐水泥。除主要熟料外，硅酸盐水泥中还含有少量游离氧化钙、游离氧化镁和碱，总含量一般不超过硅酸盐水泥量的10%。

二、硅酸盐水泥的水化及凝结硬化

硅酸盐水泥与水接触，其各组分与水的反应称为水化。硅酸盐水泥的水化反应受其组成、细度、加水量和温度等一系列因素的影响。硅酸盐水泥加水拌和后，成为可塑的水泥浆，硅酸盐水泥逐渐变稠失去可塑性（尚不具有强度）的过程称为硅酸盐水泥的“凝结”。随后产生明显的强度，并逐渐发展成为坚硬的人造石——水泥石的过程，称为硅酸盐水泥的“硬化”。“凝结”和“硬化”是人为划分的，实际上，硅酸盐水泥的凝结硬化是一个连续的复杂的物理化学变化过程。

（一）硅酸盐水泥的水化

硅酸盐水泥的水化过程如下：水泥加水后，首先石膏迅速溶解于水，C_3A 立即发生反应，C_4AF 与 C_3S 也很快水化，而 $\beta-C_2S$ 则稍慢。在电子显微镜下可以看到水泥颗粒表面生成针状晶体、立方片状晶体和无定形的水化硅酸钙（C－S－H）凝胶。尺寸相对较大的立方片状晶体是氢氧化钙，针状晶体是三硫型水化硫铝酸钙晶体（简称为钙矾石，常以 AFt 表示）。以后由于不断地生成钙矾石，使液相中 SO_4^{2-} 逐渐耗尽后，C_3A 与 C_4AF 和 AFt 作用生成单硫型水化硫铝酸钙。生成的 $3CaO \cdot (Al_2O_3, Fe_2O_3) \cdot CaSO_4 \cdot 12H_2O$ 可再与 $4CaO \cdot (Al_2O_4, Fe_3O_4) \cdot 13H_2O$ 形成固溶体。如果石膏不足，还有 C_3A 与 C_4AF 剩留，则会生成单硫型水化硫铝酸钙和 $C_4(A, F)H_{13}$ 的固溶体，甚至形成单独的 $C_4(A, F)H_{13}$，而后再逐渐变成稳定的等轴晶体 $C_3(A, F)H_6$。综上所述，硅酸盐水泥的水化产物主要包括C－S－H凝胶、氢氧化钙、水化铝（铁）酸钙和水化硫铝（铁）酸钙晶体。在充分水化的水泥石中，C－S－H 凝胶约占70%，氢氧化钙约占20%，单硫型水化硫铝酸钙和钙矾石约占7%。

在水泥熟料中各种熟料矿物表现出来的水化特性各不相同，它们对水泥的强度、凝结硬化速度、水放热及收缩等性能的影响也各不相同，改变熟料中矿物成分的含量，水泥的性能将发生相应的变化。例如，提高水泥中硅酸三钙的含量，可制得高强度水泥；降低铝酸三钙和硅酸三钙的含量，提高硅酸二钙含量，可制得低水化热的低热水泥。

（二）硅酸盐水泥的凝结硬化

水泥遇水后发生一系列的物理化学变化，使水泥能够凝结硬化。这个过程大致如下。

当水泥加水后，水泥颗粒分散在水中，成为水泥浆体，如图3－3（*a*）所示。

水化反应开始后，水化产物溶解于水。水泥颗粒又暴露出一层新的表面，再继续下去，使水泥颗粒周围的水溶液很快成为不溶产物的饱和溶液。由于各种水化产物的溶解度都很小，水泥继续水化所生成的产物就不能再溶解，而是以细分散状态的胶体颗粒析出，附在水泥颗粒表面，形成凝胶膜包裹层，如图3－3（*b*）所示。

随着水泥颗粒不断水化，水化产物不断增加，以水化硅酸凝胶为主体的凝胶膜逐渐增厚，减缓了外部水分的渗入和水化物向外扩散的速度，使水泥在一段时间内反应缓慢。在水化反应不断深入后，膜层内部水化物的饱和溶液不断向外突出，最终使得凝胶膜破裂，使水泥颗粒尚未水化的内核与外部溶液接触，在一段时间内又加速水化，直至新的凝胶体重新修补破裂的膜层为止。如此反复，使水泥颗粒之间的液体空隙逐渐减小，包有凝胶体原颗粒逐渐接近，以至相互黏结，形成由水化产物组成的水泥凝胶网状凝聚结构，宏观上表现为水泥浆的可塑性逐渐降低，并开始失去可塑性，也就是水泥的初凝，如图 3-3（*c*）所示。

此后，固态水化物不断增加，水泥凝胶不断扩展而填充颗粒之间的孔隙（毛细孔），水泥浆体加速变硬，直至完全失去塑性并逐渐产生强度，水泥表现为终凝，此过程约需几个小时的时间，如图 3-3（*d*）所示。

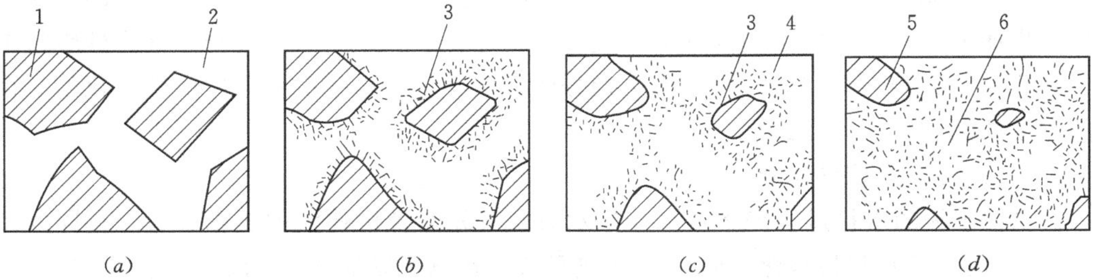

图 3-3 水泥凝结硬化过程示意图

（*a*）分散在水中未水化的水泥颗粒；（*b*）水泥颗粒表面形成水化物膜层；
（*c*）膜层长大并相互连接（凝结）；（*d*）水化物进一步发展，填充毛细孔（硬化）
1—水泥颗粒；2—水；3—凝胶；4—晶体；5—水泥颗粒的未水化内核；6—毛细孔

水泥终凝以前还没有或者只有很低的强度，终凝以后水泥浆体硬化很快，形成胶结强度愈来愈高的水泥石。水泥硬化开始后，水化速度逐步减慢，水化物数量随时间增长而逐渐增加，并进入毛细孔中，使结构更趋致密，强度相应提高。

在硬化后的水泥石中由未完全水化的水泥颗粒、水泥凝胶（凝胶体和结晶体）和毛细孔（含毛细孔水）等组成不均质的结构体系。水泥凝结并不是绝对密实的，其中约有占凝胶总体积 28% 的孔隙，称为凝胶孔。凝胶孔较毛细孔小，凝胶孔中的水称为胶孔水，也属可蒸发水。因此，水泥石属于多相（固相、液相和气相）多孔体系。

（三）影响水泥水化及凝结硬化的因素

影响水泥水化及凝结硬化的因素主要有水泥熟料的矿物组成、细度、用水量、养护湿度和温度、养护时间及石膏的掺量等。

1. 水泥熟料的矿物组成

水泥熟料中各种矿物的水化特性有较大区别，当水泥中各矿物的相对含量不同时，其水化、凝结硬化的特点也不相同，在水泥生产过程中，通过生产工艺的控制，可制成各种矿物组成的水泥，以满足水泥应用过程中对性能的需要。

2. 养护温度和湿度

温度对水泥的凝结硬化有明显的影响：温度升高会使水化反应加快，因而水泥凝结硬化速度随之加快；温度降低水化反应放慢，随之凝结硬化速度减慢；当温度低于 0℃ 时，水化反应基本停止。同时，水泥的水化反应只有在温暖和潮湿的环境下才能持续发展。若水泥石处于干燥的环境中，当水分蒸发完毕时，水化作用将无法继续进行，水化产物不再增加，硬化即停止，强度也就不再增长。因此，混凝土在浇筑后的 2～3 周内必须加强浇水养护，以保证水化时所必需的水分。工程上常采取蒸汽养护的方法来加速硅酸盐水泥的凝结硬化，以尽快提高构件的早期强度，加快模板周转；冬季施工时，则要采用保温措施来促进水泥强度的发展。

3. 养护时间

水泥的水化是从表面开始向内部逐渐深入进行的，随着时间的延续，水泥的水化程度不断增加，对周围环境特别是温、湿度条件也有一定的要求。养护是指保持环境的温度和湿度，水泥的水化反应将不断进行，其强度将在较长时间内继续增长。

4. 石膏的掺量

在磨细水泥时掺入适量石膏（3%～5%），可调节水泥的凝结硬化速度。如果石膏掺量不足，水泥熟料中的铝酸三钙很快水化，三价铝离子与硅酸钙凝胶的胶体急速凝聚，会生成粗糙、非塑性的混合物，并放出大量的热量，这种不正常的凝结现象称为水泥的瞬凝。但如果石膏掺量过多，会在后期引起水泥石的膨胀而开裂破坏。因此，石膏的掺量过多或过少对水泥的凝结都不利。

三、硅酸盐水泥的技术性质

水泥在土木工程中用量较大，其各项性能直接影响工程质量，有关国家标准对水泥的细度、凝结时间、体积安定性、强度和碱含量有明确的规定和要求。实际工程有时还需了解水化热。

（一）细度

细度是指水泥颗粒的粗细程度。水泥的细度对其性质影响很大，水泥颗粒粒径一般在7～200μm范围内，颗粒越细，与水起反应的表面积就愈大，水化较快而且较完全，因而凝结硬化快，早期强度较高，但早期放热量和硬化收缩也较大，且成本较高，储存期较短。因此，水泥应有适当的细度。

水泥的细度可用筛析法和比表面积法检验。筛析法是采用长为80μm的方孔筛对水泥试样进行筛析试验，以筛余百分数表示水泥的细度。比表面积法是采用透气法测定水泥的比表面积（单位质量的粉末所具有的总面积），比表面积以m^2/kg为单位。比表面积法与筛析法相比，能较好地反映粗细颗粒的分配情况，是较为合理的方法。《通用硅酸盐水泥》（GB 175—2007）规定，硅酸盐水泥的比表面积应大于$300m^2/kg$。

（二）标准稠度用水量

加水量的多少对测定凝结时间、体积安定性等水泥技术性质有显著影响，故测定这些性质时，必须在一个规定的稠度下进行。这个规定的稠度称为标准稠度，达到标准稠度时所需的用水量称为标准稠度用水量。硅酸盐水泥的标准稠度用水量通常在24%～30%之间。

（三）凝结时间

凝结时间分为初凝时间和终凝时间。初凝时间是水泥加水拌和至开始失去可塑性所需的时间；终凝时间是水泥加水拌和至开始失去可塑性，并开始产生强度所需的时间，混凝土的搅拌、运输和浇捣及砂浆的粉刷和砌筑都应在初凝前完成。因此，水泥初凝时间不能过短。当施工完毕后，则要求尽快硬化，并具有强度，故终凝时间不能太长。

《通用硅酸盐水泥》（GB 175—2007）规定，水泥的凝结时间以标准稠度和水泥净浆，在规定湿度环境下用水泥净浆凝结时间测定仪测定。硅酸盐水泥的初凝时间不得早于45min，终凝时间不得迟于6.5h。

影响水泥凝结时间的因素很多，例如，当熟料中铝酸三钙含量高、石膏掺量不足时，使水泥快凝，水泥细度愈细，水化作用愈快，凝结愈快。水胶比愈小，凝结时的温度愈高，凝结愈快。混合材料掺量过大、水泥过粗等都会使水泥凝结缓慢。

（四）体积安定性

水泥的体积安定性是指水泥在凝结硬化过程中，体积变化的均匀性和稳定性。如果水泥在硬化后，产生不均匀的体积变化，即所谓体积安定性不良，就会使构件产生膨胀性裂缝，降低结构物质量，甚至引起严重事故。

引起水泥体积安定性不良的原因是熟料中游离氧化钙过多，也可能是游离氧化镁过多或掺入的石膏过多。熟料中所含的游离氧化钙或游离氧化镁都是过烧的，熟化很慢，在水泥已经硬化后才与水发生反应，即

$$CaO + H_2O = Ca(OH)_2$$

$$MgO + H_2O = Mg(OH)_2$$

若产生体积膨胀，引起不均匀的体积变化，膨胀产生的应力会导致水泥石开裂。当石膏掺量过多时，在水泥硬化后，残留的石膏还会继续与固态的水化硫铝酸钙反应生成高硫型水化硫铝酸钙，体积约增大1.5倍，也会引起水泥石开裂。

游离氧化钙引起的水泥体积安定性不良，可用沸煮法检验。测试方法有试饼法和雷氏法。有争议时以雷氏法为准。由于游离氧化镁在压蒸条件下才加速熟化，石膏的危害则需长期在常温水中才能发现，两者均不便于快速检验。为保证水泥的体积安定性合格，《通用硅酸盐水泥》（GB 175—2007）规定：水泥中氧化镁含量不得超过5.0%，若经压蒸安定性试验合格，允许放宽到6.0%，三氧化硫含量不得超过3.5%。

（五）强度及强度等级

强度是评价和选用水泥的重要质量指标。水泥的强度除受水泥的矿物组成、细度、石膏掺量、龄期和养护影响外，还与试验方法有关。我国采用胶砂法检验水泥的强度。根据《水泥胶砂强度检验方法（ISO法）》（GB/T 17671—1999）的规定，水泥和标准砂按1∶3混合，加入规定数量的水，按规定的方法制成试件，在标准温度（20+1）℃的水中养护，测定其3d和28d的抗压强度和抗折强度。根据测定结果，《通用硅酸盐水泥》（GB 175—2007）将硅酸盐水泥分为42.5、42.5R、52.5、52.5R、62.5和62.5R六个强度等级。并根据早期强度，将其分为普通型和早强型（R）两种类型。各强度等级硅酸盐水泥在各龄期的强度不得低于表3-3中的数值。

（六）水化热

水泥的水化反应是放热反应，其在水化过程中放出的热量称为水化热，单位为J/kg。水化放热量和放热速度不仅决定于水泥的矿物成分，而且还与水泥细度、水泥中掺入的混合材料及外加剂的品种、数量等有关。硅酸盐水泥在1～3d龄期内水化放热量达总放热量的50%，7d达75%，6个月达83%～91%。由此可见，水泥的水化热大部分在早期（3～7d）放出，以后逐渐减少。

表 3-3 硅酸盐水泥各龄期的强度要求（GB 175—2007） 单位：MPa

强度等级	抗压强度		抗折强度	
	3d	28d	3d	28d
42.5	17.0	42.5	3.5	6.5
42.5R	22.0	42.5	4.0	6.5
52.5	23.0	52.5	4.0	7.0
52.5R	27.0	52.5	5.0	7.0
62.5	28.0	62.5	5.0	8.0
62.5R	32.0	62.5	5.5	8.0

注 R表示早强型。

冬季施工时，水化热有利于水泥正常凝结硬化，但对大型基础、水坝和桥墩等大体积混凝土构筑物，由于水化热积聚在内部不易散失，内部温度上升可达 50～60℃，内外温度差所引起的应力，可使混凝土产生裂缝，因此，在大体积混凝土工程中，不宜采用硅酸盐水泥。

在大体积混凝土施工过程中，可通过掺入混合材料、加强保温、减少内外温差来降低水化热对工程质量的危害。

（七）碱含量

碱含量是指水泥中碱金属氧化物的含量，以 $Na_2O+0.658K_2O$ 的计算值来表示。水泥中的碱含量高时，如果配制混凝土的骨料具有碱活性，可能因碱骨料反应，导致混凝土不均匀膨胀而破坏。而且，水泥与外加剂的适应性、水泥的收缩量等许多使用性能都与水泥中的碱含量有关。若使用活性骨料，用户要求提供低碱水泥时，则水泥中的碱含量应小于 0.6%或由供需双方商定。

在以上技术性质中，水泥的体积安定性（沸煮安定性、氧化镁和三氧化硫含量）和初凝时间不合格时，应作废品处理，不得用于工程。

在混凝土配合比计算和储运水泥时，需要知道水泥的密度和堆积密度，硅酸盐水泥的密度为 3.0～3.15g/cm^3，平均可取为 3.10g/cm^3。其堆积密度松紧程度在 1000～1600kg/m^3 之间。

四、水泥石的腐蚀

硅酸盐水泥硬化形成的水泥石，在通常使用条件下，有较好的耐久性。但在某些液体或气体介质的长期作用下，水泥结构会逐渐受到破坏，强度和耐久性降低，这种现象称为水泥石的腐蚀。

引起水泥石腐蚀的原因很多，作用机理也很复杂，但主要是以下几种典型的腐蚀。

（一）软水侵蚀（溶出性侵蚀）

硅酸盐水泥属于水硬性胶凝材料，具有足够的抗水能力，尤其适用于一般的江、河、湖或地下水等所谓“硬水”。但水泥石长期与雨水、雪水、蒸馏水和工厂冷凝水等含重碳酸盐少的软水相接触时，会溶出氢氧化钙。在静水及无水压的情况下，溶出的氢氧化钙在水中很快会饱和，溶解作用会中止，溶出将只限于表层，对水泥石影响不大。如果有流水及压力水作用，氢氧化钙会不断溶解流失，而且，由于水泥中碱度的降低，还会引起其他水化物的分解溶蚀，使水泥石结构破坏，结构构件表面剥落，严重时将会影响结构物的安全，这种腐蚀称为溶出性侵蚀或软水侵蚀。

（二）硫酸盐腐蚀（膨胀性腐蚀）

含硫酸盐的海水、湖水、地下水及某些工业污水，长期与水泥石接触时，其中的硫酸盐会与水泥石中的氢氧化钙发生反应，生成硫酸钙。硫酸钙与水泥石中的固态水化铝酸钙作用生成高硫型水化硫铝酸钙，即

$$4CaO \cdot Al_2O_3 \cdot 12H_2O + 3CaSO_4 + 20H_2O = 3CaO \cdot Al_2O_3 \cdot 3CaSO_4 \cdot 31H_2O \cdot Ca(OH)_2$$

生成的高硫型水化硫铝酸钙含有大量结晶水，体积增加 1.5 倍以上，会引起膨胀应力，造成开裂，对水泥石产生极大的破坏作用。高硫型水化硫铝酸钙呈针状晶体，故称为“水泥杆菌”。

当水中硫酸盐浓度较高时，硫酸钙还会在孔隙中直接结晶成二水石膏，体积膨胀，引起膨胀应力，导致水泥石破坏。

（三）镁盐腐蚀

在海水、地下水及某些工业废水中，常含有大量的镁盐，例如硫酸镁、氯化镁等。它们与水泥中的氢氧化钙起复分解反应，即

$$MgSO_4 + Ca(OH)_2 + 2H_2O = CaSO_4 \cdot 2H_2O + Mg(OH)_2$$

$$MgCl_2 + Ca(OH)_2 = CaCl_2 + Mg(OH)_2$$

反应生成的氢氧化镁松软而无胶凝能力，氯化钙易溶于水，二水石膏则引起硫酸盐腐蚀作用。因此，硫酸镁对水泥石产生镁盐和硫酸盐的双重腐蚀作用。

（四）碳酸盐腐蚀

在工业污水、地下水中常溶解有较多的二氧化碳，这种水对水泥石的侵蚀作用是通过以下方式进行的，开始时二氧化碳与水泥石中的氢氧化钙作用生成碳酸钙

$$Ca(OH)_2 + CO_2 + H_2O = CaCO_3 + 2H_2O$$

生成的碳酸钙再与含碳酸的水作用转变成易溶于水的重碳酸钙，即

$$CaCO_3 + CO_2 + H_2O \rightleftharpoons Ca(HCO_3)_2$$

以上反应是可逆反应，当水中含有较多的碳酸，并超过平衡浓度，则反应向右进行。因此，水泥石中的氢氧化钙通过转变为易溶的重碳酸钙而溶失。碱度降低，还会导致水泥石中其他水化物的分解，使腐蚀作用进一步加剧。

（五）一般酸的腐蚀

工业废水、地下水中常含有无机酸和有机酸。各种酸易与水泥石中的氢氧化钙反应生成化合物，或者易溶于水，或者体积膨胀，在水泥石内造成内应力而导致破坏。腐蚀作用最强的是无机酸中的盐酸、氢氟酸、硝酸和硫酸以及有机酸中的醋酸、蚁酸和乳酸。

例如，盐酸与水泥石中的氢氧化钙作用，即

$$2HCl + Ca(OH)_2 = CaCl_2 + 2H_2O$$

生成的氯化钙易溶于水。

如硫酸与水泥中的氢氧化钙作用，则有

$$H_2SO_4+Ca(OH)_2 = CaSO_4 \cdot 2H_2O$$

生成的二水石膏有可能直接在水泥石孔隙中结晶，产生膨胀，造成水泥石结构破坏，或者再与水泥石中的水化铝酸钙作用，生成了高硫型水化硫铝酸钙，其破坏性更大。

(六) 强碱的腐蚀

碱类溶液在浓度不大时，一般对水泥石是无害的，但铝酸盐含量较高的硅酸盐水泥遇到强碱（如氢氧化钠）作用后也会发生腐蚀。氢氧化钠与水泥熟料中未水化的铝酸反应，会生成易溶的铝酸钠，即

$$3CaO \cdot Al_2O_3+6NaOH = 3Na_2O_3 \cdot Al_2O_3+3Ca(OH)_2$$

此外，水泥石被氢氧化钠浸透后又在空气中干燥，氢氧化钠会与空气中的二氧化碳反应生成碳酸钠，即

$$2NaOH+CO_2 = Na_2CO_3+H_2O$$

碳酸钠在水泥石毛细孔中结晶沉积，会使水泥石胀裂。

除上述腐蚀类型外，对水泥石有腐蚀作用的还有一些其他物质，例如糖、氨盐、动物脂肪和含环烷酸的石油产品等。在实际工程中，水泥石的腐蚀是一个极为复杂的物理化学作用过程。它在遭受腐蚀时，很少为单一的腐蚀作用，往往是几种腐蚀同时存在，互相影响。

(七) 水泥石腐蚀的防止

水泥石腐蚀的基本原因如下：

(1) 水泥石中存在有引起腐蚀的组成成分氢氧化钙和水化铝酸钙。

(2) 水泥石本身不密实，有很多毛细孔通道，侵蚀性介质易进入其内部。

(3) 外界存在腐蚀性介质和条件。

根据以上原因的分析，可采用以下措施来减少或防止水泥石的腐蚀：

(1) 根据侵蚀环境特点，合理选用水泥品种。例如，对于抗软水的侵蚀，可采用掺入活性混合材料的水泥，这些水泥的水化产物中氢氧化钙含量较少，耐软水侵蚀性强；对于抗硫酸盐的腐蚀，则可采用铝酸三钙含量较少，且铝酸三钙含量低于5%的水泥。

(2) 提高水泥石的密实度。为阻止有害介质渗入水泥石内部，水泥石中的孔隙应越少越好，水泥石的密度越高，侵蚀性介质越难进入。例如，合理设计混凝土配合比、尽量降低水胶比、掺入外加剂和掺合料、仔细选择骨料及改善施工方法等均可提高混凝土的抗侵蚀能力。

(3) 加做保护层。当腐蚀作用较强时，可用耐酸石料和耐酸陶瓷、玻璃、塑料和沥青等耐腐蚀性好的材料，在混凝土及砂浆表面做一不透水的保护层，防止腐蚀性介质与水泥石接触。

五、掺混合材料的硅酸盐水泥

凡在硅酸盐水泥熟料中，掺入一定数量的混合材料和适量石膏共同磨细的水硬性胶凝材料，均属掺混合材料的硅酸盐水泥。按掺加混合材料的品种和数量，掺混合材料的硅酸盐水泥可分为普通硅酸盐水泥、矿渣硅酸盐水泥、火山灰质硅酸盐水泥、粉煤灰硅酸盐水

泥及复合硅酸盐水泥。

在硅酸盐水泥中掺入一定量的混合材料，不仅可以节约水泥熟料，提高水泥产量，降低水泥成本，而且可以调节水泥标号、改善水泥的某些性能，还可以充分利用工业废料，节省黏土资源，这对保护环境、变废为宝、节约耕地、保持社会的可持续发展，具有深远的意义。

（一）水泥混合材料

在生产水泥时，为改善水泥性能，调节水泥强度等级，而加到水泥中去的人工或天然的矿物材料，称为水泥混合材料。水泥混合材料分为活性混合材料和非活性混合材料。

1. 活性混合材料

活性混合材料是具有较高的火山灰活性，性能符合有关国家标准的矿物材料。火山灰活性是指一种材料磨成细粉，单独不具有水硬性，但在常温下与石灰一起与水拌和后，能生成具有水硬性水化产物的性能。常用的活性混合材料有粒化高炉矿渣、火山灰质混合材料及粉煤灰。

（1）粒化高炉矿渣。粒化高炉矿渣是高炉炼铁时所得到的以硅酸钙和铝硅酸钙为主要成分的熔融物，用水、压缩空气或水蒸气对其进行急速冷却，形成松软颗粒后的产品。粒化高炉矿渣的绝大部分为不稳定的玻璃体，有较高的潜在化学能，在有少量激发剂的情况下，其浆体具有水硬性，因而具有潜在的水硬性。在常温下，硅酸钙和铝硅酸钙在氢氧化钙的激发下，会发生水化并产生强度。

（2）火山灰质混合材料。凡是天然或人工的以活性氧化硅、活性氧化铝为主要成分，具有火山灰性的矿物材料，称为火山灰质混合材料。火山灰质混合材料是泛指具有火山灰性的一类物质，按其化学成分与矿物结构可分为含水硅酸质、铝硅玻璃质和烧黏土质。含水硅酸质混合材料包括硅藻土、硅藻石、蛋白石和硅质渣等，其活性成分以氧化硅为主。铝硅玻璃质混合材料包括火山灰、凝灰岩、浮石和某些工业废渣等，其活性成分为氧化硅和氧化铝。烧黏土质混合材料包括烧黏土、煤渣等，其活性成分以氧化铝为主。

（3）粉煤灰。粉煤灰是从燃煤火电厂煤粉炉烟道气体中收集的粉末，呈灰色，属于火山灰质混合材料。它的颗粒很小（粒径为 $1\sim50\mu m$），呈玻璃态实心或空心的球状。其主要成分为氧化硅、氧化铝，活性大小主要取决于玻璃体含量。粉煤灰的细度和碳含量也对其性能有较大的影响。

2. 非活性混合材料

在水泥中主要起填充作用而又不损害水泥性能的矿物材料称为非活性混合材料。活性指标低于有关国家标准的粒化高炉矿渣、火山灰质混合材料和粉煤灰以及石灰石和砂岩等均属非活性混合材料。它们掺入水泥中仅起提高产量、调节水泥强度等级和减少水化热等作用。

（二）普通硅酸盐水泥

普通硅酸盐水泥简称为普通水泥，代号为P·O，它是由6%～15%混合材料及适量石膏磨细制成的水硬性胶凝材料。普通水泥中混合材料掺量按质量百分比计。掺活性混合材料时，可用最大掺量不超过15%的窑灰或不超过水泥质量10%的非活性混合材料来代替；掺非活性混合材料时，最大掺量不得超过水泥质量的10%。

按照《通用硅酸盐水泥》(GB 175—2007）的规定，普通水泥分为42.5、42.5R、52.5和52.5R四个强度等级。根据早期强度将其分为普通型和早强型（R）两种类型。各强度等级水泥的各龄期强度不得低于表3-4的规定。

表3-4　普通硅酸盐水泥各龄期的强度要求（GB 175—2007）　单位：MPa

强度等级	抗压强度		抗折强度	
	3d	28d	3d	28d
42.5	17.0	42.5	3.5	6.5
42.5R	22.0	42.5	4.0	6.5
52.5	23.0	52.5	4.0	7.0
52.5R	27.0	52.5	5.0	7.0

普通水泥的细度用筛析法检验，要求在0.08mm方孔筛上的筛余量不得超过10%。其初凝时间不得早于45min，终凝时间不得迟于10h，对体积安定性的要求与硅酸盐水泥相同。

普通硅酸盐水泥中掺入的混合材料较少，大部分仍为硅酸盐水泥熟料，其性能与硅酸盐水泥相近。只是早期硬化速度稍慢，其3d的抗压强度略低，抗冻性与耐磨性能也稍差。因此，普通水泥的应用范围与硅酸盐水泥基本相同，广泛用于各种混凝土和钢筋混凝土工程，是我国主要的水泥品种之一。

(三）矿渣硅酸盐水泥、火山灰质硅酸盐水泥及粉煤灰硅酸盐水泥

矿渣硅酸盐水泥简称为矿渣水泥，代号为P·S，它是由硅酸盐水泥熟料和粒化高炉矿渣、适量石膏磨细制成的水硬性胶凝材料。水泥中粒化高炉矿渣掺加量按质量百分比计为20%～70%。允许用石灰石、窑灰、粉煤灰和火山灰质混合材料中的一种材料代替矿渣，代替数量不得超过水泥质量的8%，代替后水泥中粒化高炉矿渣不得少于20%。

火山灰质硅酸盐水泥简称为火山灰水泥，代号为P·P，水泥中火山灰质混合材料掺加量按质量百分比计为20%～50%。粉煤灰硅酸盐水泥简称为粉煤灰水泥，代号为P·F，水泥中粉煤灰掺加量按质量百分比计为20%～40%。

按照《通用硅酸盐水泥》(GB 175—2007）的规定，矿渣水泥、火山灰水泥和粉煤灰水泥强度等级分为32.5、32.5R、42.5、42.5R、52.5和52.5R六个等级。根据早期强度将其分为普通型和早强型（R）两种类型。各强度水泥的各龄期强度不得低于表3-5中的数值。水泥熟料中氧化镁的含量不得超过5.0%，若水泥经压蒸安定性试验合格，则水泥熟料中氧化镁的含量允许放宽到6.0%。矿渣水泥中三氧化硫的含量不得超过4.0%，火山灰水泥和粉煤灰水泥中三氧化硫的含量不得超过3.5%。

矿渣水泥、火山灰水泥和粉煤灰水泥的凝结硬化和性能，相对于硅酸盐水泥来说具有以下共同特点：

表 3-5　矿渣水泥、火山灰水泥和粉煤灰水泥各龄期的强度要求　单位：MPa

强度等级	抗压强度		抗折强度	
	3d	28d	3d	28d
32.5	10.0	32.5	2.5	5.5
32.5R	15.0	32.5	3.5	5.5
42.5	15.0	42.5	3.5	6.5
42.5R	19.0	42.5	4.0	6.5
52.5	21.0	52.5	4.0	7.0
52.5R	23.0	52.5	4.5	7.0

(1) 矿渣水泥、火山灰水泥和粉煤灰水泥中的熟料矿物较少，活性混合材料（粒化高炉矿渣、火山灰和粉煤灰）较多，其水化反应是分两步走的：第一步，熟料矿物水化，生成的水化产物与硅酸盐水泥基本相同；第二步，水化析出的氢氧化钙和掺入的石膏将与活性材料中的活性氧化硅、活性氧化铝发生二次水化，生成水化硅酸钙、水化铝酸钙、水化硫铝酸钙或水化硫铁酸钙等水化物。水泥熟料矿物水化后的产物又与活性氧化物进行反应，生成新的水化后的产物，称为二次水化反应或二次反应。而矿渣水泥、火山灰水泥和粉煤灰水泥的凝结硬化过程基本上与硅酸盐水泥相同。

(2) 矿渣水泥、火山灰水泥和粉煤灰水泥中熟料矿物含量比硅酸盐水泥少得多，而且，常温下二次水化反应进行缓慢。因此，凝结硬化较慢，水化放热较小，早期（3d、7d）强度较小。但在硬化后期（28d 以后），由于二次水化反应，使水化硅酸钙凝胶数量增多，水泥石强度不断增长，甚至超过同强度等级的硅酸盐水泥。

(3) 矿渣水泥、火山灰水泥和粉煤灰水泥的二次反应对环境的温度和湿度条件较为敏感，为保证这些水泥强度的逐步增长，需要很长时间的养护等湿热处理方法。这能显著增加硬化速度，并且在处理完毕后不会影响后期强度的增长。

(4) 矿渣水泥、火山灰水泥和粉煤灰水泥水化所析出的氢氧化钙较少，而且在二次水化反应时，又消耗掉大量的氢氧化钙，水泥石中剩余的氢氧化钙较少。因此，这些水泥的抗软水、海水和硫酸盐腐蚀的能力比硅酸盐水泥强。此外，由于水泥石的碱度较低，其抗碳化能力较差。

(5) 矿渣水泥、火山灰水泥和粉煤灰水泥掺入的混合材料较多，使水泥的需水量增加，容易形成粗大孔隙和毛细管通路，导致抗冻性和耐磨性较差。

由于掺入混合材料的品种和数量的不同，矿渣水泥、火山灰水泥和粉煤灰水泥还具有各自的特点：

(1) 矿渣水泥中的混合材料掺量较多，由于粒化高炉矿渣比熟料难磨细，使水泥中的矿渣颗粒比熟料颗粒大，且磨细的矿渣颗粒有尖锐的棱角，导致保水能力较差，泌水性较大。因此，容易析出多余水分，形成毛细管通路或粗大孔隙，使水泥的抗渗性和抵抗干湿交替循环的性能较差，且干缩较大，易产生裂纹。矿渣水泥水化后的氢氧化钙含量低，矿渣本身又是水泥的耐火掺加料，因此，矿渣水泥具有较高的耐热性。

（2）火山灰水泥处在潮湿环境或水中养护时，火山灰质混合材料吸收石灰而产生膨胀胶化作用，并且形成较多的水化硅酸钙凝胶，使水泥石结构致密。因此，具有较高密实度和抗渗性，可用于抗渗要求较高的工程。火山灰水泥处于干燥空气中时，二次水化反应会中止，强度也停止增长，产生表面“起粉”现象。因此，火山灰水泥不宜用于处在干燥环境（或干热地区）中的地上结构物。

火山灰水泥的抗硫酸盐腐蚀能力与掺入的火山灰质混合材料种类有关。当掺入烧黏土质混合材料时，则耐硫酸盐腐蚀能力较差。

（3）粉煤灰水泥中的粉煤灰颗粒呈球状，内比表面积较小，吸附水的能力较小，需水量较小。因而，干缩性小，抗裂性较高。

在矿渣水泥、火山灰水泥和粉煤灰水泥中，矿渣水泥应用较广泛，也是我国水泥产量最大的品种之一。

（四）复合硅酸盐水泥

凡由硅酸盐水泥熟料、两种或两种以上规定的混合材料、适量石膏磨细制成的水硬性胶凝材料，称为复合硅酸盐水泥（简称为复合水泥），代号为P·C。水泥中混合材料总掺加量按质量百分比应大于15%，不超过50%。允许使用不超过8%的窑灰代替部分混合材料，掺矿渣时混合材料掺量不得与矿渣硅酸盐水泥重复。

按照《通用硅酸盐水泥》（GB 175—2007）的规定，复合硅酸盐水泥熟料中氧化镁的含量不得超过5.0%，若水泥经压蒸安定性试验合格，则熟料中氧化镁的含量允许放宽到6.0%。水泥中三氧化硫的含量不得超过3.5%。

复合硅酸盐水泥分为32.5、32.5R、42.5、42.5R、52.5和52.5R六个强度等级。各强度等级水泥的各龄期强度不得低于表3-6中的数值。复合硅酸盐水泥对细度、凝结时间及体积安定性的要求与普通硅酸盐水泥相同。

表3-6　　复合硅酸盐水泥各龄期的强度要求　　单位：MPa

强度等级	抗压强度		抗折强度	
	3d	28d	3d	28d
32.5	10.0	32.5	2.5	5.5
32.5R	15.0	32.5	3.5	5.5
42.5	15.0	42.5	3.5	6.5
42.5R	19.0	42.5	4.0	6.5
52.5	21.0	52.5	4.0	7.0
52.5R	23.0	52.5	4.5	7.0

六、各品种水泥的特性及应用

目前，硅酸盐水泥、普通硅酸盐水泥、矿渣硅酸盐水泥、火山灰质硅酸盐水泥、粉煤灰硅酸盐水泥和复合硅酸盐水泥是我国广泛使用的六种水泥，又称为通用水泥。在混凝土工程中，各品种水泥的使用参照表3-7选择。

表 3-7 各品种水泥的选用

混凝土工程特点及所处环境条件		优先选用	可以选用	不宜选用
普通混凝土	在一般气候环境中的混凝土	普通水泥	矿渣水泥、火山灰水泥、粉煤灰水泥和复合水泥	
	在干燥环境中的混凝土	普通水泥	矿渣水泥	火山灰水泥、粉煤灰水泥
	在高潮湿环境中或长期处于水中的混凝土	矿渣水泥、火山灰水泥、粉煤灰水泥和复合水泥	普通水泥	
	厚大体积的混凝土	矿渣水泥、火山灰水泥、粉煤灰水泥和复合水泥		硅酸盐水泥
有特殊要求的混凝土	要求快硬、高强（大于 C40）的混凝土	硅酸盐水泥	普通水泥	矿渣水泥、火山灰水泥、粉煤灰水泥和复合水泥
	严寒地区的露天混凝土、寒冷地区处于水位升降范围内的混凝土	普通水泥	矿渣水泥（强度等级大于 32.5）	火山灰水泥、粉煤灰水泥
	严寒地区处于水位升降范围内的混凝土	普通水泥（强度等级大于 42.5）		矿渣水泥、粉煤灰水泥、火山灰水泥和复合水泥
	有抗渗要求的混凝土	普通水泥、火山灰水泥		矿渣水泥
	有耐磨性要求的混凝土	硅酸盐水泥、普通水泥	矿渣水泥（强度等级大于 32.5）	火山灰水泥、粉煤灰水泥
	受侵蚀性介质作用的混凝土	矿渣水泥、火山灰水泥、粉煤灰水泥和复合水泥		硅酸盐水泥

第五节 其他品种水泥

一、白色硅酸盐水泥

由白色硅酸盐水泥熟料加入适量石膏磨细制成的水硬性胶凝材料称为白色硅酸盐水泥。白色硅酸盐水泥熟料是以适当成分的生料烧至部分熔融所得的以硅酸钙为主要成分、氧化铁含量少的熟料，需采用含着色物质（氧化钛、氧化锰和氧化铬等）少的原料，例如纯净的高岭土、纯石英或白垩等，在较高温度（1500～1600℃）下烧成。为了保持水泥的白度，在煅烧、粉磨和运输时，均需防止着色物质混入，通常采用煤气或重油作燃料，在粉磨时磨机中使用硅质石材、坚质石材或坚硬的白色陶瓷作为衬板及研磨体，不能使用铸钢和钢球。在熟料磨细时可加入 5%以内的石灰石或窑灰。

白色硅酸盐水泥的性质与普通硅酸盐水泥相同。按照《白色硅酸盐水泥》（GB/T 2015—2005），白色硅酸盐水泥按白度分为特级、一级、二级和三级四个级别。

白色硅酸盐水泥主要用于建筑物内外的表面装饰工程上，例如地面、楼面、楼梯、墙、柱及台阶等。白色硅酸盐水泥可做成水泥拉毛、彩色砂浆、水磨石、水刷石和斩假石等饰面，也可用于雕塑、装饰部件等制品。

二、快硬硅酸盐水泥

凡以硅酸盐水泥熟料和适量石膏磨细制成的，以 3d 抗压强度划分强度等级的水硬性胶凝材料，称为快硬硅酸盐水泥。

快硬硅酸盐水泥的生产方法与硅酸盐水泥基本相同，主要依靠调节水泥矿物组成及提高粉磨细度，使水泥具有快硬的性质。在硅酸盐水泥熟料中，凝结硬化最快的是硅酸三钙和铝酸三钙，因此，在生产快硬硅酸盐水泥时，应适当提高它们的含量。通常，硅酸三钙的含量为 50%～60%，铝酸三钙的含量为 8%～14%，两者之和就达到了 60%～70%。为加快硬化速度，还可适当增加石膏掺量（达 8%），提高水泥的粉磨细度。

快硬硅酸盐水泥的凝结硬化快，早期强度和后期强度均较高，抗渗性和抗冻性好，但水化热大，耐腐蚀性差。它主要适用于要求早期强度高的工程、紧急抢修工程和冬季施工的混凝土工程，但不得用于大体积混凝土工程和有腐蚀介质作用的混凝土工程。

三、铝酸盐水泥

铝酸盐水泥是以石灰石和铝矾土为主要原料，经煅烧至全部或部分熔融，得到以铝酸钙为主要矿物的熟料，经磨细而成的水硬性胶凝材料，代号为 CA。按 Al_2O_3 的含量，铝酸盐水泥可分为 CA－50（50%≤Al_2O_3<60%）、CA－60（60%≤Al_2O_3<68%）、CA－70（68%≤Al_2O_3<77%）和 CA－80（77%≤Al_2O_3）四类。铝酸盐水泥是一类快硬、高强、耐腐蚀和耐热的水泥，又称为高铝水泥。

铝酸盐水泥的主要矿物成分为铝酸一钙（$CaO \cdot Al_2O_3$，简写为 CA）和二铝酸一钙（$CaO \cdot 2Al_2O_3$，简写为 CA_2），还含有少量其他的铝酸盐，例如 $2CaO \cdot Al_2O_3 \cdot SiO_2$（简写为 C_2AS）、$12CaO \cdot 7Al_2O_3$（简写为 $C_{12}A_7$）等，有时还含有很少量 $2CaO \cdot SiO_2$ 等。

铝酸盐水泥的水化和硬化，主要是铝酸一钙的水化及硬化。其水化反应与温度的关系极大。一般认为，当温度小于 20℃时，生成水化铝酸钙，简写为 CAH_{10}，其反应为

$$CaO \cdot Al_2O_3 + 10H_2O \longrightarrow CaO \cdot Al_2O_3 \cdot 10H_2O$$

当温度在 20～30℃时，其反应为

$$2(CaO \cdot Al_2O_3) + 11H_2O \longrightarrow 2CaO \cdot Al_2O_3 \cdot 8H_2O + Al_2O_3 \cdot 3H_2O$$

当温度大于 30℃时，其反应为

$$2(CaO \cdot Al_2O_3) + 12H_2O \longrightarrow 3CaO \cdot Al_2O_3 \cdot 6H_2O + 2(Al_2O_3 \cdot 3H_2O)$$

在一般条件下，CAH_{10} 和 C_2AH_8 同时形成，一起共存，其相对比例则随温度的提高而减少。但在较高温度（30℃以上）时，水化产物主要为 C_3AH_6，水化物 CAH_{10} 或 C_2AH_8 均属于六方晶系，具有细长的针状和板状结构，能互相结成坚固的结晶连生体，形成晶体骨架。析出的氢氧化铝凝胶，难溶于水，填充于晶体骨架的空隙中，形成较密实的水泥石结构。

铝酸盐水泥通常为黄色或褐色，也有灰色的，其密度和堆积密度与普通硅酸盐水泥相近。根据《铝酸盐水泥》（GB 201—2000），铝酸盐水泥的细度、凝结时间（胶砂）及强度应符合表 3－8 所列的要求。

表 3-8　　铝酸盐水泥的细度、凝结时间（胶砂）及强度要求

性能指标		水泥类型			
		CA-50	CA-60	CA-70	CA-80
细度		比表面积不小于 $300m^2/kg$ 或 0.045mm 筛的筛余不大于 20%			
凝结时间	初凝时间不早于（min）	30	60	30	30
	终凝时间不迟于（h）	6	18	6	6
抗压强度（MPa）	6h	20①	—	—	—
	1d	40	20	30	25
	3d	50	45	40	30
	28d	—	85	—	—
抗折强度（MPa）	6h	3.0②	—	—	—
	1d	5.5	2.5	5.0	4.0
	3d	6.5	5.0	6.0	5.0
	28d	—	10.0	—	—

①、②　当用户需要时，厂方应提供结果。

铝酸盐水泥的早期强度发展迅速，3d 可达最高强度，某些类型还具有小时强度，适用于工期紧急的工程，例如国防、道路和特殊抢修工程等。铝酸盐水泥的放热量与硅酸盐水泥大致相同。但其放热速度特别快，一天之内即可放出水化热总量的 70%～80%，使用时应特别注意，不能用于大体积混凝土工程。由于早期的水化放热量大，铝酸盐水泥硬化后，密实度较大，不含有铝酸三钙和氢氧化钙，因此，耐磨性很好，对矿物水和硫酸盐的侵蚀作用具有很高的抵抗能力，适用于耐磨要求较高的工程和受软水、海水和酸性水腐蚀及受硫酸盐腐蚀的工程。铝酸盐水泥与硅酸盐水泥或石灰相混不但产生闪凝，而且生成高碱性的水化铝酸钙，使混凝土开裂破坏。因此，施工时铝酸盐水泥除不得与石灰和硅酸盐水泥混合外，也不得与尚未硬化的硅酸盐水泥相接触使用。铝酸盐水泥耐碱性极差，与碱性溶液接触，甚至在混凝土骨料内含有少量碱性化合物，都会引起不断的侵蚀。因此，铝酸盐水泥混凝土不能进行蒸汽养护，也不宜在高温高湿环境的工程中使用。

采用小水胶比，降低养护温度、掺加粒化高炉矿渣等措施，能在一定程度上改善长期强度降低等不良性能。此外，在高铝水泥中掺加石膏或无水石膏，也可有效地克服长期强度降低的现象，因为 CAH_{10} 或 C_2AH_8 等水化物能与石膏反应生成稳定的水化硫铝酸钙。

在自然条件下，铝酸盐水泥长期强度下降有一个最低稳定值。使用时，应以铝酸盐水泥混凝土最低稳定强度进行设计。按《铝酸盐水泥》（GB 201—2000），其最低稳定强度值以试件脱膜后放入（50±2)℃水中养护，取龄期为 7d 和 14d 强度值的低者。

四、膨胀水泥

膨胀水泥是一类在水化和凝结硬化过程中体积会产生膨胀的水泥。这类水泥在凝结硬化的早期会形成一定数量的膨胀性水化产物（如水化硫铝酸钙），使水泥石的结构密实，体积稍有膨胀，但不会引起破坏。膨胀水泥是膨胀量较低，限制膨胀时，膨胀所产生的压应力能大致抵消干缩所产生的拉应力的水泥，又称为收缩补偿水泥。

按水泥的主要成分，膨胀水泥可分为硅酸盐型、铝酸盐型和硫铝酸盐型膨胀水泥。硅酸盐型膨胀水泥以硅酸盐水泥为主，外加铝酸盐水泥和石膏磨细而成。铝酸盐型膨胀水泥是以铝酸盐水泥为主，外加石膏磨细而成。硫铝酸盐型膨胀水泥是以无水硫铝酸钙和硅酸二钙为主要矿物的熟料，外加石膏磨细而成。

膨胀水泥适用于补偿收缩混凝土结构工程、防水和抗渗混凝土工程，结构加固与修补的混凝土、构件接缝及管道接头，以及固结机器底座和地脚螺栓。

思　考　题

3-1　胶凝材料按硬化条件如何分类？

3-2　石灰在土木工程中有哪些应用？起何作用？

3-3　生石灰熟化不充分会对工程质量产生什么影响？

3-4　石膏制品在工程中有哪些主要应用？有什么优良特性？

3-5　试述水玻璃的特性和用途。

3-6　常用的硅酸盐系列水泥有哪些主要技术要求？这些要求有何工程意义？

3-7　试说明水泥体积安定性不良的原因。

3-8　何谓水泥混合材料？水泥中掺入混合材料会使水泥的性质发生哪些变化？

3-9　水泥石腐蚀的原因有哪些？如何防止水泥石的腐蚀？

3-10　某住宅工程工期较短，现有强度等级同为42.5的硅酸盐水泥和矿渣水泥可选用。从有利于完成工期的角度来看，选用哪种水泥更为有利？

3-11　在采用普通硅酸盐水泥进行大体积混凝土施工时，可采用哪些措施来保证工程质量？

3-12　试举例分析水泥混凝土应用中遇到的问题。

第四章

普通混凝土和砂浆

【本章要点】

- 普通混凝土组成材料的性质及影响。
- 混凝土拌合物的性质。
- 混凝土的强度、变形性能与工程应用的关系。
- 混凝土应用中的耐久性。
- 混凝土的组配。
- 混凝土强度的质量评定。
- 混凝土的发展趋势。

混凝土是由胶凝材料、骨料（或称为集料）按适当比例配合、拌和制成的混合料，经一定时间硬化而成的人造石材。目前，工程上使用最多的是以水泥为胶凝材料，以石为粗骨料、砂为细骨料，加水拌制成的水泥混凝土，或称为普通混凝土，简称为混凝土。

混凝土可按以下多种方法进行分类：

（1）混凝土按其表观密度可分为重混凝土、普通混凝土和轻混凝土。重混凝土的干表观密度大于 $2600kg/m^3$，具有防射线能力，又称为防辐射混凝土，主要用于核能工程的屏蔽结构材料；普通混凝土的干表观密度约为 $2400kg/m^3$，是土木工程常用的混凝土，主要用于各种土木工程的承重结构；轻混凝土的干表观密度小于 $1950kg/m^3$，主要用作轻质结构材料和绝热材料。

（2）混凝土按所用胶凝材料可分为水泥混凝土、沥青混凝土、石膏混凝土、水玻璃混凝土和聚合物混凝土等。

（3）混凝土按用途可分为结构混凝土、防水混凝土、防辐射混凝土、耐热混凝土、耐酸混凝土、道路混凝土、大体积混凝土、膨胀混凝土和高性能混凝土等。

（4）混凝土按生产和施工方法可分为泵送混凝土、喷射混凝土、碾压混凝土、挤压混凝土、离心混凝土和压力灌注混凝土等。

混凝土在土木工程中得到应用，具有许多明显的优点，例如，组成材料来源丰富、成本低；在凝结前具有良好的可塑性，按工程结构的要求，可浇筑成各种形状和任意尺寸的整体结构或预制构件；硬化后具有较高的力学强度和良好的耐久性；与钢筋有牢固的黏结力，制作钢筋混凝土，能互补优缺，扩大使用范围；根据不同要求配置不同性能的混凝土；利用工业废料作组成材料，有利于环保。但混凝土也存在一定的缺陷，例如，自重大、抗拉强度低和易产生裂纹等。

混凝土是一种主要的土木工程材料，在工业与民用建筑、给排水工程、道路工程、桥梁工程、水利工程、地下工程和国防工程等方面都有广泛应用。

第一节　普通混凝土的组成材料

普通混凝土的基本组成材料是水泥、水、砂和石，另外还常掺入适量的掺合料和外加剂。砂、石在混凝土中起骨架作用，故又称为骨料（或称为集料），它们还起到抵抗混凝土在凝结硬化过程中的收缩作用。水泥和水形成水泥浆，包裹在砂粒表面并填充砂粒之间的空隙而形成水泥砂浆，水泥砂浆又包裹石子并填充石子间的空隙而形成混凝土。在混凝土硬化前，水泥浆起润滑作用，赋予混凝土一定的流动性，便于施工。水泥浆硬化后起胶结作用，将砂石骨料胶结在一起，成为坚硬的人造石材，并产生机械强度。

混凝土是一个宏观匀质、微观非匀质的堆聚结构，混凝土的质量和技术性能很大程度上是由原材料的性质及其相对含量所决定的，同时也与施工工艺（配料、搅拌、捣实成型和养护等）有关。因此，首先必须了解混凝土原材料的性质、作用及质量要求，合理选择原材料，以保证混凝土的质量。

一、水泥

水泥在混凝土中起胶结作用，是最重要的材料，正确、合理地选择水泥的品种和强度等级，是影响混凝土强度、耐久性及经济性的重要因素。

（一）水泥品种的选择

应根据工程性质与特点、工程所处环境及施工条件，依据各种水泥的特性，合理选择水泥品种。这些在本书无机胶凝材料的水泥部分已作了介绍。

（二）水泥强度等级的选择

水泥标号的选择应与混凝土的设计强度等级相适应。原则上是高配高、低配低，通常以水泥标号为混凝土等级的 1.5～2.0 倍为宜，对于高强混凝土可取为 0.9～1.5 倍。

若用低强度等级的水泥配制高强度等级的混凝土，一方面要增加水泥用量，这不仅不经济，而且会使混凝土收缩和水化热增大；另一方面需要减少用水量以保证混凝土的强度，给施工造成困难。若用高强度等级的水泥配制低强度等级的混凝土，从强度考虑，少量水泥就能满足要求，但为满足混凝土拌合物的和易性和混凝土的耐久性，就需额外增加水泥用量，造成水泥浪费。

二、细骨料

配置混凝土所采用的细骨料主要是指天然砂。天然砂是由自然条件作用形成的。粒径小于 4.75mm 的岩石颗粒称为细骨料。按天然砂的产源不同可分为河砂、海砂和山砂等。

建筑用砂应符合《建筑用砂》(GB/T 14684—2001)的以下质量要求。

(一)砂的粗细程度及颗粒级配

1. 砂的粗细程度

砂的粗细程度按细度模数 μ_f 分为粗、中、细三级。粗砂细度模数范围为 $\mu_f=3.1\sim3.7$,中砂为 $\mu_f=2.3\sim3.0$,细砂为 $\mu_f=1.6\sim2.2$。

表示砂粗细程度的细度模数可用筛分析法进行测定。《普通混凝土用砂、石质量及检验方法标准》(JGJ 52—2006)采用的筛孔尺寸为 5.00mm、2.50mm、1.25mm、0.630mm、0.315mm 和 0.160mm。其测试和计算方法均相同,目前混凝土行业普遍采用该标准。将预先通过孔径为 10.0mm 的干砂试样 500g 由粗到细依次过筛,然后称量余留在各筛上的砂量,并计算出各筛上的分计筛余百分率(各筛上的筛余量占砂样总质量的百分率)a_1、a_2、a_3、a_4、a_5、a_6 及累计筛余百分率(各筛与比该筛粗的所有分计筛余百分率之和)A_1、A_2、A_3、A_4、A_5、A_6。累计筛余百分率与分计筛余百分率的关系如表 4-1 所示。

表 4-1　累计筛余百分率与分计筛余百分率的关系

筛孔尺寸(mm)	分计筛余(%)	累计筛余(%)
5.00	a_1	$A_1=a_1$
2.50	a_2	$A_2=a_1+a_2$
1.25	a_3	$A_3=a_1+a_2+a_3$
0.630	a_4	$A_4=a_1+a_2+a_3+a_4$
0.315	a_5	$A_5=a_1+a_2+a_3+a_4+a_5$
0.160	a_6	$A_6=a_1+a_2+a_3+a_4+a_5+a_6$

砂的粗细程度用细度模数 μ_f 表示,其计算公式为

$$\mu_f=\frac{(A_2+A_3+A_4+A_5+A_6)-5A_1}{100-A_1}$$

2. 砂的颗粒级配

砂的颗粒级配应符合表 4-2 的规定。

表 4-2　砂 的 颗 粒 级 配

累计筛余(%) 级配区 / 方筛孔	1	2	3
9.50mm	0	0	0
4.75mm	10～0	10～1	10～0
2.36mm	35～5	25～0	15～0
1.18mm	65～35	50～10	25～0
600μm	85～71	70～41	40～16
300μm	95～80	92～70	85～55
150μm	100～90	100～90	100～90

注　1. 砂的实际颗粒级配与表中所列数字相比,除 4.75mm 和 600μm 筛档外,可以略有超出,但超出总量应小于 5%。

2. 1 区人工砂中 150μm 筛孔的累计筛余可以放宽到 100～85;2 区人工砂中 150μm 筛孔的累计筛余可以放宽到 100～80;3 区人工砂中 150μm 筛孔的累计筛余可以放宽到 100～75。

在选择颗粒级配时宜选用 2 区砂。当采用 1 区砂时，应提高砂率并保持足够的水泥用量，以满足混凝土的和易性；当采用 3 区砂时，宜适当降低砂率，以保证混凝土强度。若为泵送混凝土用砂，宜选用中砂。

（二）含泥量、石粉含量和泥块含量

由于泥黏附在砂表面，妨碍水泥与砂的黏结，降低混凝土强度，增加混凝土拌和的用水量，使混凝土硬化过程中的收缩增加，降低混凝土耐久性。

天然砂的含泥量和泥块含量应符合表 4－3 的规定。

表 4－3　　含泥量和泥块含量　　单位：%

项目	指标		
	Ⅰ类	Ⅱ类	Ⅲ类
含泥量（按质量计）	<1.0	<3.0	<5.0
泥块含量（按质量计）	0	<1.0	<2.0

人工砂的石粉含量和泥块含量应符合表 4－4 的规定。

表 4－4　　石粉含量和泥块含量　　单位：%

项目				指标		
				Ⅰ类	Ⅱ类	Ⅲ类
1	亚甲蓝试验	*MB* 值<1.40 或合格	石粉含量（按质量计）	<3.0	<5.0	<7.0①
2			泥块含量（按质量计）	0	<1.0	<2.0
3		*MB* 值≥1.40 或不合格	石粉含量（按质量计）	<1.0	<3.0	<5.0
4			泥块含量（按质量计）	0	<1.0	<2.0

① 根据使用地区和用途，在试验验证的基础上，可由供需双方协商确定。

（三）砂的坚固性

砂的坚固性是指砂在自然风化和其他外界物理、化学因素的作用下，抵抗破裂的能力。天然砂采用硫酸钠溶液法进行试验，砂样经五次循环后其质量损失应符合表 4－5 的规定。

表 4－5　　坚固性指标　　单位：%

项目	指标		
	Ⅰ类	Ⅱ类	Ⅲ类
质量损失	<8	<8	<10

人工砂采用压碎指标法进行试验，压碎指标值应小于表 4－6 的规定。

表 4-6　　压 碎 指 标　　单位：%

项目	指标		
	Ⅰ类	Ⅱ类	Ⅲ类
单级最大压碎指标	<20	<25	<30

对于抗疲劳、耐磨、抗冲击要求的混凝土用砂，有腐蚀介质作用或经常处于水位变化区的地下结构混凝土用砂，其坚固性质量损失率应小于8%。

(四) 有害杂质含量

砂不应混有草根、树叶、树枝、塑料、煤块和炉渣等杂物，砂中如含有云母、轻物质、有机物、硫化物及硫酸盐、氯化物等，其含量应符合表4-7的规定。

表 4-7　　有 害 物 质 含 量　　单位：%

项目	指标		
	Ⅰ类	Ⅱ类	Ⅲ类
云母（按质量计）	<1.0	<2.0	<2.0
轻物质（按质量计）	<1.0	<1.0	<1.0
有机物（比色法）	合格	合格	合格
硫化物及硫酸盐（按 SO_3 质量计）	<0.5	<0.5	<0.5
氯化物（按氯离子质量计）	<0.01	<0.02	<0.06

三、粗骨料

普通混凝土常用的粗骨料有卵石（砾石）和碎石。卵石是由自然风化、水流搬运和分选、堆积形成的。粒径大于4.75mm的岩石颗粒，按其产源可分为河卵石、海卵石和山卵石等几种，其中河卵石应用较多。碎石是由天然岩石或卵石经机械破碎、筛分制成的，是粒径大于4.75mm的岩石颗粒。

依据《建筑用卵石、碎石》(GB/T 14685—2001）的规定，按卵石、碎石技术要求将粗骨料分为Ⅰ类、Ⅱ类和Ⅲ类三个类别。其中Ⅰ类宜用于强度等级高于C60的混凝土；Ⅱ类宜用于强度等级为C30～C60及抗冻、抗渗或有其他要求的混凝土；Ⅲ类宜用于强度等级低于C30的混凝土。对粗骨料的质量主要有以下要求。

(一) 有害杂质含量

粗骨料中常含有一些有害杂质，例如泥块、淤泥、硫化物、硫酸盐、氯化物和有机物。它们的危害作用与在细骨料中相同。它们的含量应符合表4-8的规定。

表 4-8　　有 害 杂 质 含 量　　单位：%

项目	指标		
	Ⅰ类	Ⅱ类	Ⅲ类
含泥量（按质量计）	<0.5	<1.0	<1.5
泥块含量（按质量计）	<0	<0.5	<0.7
有机物	合格	合格	合格
硫化物及硫酸盐（按 SO_3 质量计）	<0.5	<1.0	<1.0

含泥量是指卵石、碎石中粒径小于 75μm 的颗粒含量；泥块含量是指卵石、碎石中原粒径大于 5mm，经水浸洗、手捏后小于 2.5mm 的颗粒含量。

（二）强度

为保证混凝土的强度要求，粗骨料必须具有足够的强度。碎石和卵石的强度采用岩石抗压强度和压碎指标两种方法检验。

岩石立方体强度检验，是将轧制碎石的母岩制成边长为 5cm 的立方体（或直径与高均为 5cm 的圆柱体）试件，在水饱和状态下，测定其极限抗压强度值。火成岩抗压强度应不小于 80MPa，变质岩应不小于 60MPa，水成岩应不小于 30MPa。

压碎指标检验，是指将一定质量的气干状态粒径为 10～20mm 的石子装入标准圆筒内，在压力机上 160～300s 内均匀施加荷载至 200kN 并稳荷 5s，然后卸荷，用孔径 2.5mm 的筛筛除被压碎的细粒，称出留在筛上的试样质量。压碎指标 Q_e 的计算公式为

$$Q_e = \frac{G_2}{G_1 + G_2} \times 100\%$$

式中：Q_e 为压碎指标值，%；G_1 为试样的质量，g；G_2 为压碎试验后筛余的试样质量，g。

压碎指标 Q_e 值愈小，表示粗骨料抵抗受压破坏的能力愈强。普通混凝土用碎石和卵石的压碎指标值如表 4－9 所示。

表 4－9　普通混凝土用碎石和卵石的压碎指标　单位：%

项　目	指　标		
	Ⅰ类	Ⅱ类	Ⅲ类
碎石压碎指标	<10	<20	<30
卵石压碎指标	<12	<16	<16

压碎指标检验实用方便，用于经常性的质量控制；而在选择采石场或对粗骨料有严格要求以及对质量有争议时，宜采用岩石立方体强度检验。

（三）颗粒形状及表面特征

1. 颗粒形状

为提高混凝土强度和减小骨料间的空隙，粗骨料比较理想的颗粒形状应是三维长度相等或相近的球形或立方体形颗粒，而三维长度相差较大的针、片状颗粒形状较差。粗骨料中针、片状颗粒不仅本身受力时容易折断，影响混凝土的强度，而且会增大骨料间的空隙率，使混凝土拌合物的和易性变差。针、片状颗粒含量应符合表 4－10 的规定。

表 4－10　针、片状颗粒含量　单位：%

项　目	指　标		
	Ⅰ类	Ⅱ类	Ⅲ类
针、片状颗粒（按质量计）	<5	<15	<25

注　1. 针状颗粒是指颗粒长度大于骨料平均粒径 2.4 倍者。
　　2. 片状颗粒是指颗粒厚度小于骨料平均粒径 0.4 倍者。

2. 表面特征

骨料表面特征主要是指骨料表面的粗糙程度及孔隙特征等。它主要影响骨料与水泥浆

之间的黏结性能，从而影响混凝土的强度，尤其是抗弯强度，这对高强混凝土更为明显。碎石表面粗糙而且具有吸收水泥浆的孔隙特征，所以它与水泥浆的黏结能力较强；卵石表面光滑且少棱角，与水泥浆的黏结能力较差，但混凝土拌合物的和易性较好。在相同条件下，碎石混凝土比卵石混凝土强度高10%左右。

(四) 最大粒径及颗粒级配

1. 最大粒径

粗骨料公称粒级的上限称为该粒级的最大粒径（D_{max}）。骨料的粒径大，其总表面积相应减小，因而包裹在其表面所需的水泥浆量减少，可节约水泥；而且，在一定和易性和水泥用量条件下，能减少用水量而提高强度，对大体积混凝土有利。但是，对于用普通配合比配制的结构混凝土，尤其是高强混凝土，当粗骨料的最大粒径超过40mm后，由于减少用水量获得的强度提高被较少的黏结面积及大粒径骨料造成的不均匀性的不利影响所抵消，因而并没有什么好处。

根据《混凝土结构工程施工质量验收规范》（GB 50204—2002）的规定，混凝土用粗骨料的最大粒径不得超过结构截面最大尺寸的1/4且不得超过钢筋最小净距的3/4；对于混凝土实心板，骨料的最大粒径不宜超过板厚的1/3，且最大粒径不得超过40mm；对于泵送混凝土，碎石最大粒径与输送管内径之比，宜小于或等于1∶3，卵石宜小于或等于1∶2.5。

2. 颗粒级配

粗骨料与细骨料一样，也要求有良好的颗粒级配，以减少空隙率，增强密实性，从而可以节约水泥，保证混凝土的和易性及混凝土的强度。特别是配制高强混凝土，粗骨料级配特别重要。

粗骨料的级配也是通过筛分试验来确定的，其标准筛孔径为2.36mm、4.75mm、9.50mm、16.0mm、19.0mm、26.5mm、31.5mm、37.5mm、53.0mm、63.0mm、75.0mm、90.0mm十二个筛。分计筛余百分率及累计筛余百分率的计算与砂相同。依据《建筑用卵石、碎石》（GB/T 14685—2001），普通混凝土用碎石及卵石的颗粒级配范围应符合表4-11的规定。

粗骨料的级配按供应情况有连续粒级和单粒粒级两种。连续粒级级配是按颗粒尺寸由小到大连续分级（5mm～D_{max}），每级骨料都占有一定比例，如天然卵石。连续粒级级配颗粒级差小，配制的混凝土拌合物和易性好，不易发生离析，目前应用较广泛。单粒粒级级配是人为剔除某些中间粒级颗粒，大颗粒的空隙直接由比它小得多的颗粒去填充，颗粒级差大，空隙率的降低比连续粒级级配快得多，可最大限度地发挥骨料的骨架作用，减小水泥用量；但混凝土拌合物易产生离析现象，增加施工困难，工程应用较少。

单粒粒级宜用于组合成具有所要求级配的连续粒级，也可与连续粒级配合使用，以改善骨料级配或配成较大粒级的连续粒级。此外，也可以减少连续粒级骨料在堆放时产生的大小颗粒滚动离析现象。工程中不宜采用单一的单粒粒级粗骨料配制混凝土。

(五) 骨料的坚固性

卵石、碎石在自然风化和其他外界物理化学因素作用下抵抗破裂的能力称为骨料的坚固性。当骨料由于干湿循环或冻融交替等风化作用引起体积变化而导致混凝土破坏时，即

表 4-11　　碎石或卵石的颗粒级配

级配情况	公称粒级(mm)	累计筛余(%) 筛孔尺寸(方孔筛，mm) 2.36	4.75	9.50	16.0	19.0	26.5	31.5	37.5	53.0	63.0	75.0	90.0
连续粒级	5～10	95～100	80～100	0～15	0								
	5～16	95～100	85～100	30～60	0～10	0							
	5～20	95～100	90～100	40～80		0～10	0						
	5～25	95～100	90～100		30～70		0～5	0					
	5～31.5	95～100	90～100	70～90		15～45		0～5	0				
	5～40		95～100	70～90		30～65			0～5	0			
单粒粒级	10～20		95～100	85～100		0～15	0						
	16～31.5		95～100		85～100		0～10	0					
	20～40			95～100		80～100			0～10	0			
	31.5～63				95～100			75～100	45～75		0～10	0	
	40～80					95～100			70～100		30～60	0～10	0

认为坚固性不良。具有某种特征孔结构的岩石会表现出坚固性不良。曾经发现由某些页岩、砂岩等配制的混凝土较易遭受冰冻及骨料内盐类结晶所导致的破坏。骨料越密实，强度越高，吸水率越小时，其坚固性越好；而结构疏松，矿物成分越复杂、不均匀，其坚固性越差。骨料的坚固性采用硫酸钠溶液法进行试验，卵石和碎石五次循环后，其质量损失应符合表 4-12 的规定。

表 4-12　　碎石和卵石的坚固性指标

单位：%

项　目	指标 Ⅰ类	Ⅱ类	Ⅲ类
质量损失	<5	<8	<12

（六）骨料的含水状态

骨料的含水状态可分为干燥状态、气干状态、饱和面干状态和湿润状态等四种，如图 4-1所示。干燥状态的骨料含水率等于或接近于 0；气干状态的骨料含水率与大气湿度相平衡，但未达到饱和状态；饱和面干状态的骨料其内部孔隙含水达到饱和而其表面干燥；湿润状态的骨料不仅内部孔隙含水达到饱和，而且表面还附着一部分自由水。计算普通混凝土配合比时，一般以干燥状态的骨料为基准，而一些大型水利工程常以饱和面干状态的骨料为基准。

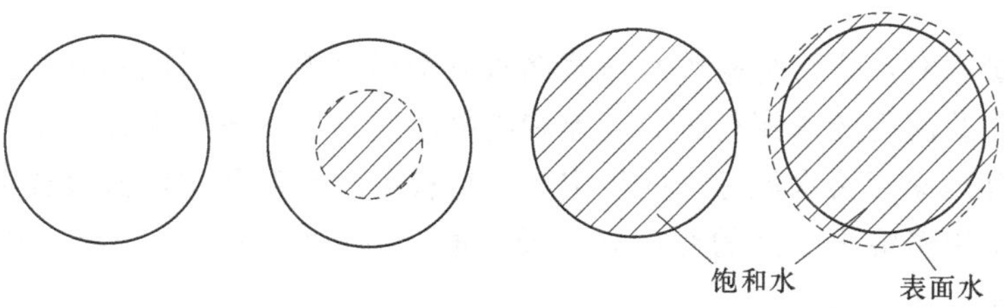

(*a*)　　(*b*)　　(*c*)　　(*d*)

图 4-1　骨料的含水状态

(*a*) 干燥状态；(*b*) 气干状态；(*c*) 饱和面干状态；(*d*) 湿润状态

骨料的含水状态常随外界气候条件而变化，尤其是细骨料含水率的变化更大，即使在同一料场的不同部位，骨料的含水状态也不一样。拌制混凝土时，由于骨料的含水量不同，将影响混凝土的用水量和骨料用量，因为骨料颗粒内部如果不是饱和水状态，在拌制混凝土时，所加的用水量有一部分会被骨料吸收；如果骨料表面附着有自由水，则在拌制混凝土时这些表面水会成为混凝土加水量的一部分。因此，在拌制混凝土时，必须经常测定骨料的含水率，及时调整混凝土组成材料的用量比例，以保证混凝土质量的均匀性。

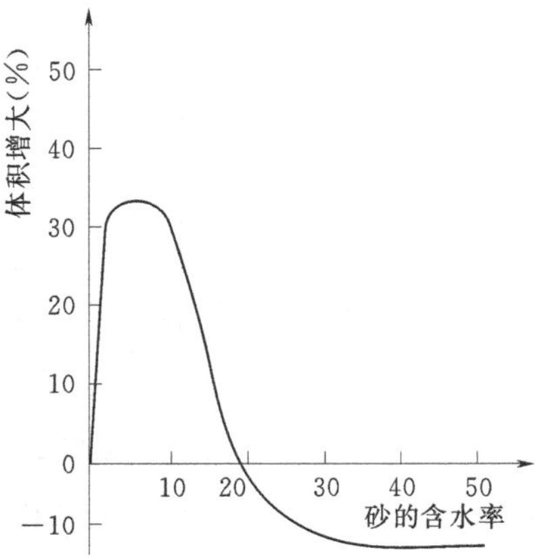

图 4－2 砂的含水率与体积的关系

细骨料的堆积密度和体积与其含水状态关系极大。潮湿的砂，由于颗粒表面吸附水膜的存在，砂粒互相黏附，形成疏松结构，会引起体积显著增加，一般当砂的含水率为5%～8%时，其堆积密度最小而体积最大，这种现象称为湿胀。当砂的含水率继续增大，随着颗粒表面水膜的增厚、水的自重超过砂颗粒表面的吸附力而发生流动，并迁移到砂颗粒间的空隙中去，砂粒相互间不能黏结，重新恢复其流动性，所以体积反而缩小。当含水率为20%左右时，湿砂的体积与干砂相近。含水率继续增加，颗粒互相挤紧，湿砂的体积小于干砂。因此，在配制混凝土或丈量砂方时，应特别注意这一点，砂的用量应以重量来控制较为准确。砂的含水率与体积的关系如图 4－2 所示。

四、混凝土用水

水是混凝土的主要组分之一。对混凝土用水的质量要求包括：不影响混凝土的凝结和硬化；无损于混凝土强度发展及耐久性；不加快钢筋锈蚀；不引起预应力钢筋脆断；不污染混凝土表面。因此，《混凝土用水标准》(JGJ 63—2006) 对混凝土用水提出了具体的质量要求。

混凝土用水按水源可分为饮用水、地表水、地下水、海水以及经适当处理后的工业废水。拌制及养护混凝土易采用饮用水。地表水和地下水常溶有较多的有机质和矿物盐类，必须按标准规定检验合格后方可使用。海水中含有较多的硫酸盐和氯盐，会影响混凝土的耐久性并加速混凝土中钢筋的锈蚀。因此，对于钢筋混凝土和预应力混凝土结构，不得采用海水拌制。对有饰面要求的混凝土，也不得采用海水拌制，以免因表面产生盐析而影响装饰效果。工业废水经检验合格后方可用于拌制混凝土。生活污水的水质比较复杂，不能用于拌制混凝土。

对水质有疑问时，应将待检验水与蒸馏水分别做水泥凝结时间和砂浆或混凝土强度对比试验。对比试验测得的水泥初凝时间差和终凝时间差，均不得超过 30min，且其初凝及终凝时间应符合国家相关水泥标准的规定。用待检验水配制的水泥砂浆或混凝土的 28d 抗压强度不得低于用蒸馏水配制的对比砂浆或混凝土强度的 90%。混凝土用水中各种物质含量限值如表 4－13 所示。

五、外加剂

混凝土外加剂，是指在混凝土拌和过程中掺入的用以改善混凝土性能的物质。除特殊情况外，掺量一般不超过水泥用量的5%。

表4－13　　水中物质含量限制

项　　目	预应力混凝土	钢筋混凝土	素混凝土
pH值	≥5.0	≥4.5	≥4.5
不溶物（mg/L）	≤2000	≤2000	≤5000
可溶物（mg/L）	≤2000	≤5000	≤10000
Cl^-（mg/L）	≤500	≤1000	≤3500
SO_4^{2-}（mg/L）	≤600	≤2000	≤2700
碱含量（mg/L）	≤1500	≤1500	≤1500

注　碱含量以$Na_2O+0.658K_2O$计算值表示，采用非碱活性骨料时，可不检验碱含量。

外加剂的使用是混凝土技术的重大突破。随着混凝土工程技术的发展，对混凝土性能提出了许多新的要求，例如，泵送混凝土要求高的流动性，冬季施工要求高的早期强度，高层建筑、海洋结构要求高强、高耐久性。这些性能的实现，需要应用高性能外加剂。由于外加剂对混凝土技术性能的改善，它在工程中应用的比例越来越大，不少国家使用掺外加剂的混凝土已占混凝土总量的60%～90%。因此，外加剂也就逐渐成为混凝土中的第五种成分。

（一）外加剂的分类

混凝土外加剂种类繁多，根据《混凝土外加剂定义、分类、命名与术语》（GB 8075—2005）的规定，混凝土外加剂按其主要功能分为以下四类：

（1）改善混凝土拌合物流变性能的外加剂，包括各种减水剂、引气剂和泵送剂等。

（2）调节混凝土凝结时间、硬化性能的外加剂，包括缓凝剂、早强剂和速凝剂等。

（3）改善混凝土耐久性能的外加剂，包括引气剂、防水剂和阻锈剂、减缩剂等。

（4）改善混凝土其他性能的外加剂，包括加气剂、膨胀剂、防冻剂、着色剂、防水剂和泵送剂等。

目前，在工程中常用的外加剂主要有减水剂、早强剂、缓凝剂、引气剂、防冻剂、速凝剂和减缩剂等。

1. 减水剂

减水剂是指在保持混凝土稠度不变的条件下，具有减小增强作用的外加剂。根据减水剂的作用效果及功能情况，可分为普通减水剂、高效减水剂、早强减水剂、缓凝减水剂、缓凝高效减水剂及引气减水剂等。

（1）常用减水剂。常用的减水剂包括以下几类：

1）木质素磺酸盐系减水剂。这类减水剂包括木质素磺酸钙（木钙）、木质素磺酸钠（木钠）和木质素磺酸镁（木镁）等。其中，木钙减水剂（又称为M型减水剂）使用较多。

2）萘磺酸盐系减水剂。萘系减水剂是用萘或萘的同系物经磺化与甲醛缩合而成。

3）水溶性树脂减水剂。这类减水剂是以一些水溶性树脂为主要原料制成的减水剂，如三聚氰胺树脂、古玛隆树脂等。

4）聚羧酸盐减水剂。这类减水剂是直接用有机化工原料通过接枝共聚反应合成的高分子表面活性剂。

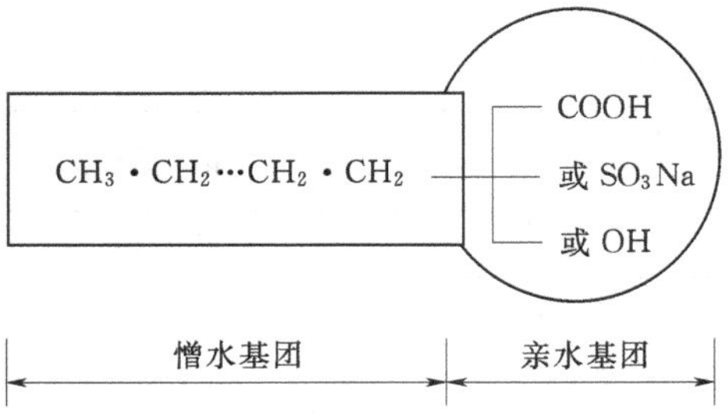

图 4-3 常用减水剂结构

(2) 减水剂的作用原理。常用减水剂均属表面活性物质，其分子由亲水基团和憎水基团两部分组成，如图 4-3 所示。当水泥加水拌和后，因水泥颗粒间分子凝聚力的作用，使水泥浆形成絮凝结构，如图 4-4 (*a*) 所示。在这絮凝结构中，包裹了一定的拌合水（游离水），从而降低了混凝土拌合物的和易性。若在水泥中加入适量的减水剂，因减水剂的表面活性作用，致使憎水基团定向吸附于水泥颗粒表面。亲水基团指向水溶液，使水泥颗粒表面带有相同的电荷，在电性斥力作用下，水泥颗粒互相分开 [见图 4-4 (*b*)]，絮凝结构解体，包裹的游离水被释放出来，从而有效地增加了混凝土拌合物的流动性。当水泥颗粒表面吸附足够的减水剂后，在水泥颗粒表面形成一层稳定的溶剂化水膜层，它阻止了水泥颗粒间的直接接触，并在颗粒间起润滑作用，也改善了混凝土拌合物的和易性 [见图 4-4 (*c*)]。此外，由于水泥颗粒被有效分散，颗粒表面被水分充分润湿，增大了水泥颗粒的水化面积，使水化比较充分，从而提高了混凝土的强度。

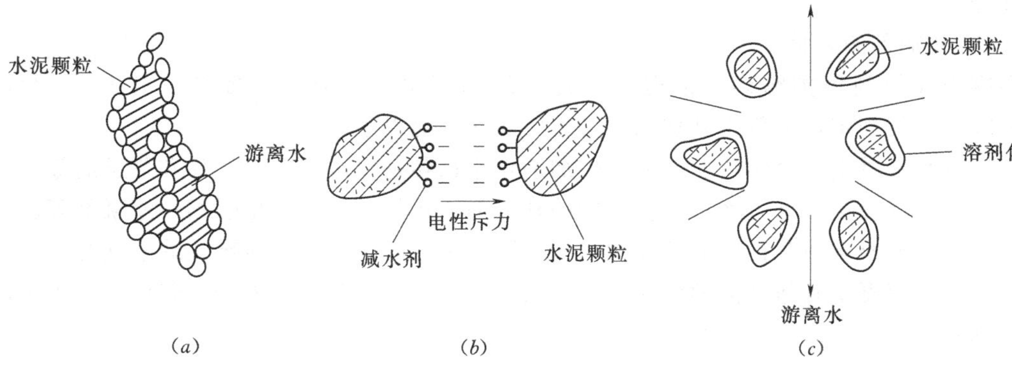

图 4-4 水泥浆的絮凝结构和减水剂作用示意图

(*a*) 水泥浆形成絮凝结构；(*b*) 减水剂的电斥力作用；(*c*) 游离水的释放

可见，减水剂作用原理可由吸附——分散作用、润滑作用和湿润作用三部分组成。只要掺入少量的减水剂，就可使硬化前混凝土和易性改善，硬化后混凝土性能改善。减水剂已成为高性能混凝土的主要成分。

(3) 减水剂的技术经济效果。根据使用目的不同，在混凝土中加入减水剂后，一般可取得以下效果：

1) 增加流动性。在用水量及水泥用量不变时，混凝土坍落度可增大 100～200mm，明显提高混凝土流动性，且不影响混凝土的强度。泵送混凝土或其他大流动性混凝土均需掺入高级减水剂。

2) 提高混凝土强度。在保持流动性及水泥用量不变的条件下，可减少拌合水量 10%～15%，从而降低了水胶比，使混凝土强度提高 15%～20%，特别是早期强度提高更为显著。掺入高效减水剂是制备早强、高强、高性能混凝土的技术措施之一。

3）节约水泥。在保持流动性及水胶比不变的条件下，可以在减少拌合水量的同时，相应减少水泥用量，即在保持混凝土强度不变时，可节约水泥用量10%～15%，且有利于降低工程成本。

4）改善混凝土的耐久性。由于减水剂的掺入，显著地改善了混凝土的孔结构，使混凝土的密实度提高，透水性降低，从而可提高抗渗、抗冻、抗化学腐蚀及防锈蚀等能力。

此外，掺入减水剂后，还可以改善混凝土拌合物的泌水、离析现象，延缓混凝土拌合物的凝结时间，减慢水泥水化放热速度，防止因内外温差而引起的裂缝。

2. 早强剂

早强剂是加速混凝土早期强度发展，并对后期强度无显著影响的外加剂。早强剂能加速水泥的水化和硬化、缩短养护期，从而达到尽早拆模、提高模板周转率、加快施工速度的目的。早强剂可以在常温、低温和负温（不低于－5℃）条件下加速混凝土的硬化过程，多用于冬季施工和抢修工程。早强剂主要分为无机盐类（氯盐类、硫酸盐类）、有机胺及有机-无机的复合物三大类。

3. 缓凝剂

缓凝剂是指能延缓混凝土凝结时间，并对混凝土后期强度发展无不利影响的外加剂。缓凝剂主要分为以下四类：

（1）糖类，例如糖蜜。

（2）木质素磺酸盐类，例如木钙、木钠。

（3）羟基羧酸及其盐类，例如柠檬酸、酒石酸。

（4）无机盐类，例如锌盐、硼酸盐等。

常用的缓凝剂是木钙和糖蜜，其中糖蜜的缓凝效果最好。糖蜜缓凝剂是制糖下脚料经石灰处理而成，也是表面活性剂，掺入混凝土拌合物中，能吸附在水泥颗粒表面，形成同种电荷的亲水膜，使水泥颗粒相互排斥，并阻碍水泥水化，从而起缓凝作用。糖蜜的适宜掺量为0.1%～0.3%，混凝土凝结时间可延长2～4h，掺量每增加0.1%，可延长1h。掺量如大于1%，会使混凝土长期酥松不硬，强度严重下降。

缓凝剂具有缓凝、减水、降低水化热和增强作用，对钢筋也无锈蚀作用。其主要适用于大体积混凝土和炎热气候下施工的混凝土、泵送混凝土及滑模施工的混凝土，以及需长时间停放或长距离运输的混凝土。缓凝剂不宜用于日最低气温在5℃以下施工的混凝土，也不宜单独用于有早强要求的混凝土及蒸养混凝土。

缓凝剂的作用原理十分复杂，至今尚未形成一个比较完满的分析理论。总的来说，就是延缓水泥水化反应，以及推迟水泥凝结。

4. 引气剂

引气剂是指在混凝土搅拌过程中，能引入大量分布均匀的微小气泡，以减少混凝土拌合物的泌水、离析，改善和易性，并能显著提高硬化混凝土抗冻性、耐久性的外加剂。目前，应用较多的引气剂为松香热聚物、松香皂和烷基苯磺酸盐等。

松香热聚物是松香与苯酚、硫酸和氢氧化钠以一定配比经加热缩聚而成。松香皂是由松香经氢氧化钠皂化而成。松香热聚物的适宜掺量为水泥质量的0.005%～0.02%，混凝土的含气量为3%～5%，减水率为8%左右。

引气剂属憎水性表面活性剂，表面活性作用类似减水剂，区别在于减水剂的界面活性作用主要发生在液-固界面，而引气剂的界面活性作用主要在气-液界面上。由于引气剂能显著降低水的表面张力和界面能，使水溶液在搅拌过程中极易产生许多微小的封闭气泡，气泡直径多在50～250μm。同时，因引气剂定向吸附在气泡表面，形成较为牢固的液膜，使气泡稳定而不破裂。按混凝土含气量3%～5%计（不加引气剂的混凝土含气量为1%），$1m^3$混凝土拌合物中含数百亿个气泡。由于大量微小、封闭并均匀分布的气泡的存在，使混凝土的某些性能得到明显改善或改变：

（1）改善混凝土拌合物的和易性。由于大量微小气泡在混凝土拌合物内形成，如同滚珠一样，减少了颗粒间的摩擦阻力，使混凝土拌合物流动性增加。同时，由于水分均匀分布在大量气泡的表面，使能自由移动的水量减少，混凝土拌合物的保水性、黏聚性也随之提高。

（2）显著提高混凝土的抗渗性、抗冻性。大量均匀分布的封闭气泡有较大的弹性变形能力，对由水结冰所产生的膨胀应力有一定的缓冲作用，因而混凝土的抗冻性得到提高。大量微小气泡占据于混凝土的孔隙，切断毛细管通道，使抗渗性得到改善。

（3）降低混凝土强度。由于大量气泡的存在，减少了混凝土的有效受力面积，使混凝土强度有所降低。一般混凝土的含气量每增加2%时，其抗压强度将降低4%～6%，抗折强度降低2%～3%。

引气剂可用于抗渗混凝土、抗冻混凝土、抗硫酸盐侵蚀混凝土、泌水严重的混凝土、贫混凝土、轻混凝土以及对饰面有要求的混凝土等，但引气剂不宜用于蒸养混凝土及预应力混凝土。

5. *防冻剂*

防冻剂是能使混凝土在温度处于零下时硬化，并在规定养护条件下达到预期足够防冻强度的外加剂。常用的防冻剂为复合型，由防冻、早强、减小和引气等多组分组成，各尽其能，完成预定抗冻性能。

不同类别的防冻剂性能是具有差异的，合理的选用十分重要。氯盐类防冻剂适用于无筋混凝土；氯盐阻锈类防冻剂可用于钢筋混凝土；无氯盐类防冻剂可用于钢筋混凝土工程和预应力钢筋混凝土工程。硝酸盐、亚硝酸盐、碳酸盐易引起钢筋的应力腐蚀，故此类防冻剂不适用于预应力混凝土以及与镀锌钢材相接触部位的钢筋混凝土结构。此外，含有六价铬盐、亚硝酸盐等有毒成分的防冻剂，严禁用于饮水工程及与仪器接触的部位。

目前，国产防冻剂品种适用于－20～0℃的气温，当在更低气温下施工时，应增加其他混凝土冬季施工措施，例如暖棚法、原料（砂、石和水）预热法等。

6. *速凝剂*

速凝剂是指能使混凝土迅速凝结硬化的外加剂。速凝剂主要分为无机盐类和有机物类两类。我国常用的速凝剂是无机盐类，主要有红星Ⅰ型、711型、728型和8604型等。在满足施工要求的前提下，以最小掺量为宜。

速凝剂掺入混凝土后，能使混凝土在5min内初凝，10min内终凝，1h就可产生强度，1d强度提高2～3倍，但后期强度会下降，28d强度约为不掺时的80%～90%。

速凝剂主要用于矿山井巷、铁路隧道、引水涵洞、地下工程以及喷锚支护时的喷射混凝土或喷射砂浆工程。

7. 减缩剂

混凝土很大的一个缺点是在干燥条件下产生收缩，这种收缩导致了硬化混凝土的开裂和其他缺陷的形成和发展，使混凝土的使用寿命大大缩短。在混凝土中加入减缩剂能大大降低混凝土的干燥收缩，典型性的减缩剂能使混凝土的28d收缩值减少50%～80%，最终收缩值减少25%～50%。

混凝土减缩剂减少混凝土收缩的机理，主要是能降低混凝土中的毛细管张力，从本质上讲，减缩剂是表面活性物质，有些种类的减缩剂还是表面活性剂。当混凝土由于干燥而在毛细孔中形成毛细管张力使混凝土收缩时，减缩剂的存在使毛细管张力下降，从而使得混凝土的宏观收缩值降低，所以混凝土减缩剂对减少混凝土的干缩和自缩有较大作用。

混凝土减缩剂已经发展成为一个新系列的混凝土外加剂。随着对混凝土减缩剂研究的深入以及其性能的提高，在日益关注混凝土耐久性的情况下，混凝土减缩剂作为一种能提高混凝土耐久性的外加剂即将会有更大的发展。

（二）外加剂的选择和使用

在混凝土中掺用外加剂，若选择和使用不当，会造成质量事故，因此应注意以下几点：

（1）外加剂品种的选择。外加剂品种、品牌很多，效果各异，特别是对不同品种水泥效果不同。在选择外加剂时，应根据工程需要、现场的材料条件，参考有关资料，通过试验确定。

（2）外加剂掺量的确定。混凝土外加剂均有适宜掺量。掺量过小，往往达不到预期效果；掺量过大，则会影响混凝土质量，甚至造成质量事故。因此，应通过试验试配，确定外加剂的最佳掺量。

（3）外加剂的掺加方法。外加剂的掺量很少，必须保证其均匀分散，一般不能直接加入混凝土搅拌机内。掺入方法会因外加剂不同而异，其效果也会因掺入方法不同而存在差异。故应严格按产品技术说明操作，例如，减水剂有同掺法、后掺法和分掺法等三种方法。同掺法是将减水剂在混凝土搅拌时一起掺入；后掺法是搅拌好混凝土后间隔一定时间，然后再掺入减水剂；分掺法是一部分减水剂在混凝土搅拌时掺入，另一部分在间隔一段时间后再掺入。而实践证明，后掺法最好，能充分发挥减水剂的功能。

（4）外加剂的储运保管。混凝土外加剂大多为表面活性物质或电解质盐类，具有较强的反应能力，敏感性较高，对混凝土性能影响很大，所以在储存和运输中应加强管理。失效的、不合格的、长期存放、质量未经明确的外加剂禁止使用。不同品种类别的外加剂应分别储存运输，并应注意防潮、防水，避免受潮后影响功效；有毒性的外加剂必须单独存放、专人管理；有强氧化性的外加剂必须进行密封储存，同时还必须注意储存期不得超过外加剂的有效期。

六、掺合料

混凝土掺合料是指在配置混凝土拌合物过程中，直接加入的具有一定活性的矿物细粉料。

这些活性矿物掺合料绝大多数来自工业固体废渣，主要成分为 SiO_2 和 Al_2O_3，在碱性或兼有硫酸盐成分存在的液相条件下，可发生水化反应，生成具有固化特性的胶凝物质。因此，掺合料也被称为混凝土的“第二胶凝材料”或辅助胶凝材料。

掺合料用于混凝土中不仅可以取代水泥，节约成本，而且可以改善混凝土拌合物和硬化混凝土的各项性能，目前，在调配混凝土性能及配置大体积混凝土、高强混凝土和高性能混凝土等方面，掺合料已成为不可缺少的组成材料。此外，掺合料的应用对改善环境、减少二次污染、推动可持续发展的绿色混凝土，具有十分重要的意义。

常用的混凝土掺合料有粉煤灰、矿渣微粉和硅灰。

（一）粉煤灰

在粉煤灰硅酸盐水泥中，粉煤灰可作为水泥中的活性混合料掺入。作为混凝土的掺合料，粉煤灰也可称为第六组分。在混凝土拌和过程中，掺入较好品质的粉煤灰，且在用水量不变的条件下，可以起到显著改善混凝土拌合物和易性的作用，增加流动性和黏聚性；二次水化反应降低了水化热或者使和易性不变，减少用水量，起到减水的效果，这样混凝土的密实度提高，会促使强度的发展，增强耐久性。按品质要求，根据《用于水泥和混凝土中的粉煤灰》（GB/T 1596—2005）的规定，粉煤灰可分为三个等级，如表 4-14 所示。

表 4-14　粉煤灰的技术指标和分级　单位：%

技术要求	级别		
	Ⅰ	Ⅱ	Ⅲ
细度（45μm 方孔筛筛余）	≤12	≤25	≤45
需水量比	≤95	≤105	≤115
烧失量	≤5	≤8	≤15
三氧化硫	≤3		
含水率	≤1		

（二）矿渣微粉

矿渣微粉是水淬粒化高炉矿渣经磨细加工后形成的微粉材料。

根据《用于水泥和混凝土中的粒化高炉矿渣粉》（GB/T 18046—2008）的规定，矿渣微粉分为三个等级，如表 4-15 所示。

表 4-15　矿渣微粉技术指标和分级

技术要求		级别		
		S105	S95	S75
活性指标（%）	7d	≥95	≥75	≥55
	28d	≥105	≥95	≥75
流动度比（%）		≥95		
比表面积（m^2/kg）		≥500	≥400	≥300
密度（g/cm^3）		≥2.8		

矿渣微粉作为混凝土掺合料，不仅能取代水泥，取得较好的经济效益，而且能显著改善和提高混凝土的综合性能，例如，改善和易性、降低水化热、提高抗腐蚀能力及提高后期强度等。

由于矿渣微粉对混凝土性能具有良好的技术效果，所以其不仅可用于配制高强、高性能混凝土，而且也十分适用于中强混凝土、大体积混凝土，以及各类地下和水下混凝土工程。

(三) 硅灰

硅灰是电弧炉冶炼硅金属或硅铁合金的副产品，是极细的球形玻璃颗粒，粒径为0.1～1μm，主要成分为无定形 SiO_2，含量一般为85％～96％，具有很高的活性。

常用硅灰的技术指标如表4-16所示。

表4-16　硅灰的技术指标

技术要求	烧失量(%)	SiO_2(%)	细度(45μm方孔筛筛余,%)	比表面积(m^2/kg)	含水率(%)	活性指标(7d,%)
指标	≤6	≥85	≤10	≥150000	≤3	≥85

硅灰作为混凝土掺合料取代水泥，不仅节约了成本，而且能改善混凝土拌合物的黏聚性和保水性，可降低水化热，提高混凝土抗渗、抗冻和抗侵蚀能力。尤其是混凝土掺入硅灰后，能大幅度提高其早期和后期强度。

目前在国内外，常利用硅灰配制100MPa以上的特高强混凝土。

第二节 普通混凝土的主要技术性质

一、混凝土拌合物的性质

混凝土的各组成材料按一定比例配合、搅拌而成的尚未凝固的材料，称为混凝土拌合物，又称为新拌混凝土。混凝土是由不同粒径的砂质骨料、水泥、水和外加剂组成的复杂分散系，新拌混凝土应具备的性能主要是满足施工要求，即拌合物必须具有良好的和易性，这样才能便于施工和按设计要求成型，从而保证混凝土的强度和耐久性。

(一) 和易性的概念

和易性是指混凝土拌合物在一定的施工条件下（如设备、工艺和环境等）易于各工序（搅拌、运输、浇注和捣实）施工操作，并能获得质量稳定，整体均匀，成型密实的性能。和易性是一项综合性的技术指标，包括流动性、黏聚性（或称为可塑性）和保水性（或称为稳定性）等三方面性能，和易性也称为工作性。

(1) 流动性。流动性是指混凝土拌合物在自重或机械振捣作用下，易于流动并均匀密实地填满模板的性能。流动性的大小，反映混凝土拌合物的稀稠，直接影响浇捣施工的难易和混凝土的质量，流动性好，混凝土容易操作、成型。

(2) 黏聚性。黏聚性是指混凝土各组成材料之间有一定的黏聚力，使混凝土保持整体均匀完整和稳定的性能，在运输和浇注过程中不致产生分层和离析现象。黏聚性差会影响混凝土的成型、浇筑质量，造成强度下降，耐久性不满足要求。

(3) 保水性。保水性是指混凝土拌合物在施工过程中，具有一定的保持内部水分的能力而不致产生严重的泌水现象。新拌混凝土是由不同密度、不同粒径的颗粒（骨料和水泥）和水组成，在自重和外力作用下，固体颗粒下沉，水上浮于混凝土表面，形成泌水，造成硬化后混凝土表面酥软，当泌水发生在骨料或钢筋下面时，影响混凝土的整体均匀性。保水性差的混凝土拌合物，因泌水会形成易透水的孔隙，使混凝土的密实性变差，强度和耐久性降低。

混凝土拌合物的流动性、黏聚性和保水性三者之间既互相联系，又互相矛盾。若黏聚性好则保水性一般也较好，但流动性可能较差；当增大流动性时，黏聚性和保水性往往变差。因此，拌合物的和易性良好，一般需要这三方面性能在某种具体工作条件下达到统一，达到均为良好的状况。

（二）和易性的测定及评定

混凝土拌合物的和易性内涵比较复杂，难以用一种简单的测定方法和指标来全面恰当地评价。根据我国现行标准《普通混凝土拌合物性能试验方法标准》（GB/T 50080—2002）的规定，用坍落度和维勃稠度来测定混凝土拌合物的流动性，并辅以直观经验来评定黏聚性和保水性，以此评定和易性。其具体试验方法详见本书“土木工程材料试验”中混凝土拌合物和易性的试验测定部分。

混凝土拌合物的流动性，根据坍落度值不同可分为大流动性混凝土（坍落度值大于160mm）、流动性混凝土（坍落度值为100～150mm）、塑性混凝土（坍落度值为50～90mm）及低塑性混凝土（坍落度值为10～40mm）。当拌合物的坍落度值小于10mm时，为干硬性混凝土，须用维勃稠度——时间秒数（s）表示其流动性。

（三）和易性的选用

新拌水泥混凝土的坍落度根据施工方法和结构条件（断面尺寸、钢筋分布情况），并参考有关资料（经验）加以选择。对无筋厚大结构、钢筋配置稀疏易于施工的结构，尽可能选用较小的坍落度，以节约水泥。反之，对断面尺寸较小、形状复杂或配筋特密的结构，则应选用较大的坍落度。一般在便于操作和保证捣固密实的条件下，尽可能选用较小的坍落度，以节约水泥，提高强度，获得质量合格的混凝土拌合物，具体选择可参考表4-17。

表4-17　　混凝土坍落度的适宜范围

项　目	结　构　特　点	坍落度（mm）
1	无筋的厚大结构或配筋稀疏的构件	10～30
2	板、梁及大型和中型截面的柱子等	35～50
3	配筋较密的结构（薄壁、筒仓和细网等）	55～70
4	配筋特密的结构	75～90

表4-17中的坍落度系指采用机械振捣的坍落度，当采用人工捣实时可适当增大。当施工工艺采用混凝土泵送混凝土拌合物时，可通过掺入高效减水剂等措施提高流动性，使坍落度达到80～180mm。

（四）影响和易性的主要因素

1. 水泥浆的用量

混凝土拌合物中的水泥浆，赋予混凝土拌合物以一定的流动性。在水胶比不变的情况下，单位体积拌合物内，如果水泥浆愈多，则拌合物的流动性愈大，但若水泥浆过多，将会出现流浆现象，使拌合物的黏聚性变差，同时对混凝土的强度与耐久性也会产生一定的影响，且水泥用量也大。如果水泥浆过少，不能填满骨料间隙或不能很好地包裹骨料表面时，拌合物就会产生崩塌现象，黏聚性也变差。因此，混凝土拌合物中水泥浆的用量，应以满足流动性和强度的要求为度，不宜过量。

2. 水泥浆的稠度（水胶比）

水胶比是指水泥混凝土中水的用量与水泥用量之比。在水泥用量不变的情况下，水胶比愈小，水泥浆就愈稠，混凝土拌合物的流动性就愈小。当水胶比过小时，水泥浆干稠，混凝土拌合物的流动性过低，会使施工困难，不能保证混凝土的密实性。增大水胶比会使流动性加大，但如果水胶比过大，又会造成混凝土拌合物的黏聚性和保水性不良，而产生流浆、离析现象，并严重影响混凝土的强度。因此，水胶比不能过大或过小，一般应根据混凝土强度和耐久性要求，合理地选用。

无论是水泥浆的多少还是水泥浆的稀稠，实际上对混凝土拌合物流动性起决定作用的是单位体积用水量的多少。当使用确定的骨料时，如果单位体积用水量一定，单位体积水泥用量增减不超过 50～100kg，混凝土拌合物的坍落度大体可保持不变。如果单纯加大用水量会降低混凝土的强度和耐久性，因此，对混凝土拌合物流动性的调整，应在保证水胶比不变的条件下，以调整水泥浆量的方法来进行。

3. 砂率

砂率是指混凝土中砂的质量占砂石总质量的百分率。砂率的变动，会使骨料的空隙率和骨料的总表面积有明显改变，因而对混凝土拌合物的和易性产生显著的影响。砂率过大时，骨料的总表面积及空隙率都会增大，在水泥浆含量不变的情况下，相应地水泥浆显得少了，减弱了水泥浆的润滑作用，导致混凝土拌合物流动性降低。如果砂率过小，又不能保证粗骨料之间有足够的砂浆层，也会降低混凝土拌合物的流动性，并严重影响其黏聚性和保水性，容易造成离析、流浆。当砂率适宜时，砂不但填满石子间的空隙，而且还能保证粗骨料间有一定厚度的砂浆层，以减小粗骨料间的摩擦阻力，使混凝土拌合物有较好的流动性。这个适宜的砂率，称为合理砂率。当采用合理砂率时，在用水量及水泥用量一定的情况下，能使混凝土拌合物获得最大的流动性，保持良好的黏聚性和保水性，如图 4－5 所示。或者，当采用合理砂率时，能使混凝土拌合物获得所要求的流动性及良好的黏聚性与保水性，而水泥用量为最少，如图 4－6 所示。

4. 组成材料性质的影响

水泥对和易性的影响主要表现在水泥的需水性上，需水量大的水泥品种，达到相同的坍落度，需要较多的用水量。常用水泥中以普通硅酸盐水泥所配制的混凝土拌合物的流动性和保水性较好。矿渣、火山灰质混合材料对水泥的需水性都有影响，矿渣水泥所配制的混凝土拌合物的流动性较大，但黏聚性差，易泌水。火山灰水泥需水量大，在相同加水量条件下，流动性显著降低，但黏聚性和保水性较好。

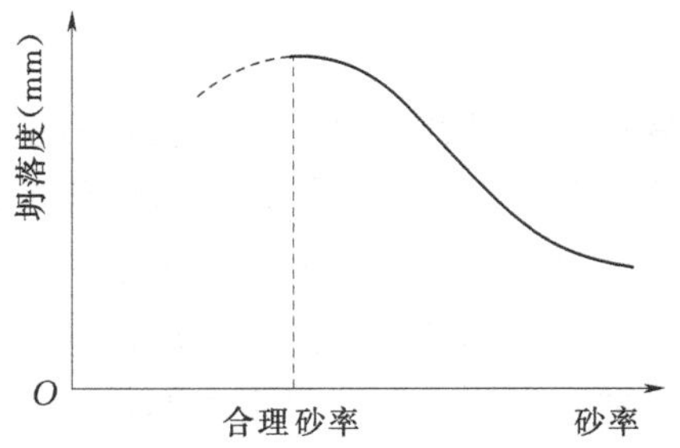

图 4－5 砂率与坍落度的关系（水与水泥用量一定）

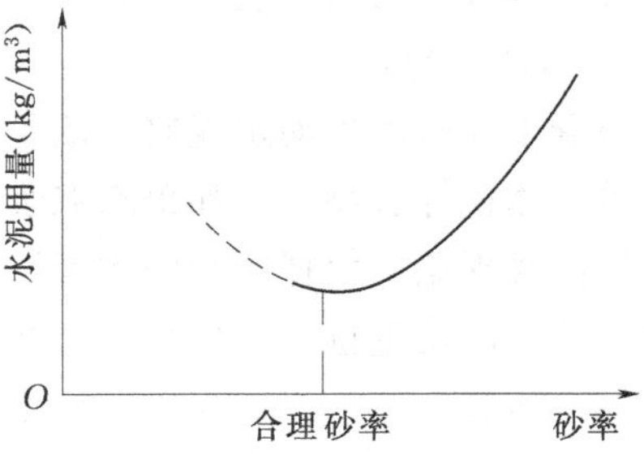

图 4－6 砂率与水泥用量的关系（达到相同坍落度）

骨料的性质对混凝土拌合物的和易性影响较大。级配良好的骨料空隙率小。在水泥浆量相同的情况下，包裹骨料表面的水泥浆较厚，和易性好，碎石比卵石表面粗糙，所配制的混凝土拌合物流动性较卵石配制的差。细砂的比表面积大，用细砂配制的混凝土比用中、粗砂配制的混凝土拌合物流动性小。

5. 外加剂

外加剂（如减水剂、引气剂等）对拌合物的和易性有很大的影响。在拌制混凝土时，加入少量的外加剂能使混凝土拌合物在不增加水泥用量的条件下，获得良好的和易性，不仅流动性显著增加，而且还能有效地改善混凝土拌合物的黏聚性和保水性。而且在不改变混凝土配合比的情况下，能提高强度和耐久性。

6. 时间和温度

搅拌后的混凝土拌合物，随着时间的延长而逐渐变得干稠，坍落度降低，流动性下降，这种现象称为坍落度损失，从而使和易性变差。其原因是一部分水已与水泥水化，一部分水被骨料吸收，一部分水蒸发，以及混凝土凝聚结构的逐渐形成，致使混凝土拌合物的流动性变差。

混凝土拌合物的和易性也受温度的影响。因为环境温度升高，水分蒸发及水化反应加快，相应使流动性降低。因此，施工中为保证一定的和易性，必须注意环境温度的变化，采取相应的措施。

（五）提高混凝土和易性的措施

在实际施工中，可采用以下措施调整混凝土拌合物的和易性：

（1）通过试验，采用合理砂率，并尽可能地采用较低的砂率。

（2）改善砂、石（特别是石子）的级配。

（3）在可能的条件下，尽量采用较粗的砂、石。

（4）当混凝土拌合物坍落度太小时，保持水胶比不变，增加适量的水泥浆；当其坍落度太大时，保持砂率不变，增加适量的砂石。

（5）有条件时尽量掺用外加剂（减水剂、引气剂等）。

二、混凝土的强度

强度是混凝土硬化后的主要力学性能，并且与其他性质关系密切。按照我国现行标准《普通混凝土力学性能试验方法标准》（GB/T 50081—2002）的规定，混凝土强度有立方体抗压强度、棱柱体抗压强度、抗拉强度、抗弯强度、抗剪强度和与钢筋的黏结强度等。

其中以抗压强度最大，抗拉强度最小（约为抗压强度的1/10～1/20），因此结构工程中的混凝土主要用于承受压力。

（一）混凝土的立方体抗压强度与强度等级

1. 立方体抗压强度

混凝土的抗压强度，是指其标准试件在压力作用下直到破坏时单位面积所能承受的最大压力。混凝土结构构件常以抗压强度为主要设计依据。

根据《普通混凝土力学性能试验方法标准》（GB/T 50081—2002）制作150mm×150mm×150mm的标准立方体试件，在标准条件［温度为（20±1)℃，相对湿度在95%以上］下，养护到28d龄期，所测得的抗压强度值为混凝土立方体试件抗压强度（简称为立方体抗压强度），以 f_{cu} 表示。采用标准试验方法测定其强度是为了使混凝土的质量有对比性，它是结构设计、混凝土配合比设计和质量评定的重要数据。

在实际的混凝土工程中，其养护条件（温度、湿度）不可能与标准养护条件一样，为了能说明工程中混凝土实际达到的强度，往往将混凝土试件放在与工程实际相同的条件下养护，再按所需的龄期测得立方体试件抗压强度值，作为工地混凝土质量控制的依据。

测定混凝土立方体试件抗压强度，也可以按粗骨料最大粒径的尺寸而选用不同的试件尺寸。但是在计算其抗压强度时，应乘以换算系数，以得到相当于标准试件的试验结果。

2. 强度等级

为了正确进行结构设计和控制工程质量，根据混凝土立方体抗压强度标准值（$f_{cu,k}$），将混凝土划分不同的强度等级。混凝土立方体抗压强度标准值，系指按标准方法制作和养护的立方体试件，在28d龄期，用标准试验方法测得的抗压强度总体分布中的一个值，强度低于该值的百分率不超过5%（即具有强度保证率为95%的立方体抗压强度）。混凝土强度等级采用符号C与立方体抗压强度标准值（以 N/mm^2 即MPa计）表示，共划分成C7.5、C10、C15、C20、C25、C30、C35、C40、C45、C50、C55、C60、C65、C70、C75和C80共十六个强度等级。例如，C40表示混凝土立方体抗压强度标准值 $f_{cu,k}=40MPa$。

（二）混凝土的轴心抗压强度

确定混凝土强度等级采用立方体试件，但实际工程中钢筋混凝土构件的形式极少是立方体的，大部分是棱柱体形或圆柱体形。为了使测得的混凝土强度接近于混凝土构件的实际情况，在钢筋混凝土结构计算中，计算轴心受压构件（例如柱子、桁架的腹杆等）时，都采用混凝土的轴心抗压强度（f_{cp}）作为设计依据。

根据《普通混凝土力学性能试验方法标准》（GB/T 50081—2002）的规定，轴心抗压强度采用150mm×150mm×300mm的棱柱体作为标准试件，如有必要，也可采用非标准尺寸的棱柱体试件，但其高宽比（h/a）应在2～3的范围。轴心抗压强度值 f_{cp} 比同截面的立方体抗压强度值 f_{cu} 小。棱柱体试件高宽比（h/a）越大，轴心抗压强度越小，但当 h/a 达到一定值后，强度不再降低。在立方体抗压强度 f_{cu} 为10～55MPa范围内时，轴心抗压强度 $f_{cp}\approx$（0.70～0.80）f_{cu}。

（三）混凝土的抗拉强度

混凝土的抗拉强度（f_{ts}）只有抗压强度的1/20～1/10，并且这个比值随着混凝土强度等级的提高而降低。由于混凝土受拉时呈脆性断裂，破坏时无明显残余应变，故在钢筋混凝土结构设计中，不考虑混凝土承受拉力，而是在混凝土中配以钢筋，由钢筋来承受结构中的拉力。但混凝土抗拉强度对于混凝土抗裂性具有重要作用，它是结构设计中确定混凝土抗裂度的主要指标，有时也用它来间接衡量混凝土与钢筋间的黏结强度，并预测由于干湿变化和温度变化而产生裂缝的情况。

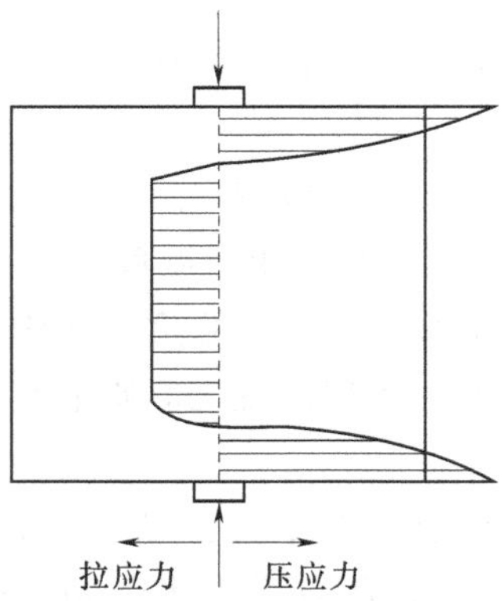

图 4-7 劈裂试验时垂直

用轴向拉伸试件测定混凝土的抗拉强度，荷载不易对准轴线，夹具处常发生局部破坏，致使测值很不准确，故我国目前采用由劈裂抗拉强度试验法间接得出混凝土的抗拉强度，称为劈裂抗拉强度（f_{ts}）。《普通混凝土力学性能试验方法标准》（GB/T 50081—2002）规定，劈裂抗拉强度采用边长为 150mm 的立方体试件，在试件的两个相对的表面上加上垫条，当施加均匀分布的压力，就能在外力作用的竖向平面内，产生均匀分布的拉应力，如图 4-7 所示，该应力可以根据弹性理论计算得出。这个方法不但大大简化了抗拉试件的制作，并且能较正确地反映试件的抗拉强度。

劈裂抗拉强度计算公式为

$$f_{ts}=\frac{2F}{\pi A}=0.637\frac{F}{A}$$

试验证明，在相同条件下，混凝土用轴拉法测得的抗拉强度，较用劈裂法测得的劈裂抗拉强度略小，两者比例约为 0.9。混凝土的劈裂抗拉强度与混凝土标准立方体抗压强度（f_{cu}）之间的关系，可用经验公式表达，即

$$f_{ts}=0.35f_{cu}^{3/4}$$

（四）混凝土的抗折强度

混凝土的抗折强度试验结果计算及确定按以下方法进行。

若试件下边缘断裂位置处于两个集中荷载作用线之间，则试件的抗折强度 f_f 的计算式为

$$f_f=\frac{Fl}{bh^2}$$

式中：f_f 为混凝土的抗折强度，MPa；F 为试件破坏荷载，N；l 为支座间跨度，mm；h 为试件截面高度，mm；b 为试件截面宽度，mm。

（五）混凝土与钢筋的黏结强度

在钢筋混凝土结构中，为使钢筋和混凝土能有效协同工作，混凝土与钢筋之间必须要有适当的黏结强度。这种黏结强度主要来源于混凝土与钢筋之间的摩擦力、钢筋与水泥之间的黏结力及变形钢筋的表面机械啮合力。黏结强度与混凝土质量有关，与混凝土抗压强度成正比。此外，黏结强度还受其他许多因素影响，例如，钢筋尺寸及变形钢筋种类、钢筋在混凝土中的位置（水平钢筋或垂直钢筋）、加载类型（受拉钢筋或受压钢筋）以及干湿变化、温度变化等。

目前，尚无一种较适当的标准试验能准确测定混凝土与钢筋的黏结强度，为了对比不同混凝土的黏结强度，美国材料试验学会（ASTM C234）提出了一种拔出试验方法。混凝土试件为边长 150mm 的立方体，其中埋入 ϕ19mm 的标准变形钢筋，试验时以不超过 34MPa/min 的加荷速度对钢筋施加压力，直到钢筋发生屈服、混凝土裂开或加荷端钢筋滑移超过 2.5mm。记录出现上述三种情况中的任意一种时的荷载值 P，用下式计算混凝土与钢筋的黏结强度：

$$f_N = P/\pi dl$$

式中：f_N 为黏结强度；d 为钢筋直径，mm；l 为钢筋埋入混凝土中的长度，mm；P 为测定的荷载值，N。

（六）影响混凝土强度的主要因素

硬化后的混凝土在未受到外力作用之前，由于水泥水化造成的化学收缩和物理收缩引起砂浆体积的变化，在粗骨料与砂浆界面上产生了分布极不均匀的拉应力，从而导致界面上形成了许多微细的裂缝。此外，还因为混凝土成型后的泌水作用，某些上升的水分为粗骨料颗粒所阻止，因而聚集于粗骨料的下缘，混凝土硬化后就成为界面裂缝。混凝土受力时，这些预存的界面裂缝会逐渐扩大、延长并汇合连通起来，形成可见的裂缝，致使混凝土结构丧失连续性而遭到完全破坏。强度试验也证实，正常配比的混凝土破坏主要是骨料与水泥石的黏结界面发生破坏。因此，混凝土的强度主要取决于水泥石强度及其与骨料的黏结强度。而黏结强度又与水泥强度等级、水胶比及骨料的性质有密切关系，此外混凝土的强度还受施工质量、养护条件及龄期的影响。

1. 水泥强度等级和水胶比的影响

水泥强度等级和水胶比是决定混凝土强度最主要的因素，也是决定性因素。水泥是混凝土中的活性组成，在水胶比不变时，水泥强度等级愈高，则硬化水泥石的强度愈大，对骨料的胶结力就愈强，配制成的混凝土强度也就愈高。在水泥强度等级相同的条件下，混凝土的强度主要取决于水胶比。从理论上讲，水泥水化时所需的结合水一般只占水泥质量的 23%左右，但在拌制混凝土拌合物时，为了获得施工所要求的流动性，常需多加一些水。例如，常用的塑性混凝土，其水胶比均在 0.4～0.8 之间，当混凝土硬化后，多余的水分就残留在混凝土中或蒸发后形成气孔或通道，大大减小了混凝土抵抗荷载的有效断面，而且可能在孔隙周围引起应力集中。因此，在水泥强度等级相同的情况下，水胶比愈小，水泥石的强度愈高，与骨料黏结力愈大，混凝土强度也愈高。但是，如果水胶比过小，拌合物过于干粗，在一定的施工振捣条件下，混凝土不能被振捣密实，出现较多的蜂窝、孔洞，将导致混凝土强度严重下降（见图 4-8）。

根据工程实践的经验资料统计，可建立混凝土强度与水胶比、水泥强度等因素之间的线性经验公式，即

$$f_{cu} = af_{ce}\left(\frac{B}{W} - b\right)$$

式中：f_{cu} 为混凝土 28d 龄期的抗压强度，MPa；B 为 1m^3 混凝土中水泥的用量，kg；W 为 1m^3 混凝土中水的用量，kg；f_{ce} 为水泥的实际强度，MPa；a、b 均为回归系数。

水泥厂为保证水泥出厂时符合质量要求，其实际抗压强度值要高于强度的标准

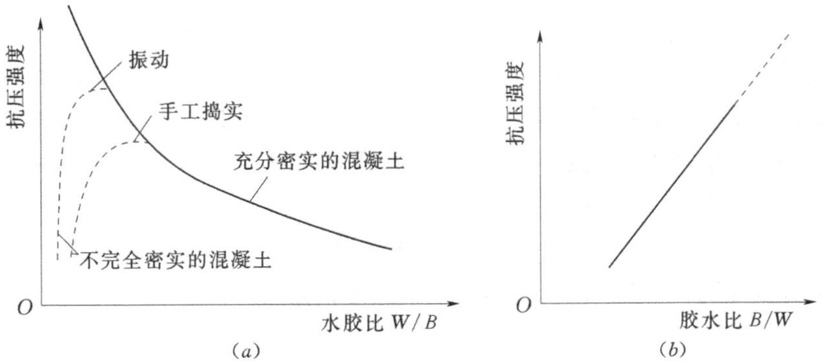

图 4-8 混凝土强度与水胶比的关系

(a) 强度与水胶比的关系；(b) 强度与胶水比的关系

值($f_{ce,k}$)，在无法取得水泥实际强度数据时，可用式 $f_{ce}=\gamma_c f_{ce,k}$ 代入。式中 γ_c 为水泥强度值的富余系数，根据各地区统计资料取得。

a、b 与骨料品种及水泥品种等因素有关，其数值通过试验求得，若无试验资料，则可按《普通混凝土配合比设计规程》(JGJ 55—2011) 提供的 a、b 系数取用：碎石 $a=0.53$，$b=0.20$；卵石 $a=0.49$，$b=0.13$。

以上的经验公式，一般只适用于流动性混凝土及低流动性混凝土，对于干硬性混凝土则不适用。利用混凝土强度公式，可根据所用的水泥强度和水胶比来估计所配制混凝土的强度，也可根据水泥强度和要求的混凝土强度等级来计算应采用的水胶比。

2. 骨料的影响

当骨料级配良好、砂率适当时，由于组成了坚强密实的骨架，有利于混凝土强度的提高。如果混凝土骨料中有害杂质较多，品质低，级配不好时，会降低混凝土的强度。

由于碎石表面粗糙有棱角，提高了骨料与水泥砂浆之间的机械啮合力和黏结力，所以在原材料、坍落度相同的条件下，用碎石拌制的混凝土比用卵石拌制的混凝土的强度要高。

骨料的强度影响混凝土的强度。一般骨料强度越高，所配制的混凝土强度越高，这在低水胶比和配制高强混凝土时特别明显。骨料粒形以三维长度相等或相近的球形或立方体形为好，若含有较多扁平或细长的颗粒，会增加混凝土的孔隙率，扩大混凝土中骨料的表面积，增加混凝土的薄弱环节，导致混凝土强度下降。

3. 养护温度及湿度的影响

混凝土强度是一个渐进发展的过程，其发展的程度和速度取决于水泥的水化状况，而温度和湿度是影响水泥水化速度和程度的重要因素。因此，混凝土成型后，必须在一定时间内保持适当的温度和足够的湿度，以使水泥充分水化，这就是混凝土的养护。养护温度高，水泥水化速度加快，混凝土的强度发展也快；反之，在低温下混凝土强度发展迟缓。当温度降至冰点以下时，则由于混凝土中的水分大部分结冰，不但水泥停止水化，强度停止发展，而且由于混凝土孔隙中的水结冰，产生体积膨胀（约 9%），而对孔壁产生相当大的压应力（可达 100MPa），从而使硬化中的混凝土结构遭到破坏，导致混凝土已获得的强度受到损失。同时，混凝土早期强度低，更容易冻坏。

因为水是水泥水化反应的必要条件，只有周围环境湿度适当，水泥水化反应才能顺利进行，使混凝土强度得到充分发展。如果湿度不够，水泥水化反应不能正常进行，甚至停止水化，会严重降低混凝土强度。图 4-9 为保湿养护对混凝土强度的影响。水泥水化不充分，水化作用未完成，还会使混凝土结构疏松，形成干缩裂缝，增大渗水性，从而影响混凝土的耐久性。为此，《混凝土结构工程施工质量验收规范》（GB 50204—2002）规定，在混凝土浇筑成型后，必须保证足够的湿度，应在12h内进行覆盖，以防止水分蒸发。在夏季施工的混凝土，要特别注意浇水保湿。使用硅酸盐水泥、普通水泥和矿渣水泥时，浇水保湿应不少于7d；使用火山灰水泥和粉煤灰水泥、在施工中掺用缓凝型外加剂或混凝土有抗渗要求时，保湿养护应不少于14d。

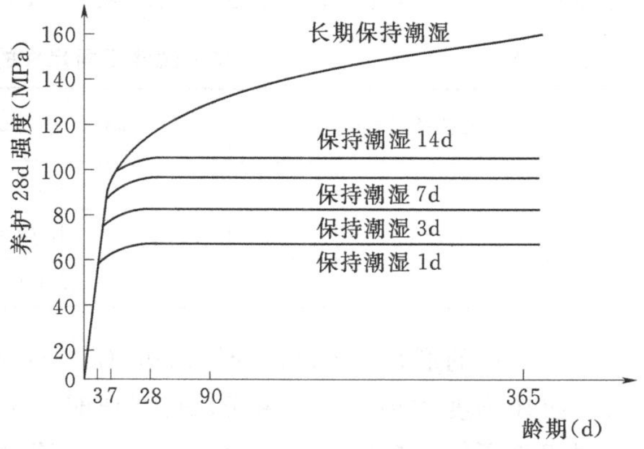

图 4-9　混凝土强度与保湿养护时间的关系

4. 龄期的影响

龄期是指混凝土在正常养护条件下所经历的时间。在正常养护的条件下，混凝土的强度将随龄期的增长而不断发展，最初 7～14d 内强度发展较快，以后逐渐缓慢，28d 达到设计强度。28d 后强度仍在发展，其增长过程可延续数十年之久，混凝土强度与龄期的关系从图 4-9 中也可看出。

普通水泥制成的混凝土，在标准养护条件下，混凝土强度的发展大致与其龄期的常用对数成正比关系（龄期不少于 3d），即

$$f_n = f_{28}\frac{\lg n}{\lg 28}$$

式中：f_n 为 n 龄期混凝土的抗压强度，MPa；f_{28} 为 28d 龄期混凝土的抗压强度，MPa；n 为养护期，d，$n \geqslant 3$。

根据上式，可以由所测混凝土的早期强度，估算其 28d 龄期的强度；或者，可由混凝土的 28d 强度，推算 28d 前混凝土达到某一强度需要养护的天数，来确定混凝土拆模、构件起吊、放松预应力钢筋、制品养护和出厂等的日期。但由于影响强度的因素很多，故按此式计算的结果只能作为参考。

5. 试验条件对混凝土强度测定值的影响

试验条件是指试件的尺寸、形状、表面状态及加荷速度等。试验条件不同，会影响混凝土强度的试验值。

（1）试件的尺寸。这是影响强度的主要原因，相同的混凝土试件尺寸越小，测得的强度越高。当试件尺寸大时，内部孔隙、缺陷等出现的几率也大，导致有效受力面积减小及应力集中，从而引起强度的降低。《混凝土力学性能试验方法标准》（GB/T 50081—2002）

规定，采用 150mm×150mm×150mm 的立方体试件作为标准试件，当采用非标准的其他尺寸试件时，所测得的抗压强度应乘以表 4-18 所列的换算系数。

表 4-18 混凝土试件不同尺寸的强度换算系数

骨料最大粒径（mm）	试件尺寸（mm×mm×mm）	换算系数
<31.5	100×100×100	0.95
<40	150×150×150	1
<63	200×200×200	1.05

（2）试件的形状。当试件受压面积（$a\times a$）相同，而高度（h）不同时，高宽比（h/a）越大，抗压强度越小。这是由于试件受压时，试件受压面与试件承压板之间的摩擦力对试件相对于承压板的横向膨胀起着约束作用，该约束有利于强度的提高，如图 4-10 所示。愈接近试件的端面，这种约束作用就愈大，在距端面大约 1.732/2 的范围以外，约束作用才消失，通常将这种约束作用称为环箍效应，如图 4-11 所示。

（3）表面状态。混凝土试件承压面的状态，也是影响混凝土强度的重要因素。当试件受压面上有油脂类润滑剂时，试件受压时的环箍效应大大减小，试件将出现直裂破坏（见图 4-12），测出的强度值也较低。

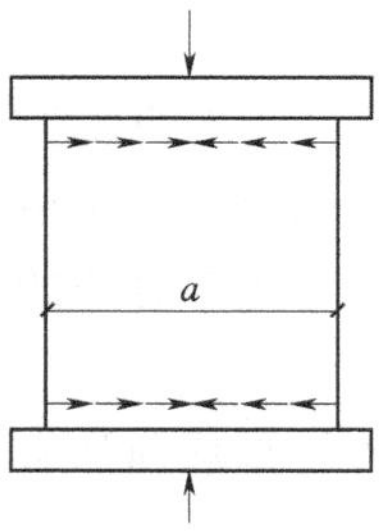

图 4-10 压力机压板对试件的约束作用

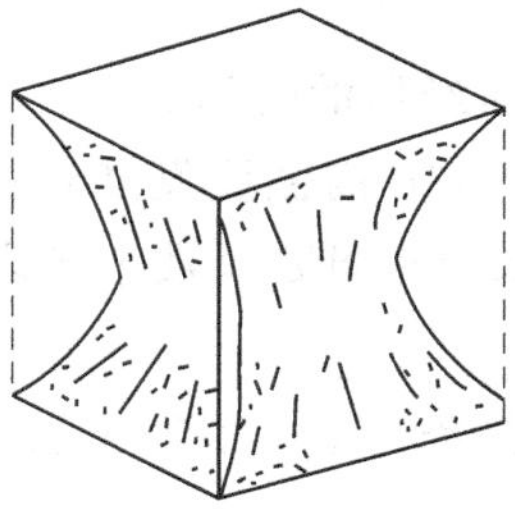

图 4-11 试件破坏后残存的棱锥体

图 4-12 不受压板约束时试件的破坏情况

（4）加荷速度。加荷速度越快，测得的混凝土强度值也越大，当加荷速度超过 1.0MPa/s 时，这种趋势更加显著。因此，《混凝土力学性能试验方法标准》（GB/T 50081—2002）规定，混凝土抗压强度的加荷速度为 0.3～0.8MPa/s，且应连续均匀地进行加荷。

（七）提高混凝土强度的措施

1. 采用高强度等级水泥或早强型水泥

在混凝土配合比相同的情况下，水泥的强度等级越高，混凝土的强度越高。采用早强型水泥可提高混凝土的早期强度，有利于加快施工进度。

2. 采用低水胶比的干硬性混凝土

低水胶比的干硬性混凝土拌合物游离水分少，硬化后留下的孔隙少，混凝土密实度高，强度可显著提高。因此，降低水胶比是提高混凝土强度的最有效途径。但水胶比过小，将影响拌合物的流动性，造成施工困难，一般采取同时掺加减水剂的方法，使混凝土在低水胶比下，仍具有良好的和易性。

3. 采用湿热处理养护混凝土

湿热处理，可分为蒸汽养护、蒸压养护两类，水泥混凝土一般不必采用蒸压养护。

蒸汽养护是将混凝土放在温度低于 11℃的常压蒸汽中进行养护。一般混凝土经过 16～20h 蒸汽养护，其强度可达正常条件下养护 28d 强度的 70%～80%，蒸汽养护最适于掺有活性混合材料的矿渣水泥、火山灰水泥及粉煤灰水泥制备的混凝土。因为蒸汽养护可加速活性混合材料内的活性 SiO_2 及活性 Al_2O_3 与水泥水化析出的 $Ca(OH)_2$ 反应，使混凝土不仅提高早期强度，而且后期强度也有所提高，其 28d 强度可提高 10%～20%。而对普通硅酸盐水泥和硅酸盐水泥制备的混凝土进行蒸汽养护，其早期强度也能得到提高，但因在水泥颗粒表面过早形成水化产物凝胶膜层，阻碍水分继续深入水泥颗粒内部，使后期强度增长速度反而减缓，其 28d 强度比标准养护 28d 的强度约低 10%～15%。

4. 采用机械搅拌和振捣

机械搅拌比人工拌和能使混凝土拌合物更均匀，特别是在拌和低流动性混凝土拌合物时效果显著。采用机械振捣，可使混凝土拌合物的颗粒产生振动，暂时破坏水泥浆体的凝聚结构，从而降低水泥浆的黏度和骨料间的摩擦阻力，提高混凝土拌合物的流动性，使混凝土拌合物能很好地充满模型，并使混凝土内部孔隙大大减少，从而使密实度和强度大大提高，如图 4－13 所示。

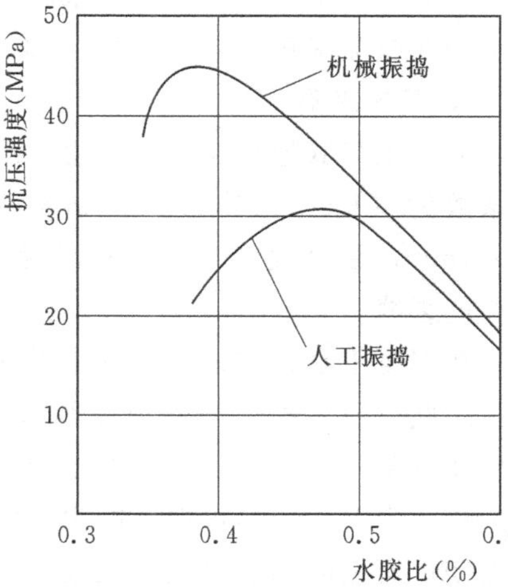

图 4－13　振捣方法对混凝土强度的影响

采用二次搅拌工艺（造壳混凝土），可改善混凝土骨料与水泥砂浆之间的界面缺陷，有效提高混凝土强度。采用先进的高频振动、变频振动及多向振动设备，可获得更佳的振动效果。

5. 掺入混凝土外加剂、掺合料

在混凝土中掺入早强剂可提高混凝土早期强度；掺入减水剂可减少用水量，降低水胶比，提高混凝土强度。此外，在混凝土中掺入高效减水剂的同时，掺入磨细的矿物掺合料（如硅灰、优质粉煤灰和超细磨矿渣等），可显著提高混凝土的强度，配制出强度等级为 C60～C100 的高强混凝土。

三、混凝土的变形性能

混凝土的变形，分为非荷载作用下的变形和荷载作用下的变形。非荷载作用下的变形，分为混凝土的化学收缩、干湿变形及温度变形；荷载作用下的变形，分为短期荷载作用下的变形及长期荷载作用下的变形——徐变。

（一）非荷载作用下的变形

1. 化学收缩

在混凝土硬化过程中，由于水泥水化生成物的固体体积比反应前物质的总体积小，从而引起混凝土的收缩，称为化学收缩。化学收缩是不可恢复的。其收缩量随混凝土硬化龄期的延长而增加，一般在混凝土成型后 40d 内增长较快，以后逐渐趋于稳定。化学收缩值很小，对混凝土结构没有破坏作用，但在混凝土内部可能产生微细裂缝，而影响承载状态（产生应力集中）和耐久性。

2. 干湿变形

由于混凝土周围环境湿度的变化，会引起混凝土的干湿变形，表现为干缩湿胀。

混凝土在干燥过程中，由于毛细孔水的蒸发，使毛细孔中形成负压，随着空气湿度的降低，负压逐渐增大，产生收缩力，导致混凝土收缩。同时，水泥凝胶体颗粒的吸附水也发生部分蒸发，凝胶体因失水而产生紧缩。混凝土这种体积收缩，在重新吸水以后大部分可以恢复。当混凝土在水中硬化时，体积产生轻微膨胀，这是由于凝胶体中胶体粒子的吸附水膜增厚，胶体粒子间的距离增大所致。

混凝土的湿胀变形量很小，一般无破坏作用。但干缩变形对混凝土危害较大，干缩能使混凝土表面出现拉应力而导致开裂，严重影响混凝土的耐久性。

一般条件下，混凝土的极限收缩值达（50～90）$\times 10^{-5}$mm/ mm。在工程设计中，混凝土的线收缩采用（15～20）$\times 10^{-5}$mm/mm，即1m收缩0.15～0.20mm。

3. 温度变形

混凝土与其他材料一样，也会随着温度的变化产生热胀冷缩的变形。混凝土的温度线胀系数为（1～1.5）$\times 10^{-5}$mm/（mm·℃），即温度每升降1℃，每米胀缩0.01～0.015mm。温度变形对大体积混凝土及大面积混凝土工程极为不利，易使这些混凝土造成温度裂缝。

在混凝土硬化初期，水泥水化放出较多热量，而混凝土又是热的不良导体，散热很慢，因此造成混凝土内外温差很大，有时可达50～70℃，这将使混凝土产生内胀外缩，结果在混凝土外表产生很大的拉应力，严重时使混凝土产生裂缝。因此，在大体积混凝土施工时，常采用低热水泥、减少水泥用量、掺加缓凝剂及采用人工降温等措施，以减少因温度变形而引起的混凝土质量问题。

（二）荷载作用下的变形

1. 短期荷载作用下的变形

（1）混凝土的弹塑性变形。混凝土是一种由水泥石、砂、石、游离水和气泡等组成的不匀质的多组分三相复合材料。它既不是一个完全弹性体，也不是一个完全塑性体，而是一个弹塑性体。受力时既产生弹性变形，又产生塑性变形，其应力与应变的关系呈曲线，如图4-14所示。

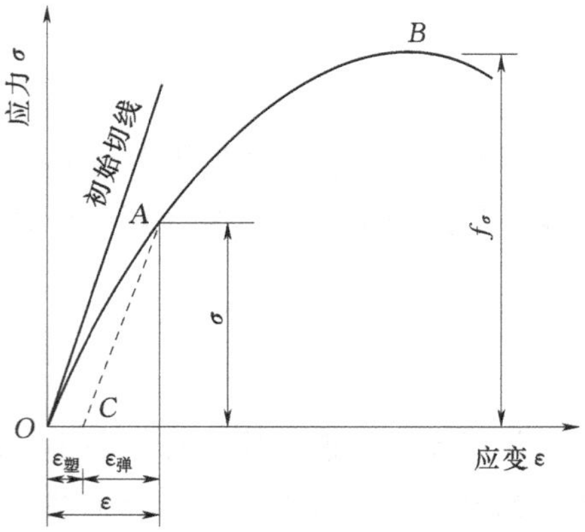

图4-14 混凝土压力作用下的应力-应变曲线

在静力试验的加荷过程中，若加荷至应力为σ、应变为ε点，然后将荷载逐渐卸去，则卸荷时的应力-应变曲线如图4-14中的AC所示（微向上弯曲）。卸荷后能恢复的应变$\varepsilon_{弹}$，是由混凝土的弹性性质引起的，称为弹性应变；剩余的不能恢复的应变$\varepsilon_{塑}$，则是由混凝土的塑性性质引起的，称为塑性应变。

混凝土的弹性模量在应力-应变曲线上任一点

的应力 σ 与其应变 ε 的比值，称为混凝土在该应力下的变形模量。它反映混凝土所受应力与所产生应变之间的关系。在计算钢筋混凝土结构的变形、裂缝开展及大体积混凝土的温度应力时，均需知道该混凝土的弹性模量。

当应力 σ 小于（0.3～0.5）f_{cp} 时，在重复荷载作用下，每次卸荷载都在应力-应变曲线中残留一部分塑性变形 $\sigma_{塑}$，但随着重复次数的增加 $\varepsilon_{塑}$ 的增量减小，最后曲线稳定于 $A'C'$ 线，它与初始切线大致平行，如图 4－15 所示。

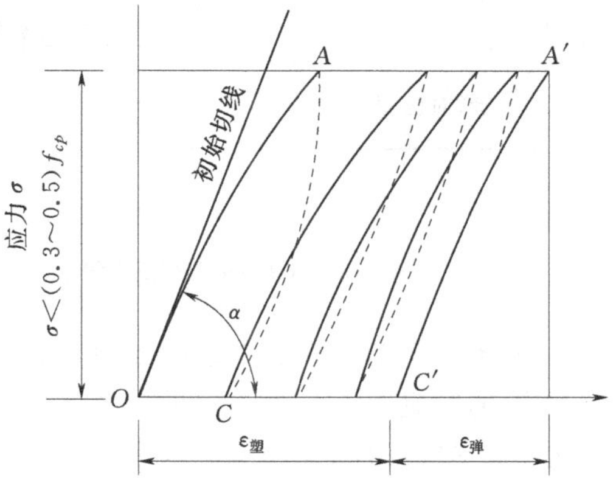

图 4－15　低应力下重复荷载的应力-应变曲线

根据《普通混凝土力学性能试验方法标准》（GB/T 50081—2002）中的规定，采用 150mm×150mm×300mm 的棱柱体作为标准试件，取测定点的应力为试件轴心强度的 40%（即 $\sigma=0.4f_{cp}$），经四次以上反复加荷与卸荷后，所得的应力-应变曲线与初始切线大致平行时测得的弹性模量值，即为该混凝土的弹性模量 E_c。

影响混凝土弹性模量的因素主要是混凝土的强度、骨料的含量及其弹性模量以及养护条件等。混凝土的强度越高，弹性模量越大，当混凝土的强度等级由 C10 增加至 C60 时，其弹性模量大致由 1.75×10^4MPa 增加至 3.60×10^4MPa；骨料的含量越多，弹性模量越大，混凝土的弹性模量越高。混凝土的水胶比较小、养护较好及龄期较长时，混凝土的弹性模量就较大。

（2）混凝土受压变形与破坏。混凝土在未受力前，其水泥浆与骨料之间及水泥浆内部就已存在着随机分布的不规则的微细原生界面裂缝。而混凝土在短期荷载下产生变形，则是与裂缝的变化发展密切相关的。当混凝土试件单向静力受压，而荷载不超过极限应力的 30%时，这些裂缝无明显变化，此时荷载（应力）与变形（应变）接近直线关系。当荷载达到 30%～50%极限应力时，裂缝数量有所增加，且稳定地缓慢伸展，因此，在这一阶段，应力-应变曲线随裂缝的变化也逐渐偏离直线，产生弯曲。当荷载超过 50%极限应力时，界面裂缝就不稳定，而且逐渐延伸至砂浆基体中。当超过 75%极限应力，在界面裂缝继续发展的同时，砂浆基体中的裂缝也逐渐增生，并与邻近的界面裂缝连接起来，成为连续裂缝，变形加速增大，荷载曲线明显地弯向水平应变轴。超过极限荷载后，连续裂缝急剧扩展，混凝土的承载能力迅速下降，变形急剧增大而导致试件完全破坏。

2. 长期荷载作用下的变形——徐变

混凝土在长期荷载作用下，除产生瞬间的弹性变形和塑性变形外，还会产生随时间而增长的非弹性变形，这种变形称为徐变，如图 4－16 所示。

在加荷的瞬间，混凝土产生瞬时变形，随着时间的延长，又产生徐变变形。在荷载初期，徐变变形增长较快，以后逐渐变慢并稳定下来，最终徐变应变可达 0.3～1.5mm/m。在荷载除去后，一部分变形瞬时恢复，其值小于在加荷瞬间产生的瞬时变形。在卸荷后的一段时间内变形还会继续恢复，称为徐变恢复。最后残存的不能恢复的变形，称为残余

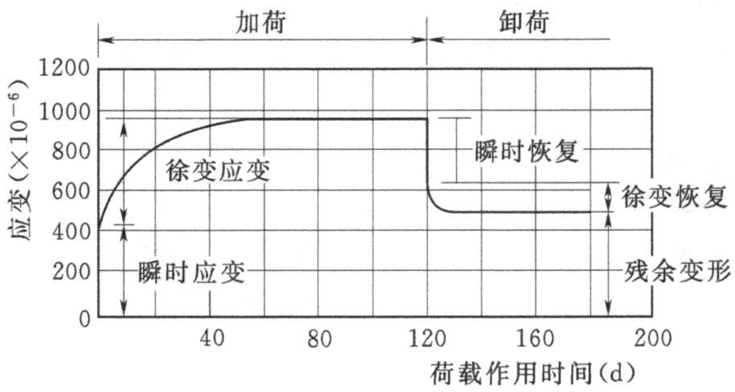

图 4-16 徐变变形与徐变恢复

变形。

混凝土的徐变，一般认为是由于水泥中凝胶体在长期荷载作用下的黏性流动，使凝胶孔水向毛细孔内迁移的结果。在混凝土的较早龄期加荷，水泥尚未充分水化，所含凝胶体较多，且水泥石中毛细孔较多，凝胶体易流动，所以徐变发展较快；在晚龄期加载，由于水泥继续硬化，凝胶体含量相对减少，毛细孔亦减少，徐变发展渐慢。

混凝土的徐变受许多因素的影响。混凝土的水胶比较小或水中养护时，徐变较小；水胶比相同的混凝土，其水泥用量越多，徐变越大；混凝土所用骨料的弹性模量较大时，徐变较小；所受应力越大，徐变越大。

混凝土的徐变对结构物的影响既有有利的方面，也有不利的方面。有利的方面是，徐变可减弱钢筋混凝土内的应力集中，使应力重新分布，从而使局部应力集中得到缓解；对大体积混凝土则能消除一部分由于温度变形所产生的破坏应力。不利的方面是，在预应力钢筋混凝土中，混凝土的徐变将使钢筋的预加应力受到损失。

四、混凝土的耐久性

混凝土的耐久性是指混凝土在所处环境及使用条件下经久耐用的性能。环境对混凝土结构的物理和化学作用以及混凝土结构抵御环境作用的能力，是影响混凝土结构耐久性的因素，例如，空气、水的作用，温度变化，阳光辐射，以及侵蚀性介质作用等。在通常的混凝土结构设计中，往往忽视环境对结构的作用，许多混凝土结构在达到预定的设计使用期限前，就出现了钢筋锈蚀、混凝土劣化剥落等结构性能及外观的耐久性破坏现象，需要大量投资进行修复，甚至拆除重建。近年来，混凝土结构的耐久性及耐久性设计受到普遍关注。我国的《混凝土结构设计规范》(GB 50010—2010) 将混凝土结构的耐久性设计作为一项重要内容，高性能混凝土的设计以耐久性为依据。将混凝土结构耐久性作为首要的技术指标，其目的是通过对混凝土材料硬化前后各种性能的改善，提高混凝土结构的耐久性和可靠性，使混凝土在特定环境下达到预期的使用年限。

混凝土结构耐久性设计的目标是，使混凝土结构在规定期限设计使用寿命内，在常规的维修条件下，不出现混凝土劣化、钢筋锈蚀等影响结构正常使用和影响外观的损坏。它涉及了所建工程的造价、维护费用和使用年限等问题。混凝土的耐久性与强度同等重要，所以必须认真对待。

混凝土的耐久性是一个综合性概念，它包含的内容很多，例如抗渗性、抗冻性、抗侵蚀性、抗碳化反应和抗碱骨料反应，等等。这些性能都决定着混凝土经久耐用的程度，故统称为耐久性。

(一) 混凝土的抗渗性

混凝土的抗渗性是指混凝土抵抗有压介质（水、油和溶液等）渗透作用的能力。它是决定混凝土耐久性最基本的因素。若混凝土的抗渗性差，不仅周围水等液体物质易渗入内部，而且当遇有负温或环境水中含有侵蚀性介质时，混凝土就易遭受冰冻或侵蚀作用而破坏；对钢筋混凝土，还将引起其内部钢筋锈蚀，并导致表面混凝土保护层开裂与剥落。因此，对地下建筑、水坝、水池、港口工程和海岸工程等工程，必须要求混凝土具有一定的抗渗性。

混凝土的抗渗性用抗渗等级表示。抗渗等级是以28d龄期的标准试件，在标准试验方法下进行试验，以每组六个试件、四个试件未出现渗水时，所承受的最大静水压来表示，共有P6、P8、P10和P12四个等级，表示混凝土能抵抗0.6MPa、0.8MPa、1.0MPa和1.2MPa的静水压力而不渗水。

混凝土渗水的主要原因是由于内部的孔隙形成连通的渗水孔道。这些孔道除产生于施工振捣不密实外，主要来源于水泥浆中多余水分的蒸发而留下的气孔，水泥浆泌水所形成的毛细孔，以及粗骨料下部界面水富集所形成的孔穴。这些渗水通道的多少，主要与水胶比大小有关，因此水胶比是影响抗渗性的决定因素，水胶比增大，抗渗性下降。此外，粗骨料最大粒径、养护方法、外加剂和水泥品种等对混凝土的抗渗性也有影响。

提高混凝土抗渗性的主要措施是，提高混凝土的密实度和改善混凝土中的孔隙结构，减少连通孔隙。这些可通过降低水胶比、选择好的骨料级配、充分振捣和养护及掺入引气剂等方法来实现。

（二）混凝土的抗冻性

混凝土的抗冻性是指混凝土在饱水状态下，能经受多次冻融循环而不破坏，同时也不严重降低所具有性能的能力。在寒冷地区，特别是接触水又受冻的环境下的混凝土，要求具有较高的抗冻性。

混凝土的抗冻性用抗冻等级来表示。抗冻等级是以28d龄期的混凝土标准试件，在饱水后反复冻融循环，以抗压强度损失不超过25%且质量损失不超过5%时，所能承受的最大的循环次数来确定的。例如，F10、F15、F25、F50、F100、F150、F200、F250和F300分别表示混凝土能承受冻融循环的最多次数不少于10、15、25、50、100、150、200、250和300次。

混凝土受冻融破坏的原因，是由于混凝土内部孔隙中的水在负温下结冰后体积膨胀形成的静水压力，当这种压力产生的内应力超过混凝土的抗拉强度时，混凝土就会产生裂缝，多次冻融循环使裂缝不断扩展直至破坏。混凝土的密实度、孔隙率和孔隙构造及孔隙的充水程度是影响抗冻性的主要因素。密实的混凝土和具有封闭孔隙的混凝土（如引气混凝土），抗冻性较高。掺入引气剂、减水剂和防冻剂，可有效提高混凝土的抗冻性。

（三）混凝土的抗侵蚀性

当混凝土所处环境中含有侵蚀性介质时，混凝土便会遭受侵蚀，通常有软水侵蚀、硫酸盐侵蚀、镁盐侵蚀、碳酸侵蚀及一般酸侵蚀与强碱侵蚀等。随着混凝土在地下工程、海岸工程等恶劣环境中的大量应用，对混凝土的抗侵蚀性提出了更高的要求。

混凝土的抗侵蚀性与所用水泥品种、混凝土的密实度和孔隙特征等有关。密实和孔隙封闭的混凝土，环境水不易侵入，抗侵蚀性较强。提高混凝土抗侵蚀性的主要措施是合理选择水泥品种、降低水胶比、提高混凝土密实度和改善孔结构。

（四）混凝土的抗碳化反应

混凝土的碳化是指混凝土内水泥石中的氢氧化钙与空气中的二氧化碳，在湿度适宜时发生化学反应，生成碳酸钙和水，又称为中性化。混凝土的碳化是二氧化碳由表及里逐渐向混凝土内部扩散的过程。碳化引起水泥石化学组成及组织结构的变化，对混凝土的碱度、强度和收缩产生影响。

碳化对混凝土性能有不利的影响。首先是碱度降低，减弱了对钢筋的保护作用。这是因为混凝土中水泥水化生成大量的氢氧化钙，使钢筋处在碱性环境中而在表面生成一层钝化膜保护钢筋不易腐蚀。但当碳化深度穿透混凝土保护层而达到钢筋表面时，钢筋钝化膜被破坏而发生锈蚀，此时产生体积膨胀，致使混凝土保护层产生开裂，开裂后的混凝土更加剧了二氧化碳、水和氧等有害介质的进入，加剧了碳化的进行和钢筋的锈蚀，最后导致混凝土产生顺着钢筋开裂而破坏。此外，碳化作用会增加混凝土的收缩，引起混凝土表面产生拉应力而出现微细裂缝，从而降低了混凝土的抗拉、抗折强度及抗渗能力。

碳化作用对混凝土也有一些有利影响，即碳化作用产生的碳酸钙填充了水泥石的孔隙，以及碳化时放出的水分有助于未水化水泥的水化，从而可提高混凝土碳化层的密实度，对提高抗压强度有利。例如，混凝土预制桩往往利用碳化作用来提高桩的表面硬度。

影响碳化速度的主要因素包括环境中二氧化碳的浓度、水泥品种、水胶比和环境湿度等。二氧化碳浓度高（如铸造车间），碳化速度快。当环境中的相对湿度在 50%～75% 时，碳化速度最快，当相对湿度小于 25%或在水中时，碳化将停止。水胶比小的混凝土较密实，二氧化碳和水不易侵入，碳化速度就减慢。掺入混合材料的水泥碱度较低，碳化速度随混合材料掺量的增多而加快。

在实际工程中，为减少碳化作用对钢筋混凝土结构的不利影响，可采取以下措施：

(1) 在钢筋混凝土结构中采用适当的保护层，使碳化深度在建筑物设计年限内达不到钢筋表面。

(2) 根据工程所处环境及使用条件，合理选择水泥品种。

(3) 使用减水剂，改善混凝土的和易性，提高混凝土的密实度。

(4) 采用水胶比小，单位水泥用量较大的混凝土配合比。

(5) 加强施工质量控制，加强养护，保证振捣质量，减少或避免混凝土出现蜂窝等质量事故。

(6) 在混凝土表面涂刷保护层，防止二氧化碳侵入等。

（五）混凝土的碱骨料反应

碱骨料反应是指水泥中的碱（Na_2O、K_2O）与骨料中的活性二氧化硅发生化学反应，在骨料表面生成复杂的碱-硅酸凝胶，这种凝胶吸水后，体积膨胀（体积可增加 3 倍以上），从而导致混凝土产生膨胀开裂而破坏的现象。

混凝土发生碱骨料反应必须具备以下三个条件：

(1) 水泥中碱含量高。水泥中碱含量按 $Na_2O+0.658K_2O$ 计算，大于 0.6%。

(2) 砂、石骨料中含有活性二氧化硅成分。含活性二氧化硅成分的矿物有蛋白石、玉髓和鳞石英等。

(3) 有水存在。在无水情况下，混凝土不可能发生碱骨料反应。

碱骨料反应缓慢，有一定潜伏期，可经过几年或十几年才会出现，一旦发生碱骨料反应，则无法阻止破坏的发展。近期，国外许多国家如美国、德国和日本等已发现桥梁工程的碱骨料反应，甚至有些桥梁被关闭停用。我国近期也发现桥梁出现碱骨料反应，并发现具有潜在活性骨料的分布愈来愈广，除长江流域以及辽宁等部分地区外，又发现北京地区的集料含有矿物玉髓。

在实际工程中，为抑制碱骨料反应的危害，可采取以下方法：控制水泥总含碱量不超过0.6%；选用非活性骨料；降低混凝土的单位水泥用量，以降低单位混凝土的含碱量；在混凝土中掺入火山灰质混合材料，以减少膨胀值；防止水分侵入，设法使混凝土处于干燥状态。

混凝土是最耐久的建筑结构材料，已出现的过早破坏（小于50年）大都由人为因素造成（例如不合理使用、超载荷工作和偷工减料等）。从现有统计资料看，优质均匀的混凝土（即HPC混凝土）可保证相当的安全使用期限：重要建筑物在不利环境中为100年；混凝土正常环境中为200年；特殊用途的混凝土为300年；钢筋混凝土预期可达500年。

（六）提高混凝土耐久性的措施

混凝土所处的环境和使用条件不同，对其耐久性的要求也不相同，但影响耐久性的因素却有许多相同之处。混凝土的密实程度是影响耐久性的主要因素，其次是原材料的性质、施工质量等。提高混凝土耐久性的主要措施如下：

（1）合理选择水泥品种，按混凝土工程特点和所处环境条件，参照本书有关表格选用。

（2）选用质量良好、技术条件合格的砂石骨料。

（3）控制水胶比及保证足够的水泥用量，是保证混凝土密实度并提高混凝土耐久性的关键。《普通混凝土配合比设计规程》（JGJ 55—2011）规定，除配置C15及以下强度等级的混凝土外，混凝土的最小胶凝材料用量应符合表4-19的要求。此外，矿物掺合料在混凝土中的掺量应通过试验确定，采用硅酸盐水泥或普通硅酸盐水泥时，钢筋混凝土中矿物掺合料最大掺量应符合表4-20的规定。预应力混凝土中矿物掺合料最大掺量符合表4-21的规定。《混凝土结构设计规范》（GB 50010—2010）也规定了不同环境类别下耐久性的要求，除最大水胶比和最小水泥用量要求外，还规定了最大氯离子含量、最大碱含量和最低混凝土强度等级。

表4-19　混凝土最小胶凝材料用量

最大水胶比	最小胶凝材料用量（kg/m^3）		
	素混凝土	钢筋混凝土	预应力混凝土
0.60	250	280	300
0.55	280	300	300
0.50	320		
≤0.45	330		

表4-20　钢筋混凝土中矿物掺合料最大掺量

矿物掺合料种类	水胶比	最大掺量（%）	
		采用硅酸盐水泥	采用普通硅酸盐水泥
粉煤灰	≤0.40	45	35
	＞0.40	40	30

续表

矿物掺合料种类	水胶比	最大掺量（%）	
		采用硅酸盐水泥	采用普通硅酸盐水泥
粒化高炉矿渣粉	≤0.40	65	55
	>0.40	55	45
钢渣粉	—	30	20
磷渣粉	—	30	20
硅粉	—	10	10
复合掺合料	≤0.40	65	55
	>0.40	55	45

注 1. 采用其他通用硅酸盐水泥时，宜将水泥混合料掺量20%以上的混合材量计入矿物掺合料。
2. 复合掺合料各组分的掺量不宜超过单掺时的最大掺量。
3. 在混合使用两种或两种以上矿物掺合料时，矿物掺合料总掺量应符合表中复合掺合料的规定。

表4-21　　预应力混凝土中矿物掺合料最大掺量

矿物掺合料种类	水胶比	最大掺量（%）	
		采用硅酸盐水泥	采用普通硅酸盐水泥
粉煤灰	≤0.40	35	30
	>0.40	25	20
粒化高炉矿渣粉	≤0.40	55	45
	>0.40	45	35
钢渣粉	—	20	10
磷渣粉	—	20	10
硅粉	—	10	10
复合掺合料	≤0.40	55	45
	>0.40	45	35

注 1. 采用其他通用硅酸盐水泥时，宜将水泥混合料掺量20%以上的混合材量计入矿物掺合料。
2. 复合掺合料各组分的掺量不宜超过单掺时的最大掺量。
3. 在混合使用两种或两种以上矿物掺合料时，矿物掺合料总掺量应符合表中复合掺合料的规定。

（4）采用掺入减水剂或引气剂、适量混合材料及适当降低水胶比等措施，改善混凝土的孔结构，对提高混凝土的抗渗性和抗冻性有良好作用。

（5）改善施工操作，保证施工质量（例如保证搅拌均匀、振捣密实和加强养护等），也可采取适当的防护措施。

第三节　普通混凝土的配合比设计

一、混凝土配合比设计的基本要求

普通混凝土的配合比设计应符合以下基本要求：

（1）达到混凝土结构设计的强度要求。

(2) 满足混凝土施工所要求的和易性。

(3) 满足工程所处环境对混凝土耐久性的要求。

(4) 符合经济原则，节约水泥，降低成本。

二、混凝土配合比设计中的三个参数

混凝土配合比设计，实质上就是确定胶凝材料、水、砂与石子这四项基本组成材料用量之间的三个比例关系，即水与胶凝材料之间的比例关系，常用水胶比表示；砂与石子之间的比例关系，常用砂率表示；胶凝材料与骨料之间的比例关系，常用单位用水量来反映。在混凝土配合比设计中正确确定这三个参数，就能使混凝土满足配合比设计的四项基本要求。

确定这三个参数的基本原则如下：

(1) 在满足混凝土强度和耐久性的基础上，确定混凝土的水胶比。

(2) 在满足混凝土施工要求的和易性基础上，根据粗骨料的种类和规格，确定混凝土的单位用水量。

(3) 砂的数量应以填充石子空隙后略有富余的原则来确定砂率。

三、混凝土配合比的算料方式

普通混凝土配合比设计是确定混凝土中各组成材料数量之间的比例关系。常用的表示方法有两种：一种表示方法是以 $1m^3$ 混凝土中各项材料的质量表示，例如，水泥 (m_c) 300kg、水 (m_w) 180kg、砂 (m_s) 720kg、石子 (m_g) 1200kg；另一种表示方法是以各项材料相互间的质量比来表示，例如，以水泥质量为 1，将上例换算成质量比为

$$水泥：砂：石子：水 = 1:2.4:4:0.6$$

四、混凝土配合比设计的步骤

进行混凝土配合比设计时，首先，在进行混凝土配合比设计之前，必须准备好相关的资料；其次，再按照已知的原材料的性能及对混凝土的技术要求进行初步计算，得出“初步计算配合比”，并经过实验室试拌调整，得出“基准配合比”；再次，经过强度检验（若有抗渗、抗冻等其他性能要求，应当进行相应的检验），定出满足设计和施工要求并比较经济的“设计配合比（实验室配合比）”；最后，根据现场砂、石的实际含水率对实验室配合比进行调整，求出“施工配合比”。

（一）混凝土配合比设计的资料准备

在设计混凝土配合比之前，必须通过调查研究，预先掌握以下基本资料：

(1) 了解工程设计要求的混凝土强度等级，以便确定混凝土配置强度。

(2) 了解工程所处环境对混凝土耐久性的要求，以便确定所配置混凝土的最大水胶比和最小胶凝材料用量。

(3) 了解结构构件断面尺寸及钢筋配置情况，以便确定混凝土骨料的最大粒径。

(4) 了解混凝土施工方法及管理水平，以便选择混凝土拌合物坍落度及骨料最大粒径。

(5) 掌握原材料的性能指标，包括水泥的品种、标号和密度，砂、石骨料的种类、表观密度、级配和最大粒径，拌和用水的水质情况，以及外加剂的品种、性能和适宜掺量。

（二）初步配合比设计

1. 确定配置强度

根据《普通混凝土配合比设计规程》（JGJ 55—2011），混凝土配置强度（$f_{cu,0}$）的确定式为

$$f_{cu,0}=f_{cu,k}+1.645\sigma$$

式中：$f_{cu,0}$为混凝土配置强度，MPa；$f_{cu,k}$为混凝土立方体抗压强度标准值，MPa；σ 为混凝土强度标准差，MPa。

其中，σ 的确定方法如下。

（1）当具有近 1～3 个月的同一品种、同一强度等级混凝土的强度资料，且试件组数不小于 30 时，其混凝土强度标准差 σ 的确定方法如下：

$$\sigma=\sqrt{\frac{\sum_{i=1}^{n}f_{cu,i}^{2}-nm_{fcu}^{2}}{n-1}}$$

式中：$f_{cu,i}$为第 i 组试件的强度值，MPa；m_{fcu}为 n 组试件强度的平均值，MPa；n 为混凝土试件的组数。

而且，当混凝土强度等级不大于 C30 时，若混凝土强度标准差计算值不小于 3.0MPa，按上式计算结果取值；若混凝土强度标准差计算值小于 3.0MPa，取 $\sigma=3.0$MPa。当混凝土强度等级大于 C30 且小于 C60 时，若混凝土强度标准差计算值不小于 4.0MPa，按上式计算结果取值；若混凝土强度标准差计算值小于 4.0MPa，取 $\sigma=4.0$MPa。

（2）当没有近期的同一品种、同一强度等级混凝土的强度资料时，可按表 4-22 取用 σ 值。

表 4-22　　标　准　差　σ

混凝土强度等级	≤C20	C25～C45	C50～C55
σ（MPa）	4.0	5.0	6.0

2. 初步确定水胶比

当混凝土强度等级小于 C60 时，水胶比（W/B）根据下式计算：

$$W/B=\frac{af_b}{f_{cu,0}+abf_b}$$

式中：f_b 为胶凝材料 28d 胶砂抗压强度，MPa，可实测，其试验方法应按现行国家标准《水泥胶砂强度检验方法（ISO 法）》（GB/T 17671—1999）执行。

当胶凝材料 28d 胶砂抗压强度值 f_b 无实测值时，可以按下式计算：

$$f_b=\gamma_f\gamma_s f_{ce}$$

式中：γ_f、γ_s 分别为粉煤灰影响系数和粒化高炉矿渣粉影响系数，可按表 4-23 选用；f_{ce}为水泥 28d 胶砂抗压强度，可实测。

当水泥 28d 胶砂抗压强度 f_{ce}无实测值时，也可按下式确定：

$$f_{ce}=\gamma_c f_{ce,g}$$

式中：γ_c 为水泥强度等级值的富余系数，可按实际统计资料确定，当缺乏实际统计，可

按表 4-24 选用；$f_{ce,g}$ 为水泥强度等级值，MPa。

表 4-23　　粉煤灰影响系数 γ_f 和粒化高炉矿渣粉影响系数 γ_s

掺量（%）\种类	粉煤灰影响系数	粒化高炉矿渣粉影响系数	掺量（%）\种类	粉煤灰影响系数	粒化高炉矿渣粉影响系数
0	1.00	1.00	30	0.65～0.75	0.90～1.00
10	0.85～0.95	1.00	40	0.55～0.65	0.80～0.90
20	0.75～0.85	0.95～1.00	50	—	0.70～0.85

注　1. 采用Ⅰ、Ⅱ级粉煤灰宜取上限值。
2. 采用 S75 级粒化高炉矿渣粉宜取下限值，采用 S95 级粒化高炉矿渣粉宜取上限值，采用 S105 级粒化高炉矿渣粉可取上限值加 0.05。
3. 当超出表中的掺量时，粉煤灰和粒化高炉矿渣粉影响系数应经过试验确定。

表 4-24　　水泥强度等级值的富余系数 γ_c

水泥强度等级值	32.5	42.5	52.5
富余系数	1.12	1.16	1.10

3. 选取混凝土的用水量（m_{w0}）和外加剂的用量

（1）每立方米干硬性或塑性混凝土的用水量应符合以下要求：

1）混凝土水胶比在 0.40～0.80 范围内时，可按表 4-25 选取。

2）混凝土水胶比小于 0.40 时，可通过试验确定。

表 4-25　　塑性和干硬性混凝土的用水量表　　单位：kg/m³

拌合物的稠度		卵石最大粒径（mm）				碎石最大粒径（mm）			
项目	指标	10.0	20.0	31.5	40.0	16.0	20.0	31.5	40.0
坍落度（mm）	10～30	190	170	160	150	200	185	175	165
	35～50	200	180	170	160	210	195	185	175
	55～70	210	190	180	170	220	205	195	185
	75～90	215	195	185	175	230	215	205	195
维勃稠度（s）	16～20	175	160	—	145	180	170	—	155
	11～15	180	165	—	150	185	175	—	160
	5～10	185	170	—	155	190	180	—	165

注　1. 本表系采用中砂时的取值，采用细砂时，每立方米混凝土用水量可增加 5～10kg，采用粗砂则可减少 5～10kg。
2. 掺用各种外加剂或矿物掺合料时，用水量应相应调整。

根据已初步确定的水胶比和选用的单位用水量，可计算出水泥用量。

（2）掺外加剂时，每立方米流动性或大流动性混凝土的用水量（m_{wo}）可按下式计算：

$$m_{wo}=m'_{wo}(1-\beta)$$

式中：m'_{wo} 为未掺外加剂推定的满足实际坍落度要求的每立方米混凝土用水量，kg/m³，以表 4-25 中 90mm 坍落度的用水量为基础，按每增大 20mm 坍落度相应增加 5kg/m³ 用水量来计算，当坍落度增大到 180mm 以上时，随坍落度相应增加的用水量可减少；β 为外加剂的减水率，%，应经混凝土试验确定。

每立方米混凝土中外加剂用量（m_{ao}）应按下式计算：

$$m_{ao}=m_{bo}\beta_a$$

式中：m_{bo}为计算配合比每立方米混凝土中胶凝材料用量，kg/m^3；β_a 为外加剂掺量，%，应经混凝土试验确定。

4. 计算每立方米混凝土的胶凝材料用量

（1）在计算每立方米混凝土胶凝材料用量（m_{bo}）的同时应进行试拌调整，在满足拌合物性能的情况下，取经济合理的胶凝材料用量。m_{bo}的计算方法为

$$m_{bo}=\frac{m_{wo}}{W/B}$$

（2）每立方米混凝土的矿物掺合料用量（m_{fo}）按下式计算：

$$m_{fo}=m_{bo}\beta_f$$

式中：β_f 为矿物掺合料量，%。

（3）每立方米混凝土的水泥用量（m_{co}）按下式计算：

$$m_{co}=m_{bo}-m_{fo}$$

5. 选取合理的砂率

合理的砂率（β_s）应当根据骨料的技术指标、混凝土拌合物性能和施工要求，参考既有历史资料确定。若无试验资料，砂率确定应符合以下要求：

（1）坍落度小于 10mm 的混凝土，其砂率应经试验确定。

（2）坍落度为 10～60mm 的混凝土，其砂率可根据粗骨料品种、最大公称粒径及水胶比按表 4-26 选取。

（3）坍落度大于 60mm 的混凝土，其砂率可经试验确定，也可以在表 4-26 的基础上，按坍落度每增大 20mm、砂率增大 1%的幅度予以调整。

表 4-26　混凝土砂率　%

水胶比（W/B）	卵石最大粒径（mm）			碎石最大粒径（mm）		
	10.0	20.0	40.0	16.0	20.0	40.0
0.40	26～32	25～31	24～30	30～35	29～34	27～32
0.50	30～35	29～34	28～33	33～38	32～37	30～35
0.60	33～38	32～37	31～36	36～41	35～40	33～38
0.70	36～41	35～40	34～39	39～44	38～43	36～41

注　1. 本表数值系中砂的选用砂率，对细砂或粗砂，可相应增减。
2. 采用人工砂配制混凝土时，砂率可适当增加。
3. 只用一个单粒级粗骨料配制混凝土时，砂率应适当增加。

6. 计算粗、细骨料的用量

粗、细骨料的用量可用质量法或体积法求得。

（1）质量法。质量法的计算式为

$$m_{f0}+m_{c0}+m_{g0}+m_{s0}+m_{w0}=m_{cp}$$

$$\beta_s=\frac{m_{s0}}{m_{s0}+m_{g0}}\times 100\%$$

式中：m_{f0}、m_{c0}、m_{g0}、m_{s0}、m_{w0}分别为 $1m^3$ 混凝土中矿物掺合料、水泥、石子、砂、水的用量，kg/m^3；m_{cp}为 $1m^3$ 混凝土拌合物的假定质量，kg，其值可取 2350～2450kg；β_s为砂率，%。

（2）体积法。体积法的计算式为

$$\frac{m_{c0}}{\rho_c}+\frac{m_{f0}}{\rho_f}+\frac{m_{g0}}{\rho_g}+\frac{m_{s0}}{\rho_s}+\frac{m_{w0}}{\rho_w}+0.01\alpha=1$$

$$\beta_s=\frac{m_{s0}}{m_{s0}+m_{g0}}\times 100\%$$

式中：ρ_c、ρ_f、ρ_g、ρ_s、ρ_w 分别为矿物掺合料［可按《水泥密度测定方法》（GB/T 208—1994）测定］、水泥（可取 2900～3100kg/m^3）、粗骨料、细骨料、水（可取 1000kg/m^3）的密度；α 为混凝土的含气量百分数，在不使用引气剂或引气型外加剂时，可取 1。

通过以上步骤，便可将水、水泥、砂、石子、矿物掺合料的用量全部求出，得出初步计算配合比，供试配使用。

以上混凝土配合比计算公式和表格，均以干燥状态骨料（系指含水率小于 0.5%的细骨料或含水率小于 0.2%的粗骨料）为基准。当以饱和面干骨料为基准进行计算时，则应做相应的修正。

（三）配合比的试配、调整和确定

1. 配合比的试配、调整

以上求出的各材料用量，是借助于一些经验公式和数据计算出来的，或是利用经验资料查得的，因而不一定能够完全符合具体的工程实际情况，必须通过试拌调整，直到混凝土拌合物的和易性符合要求为止，然后提出供检验强度使用的基准配合比。

初步计算配合比称取实际工程中使用的材料进行试拌，混凝土的搅拌方法应与生产时使用的方法相同。混凝土搅拌均匀后，检查拌合物的性能。当试拌出的拌合物坍落度或维勃稠度不能满足要求，或黏聚性和保水性不良时，应在保持水胶比不变的条件下相应调整用水量和砂率，直到符合要求为止，然后提出供检验强度使用的基准配合比。

经过和易性调整后得到的基准配合比，其水胶比选择不一定恰当，即混凝土的强度有可能不符合要求，所以应检验混凝土的强度。混凝土强度检验时应至少采用三个不同的配合比，其一为基准配合比，另外两个配合比的水胶比宜较基准配合比分别增加或减少 0.05，而其用水量与基准配合比相同，砂率可分别增加或减少 1%。每种配合比应至少制作一组（三块）试件，并经标准养护到 28d 或设计规定龄期时试压（在制作混凝土试件时，尚需检验混凝土拌合物的和易性及测定表观密度，并以此结果作为代表这一配合比的混凝土拌合物的性能值）。

2. 配合比的调整与确定

由试验结果得出的各水胶比及其对应的混凝土的强度关系，宜绘制强度和胶水比的线性关系图或按插值法确定略大于配制强度对应的胶水比，并按下列原则确定 $1m^3$ 混凝土的材料用量：

（1）用水量（m_w）和外加剂用量（m_a）：在试拌配合比的基础上，应根据确定的水胶比做调整。

(2) 胶凝材料用量（m_b）：应以用水量乘以选定的胶水比计算确定。

(3) 粗、细骨料用量（m_g、m_s）：应根据用水量和胶凝材料用量进行调整。

3. 混凝土拌合物表观密度和配合比校正系数的计算

(1) 配合比经试配、调整和确定后，还需根据实测的混凝土表观密度（$\rho_{c,t}$）做必要的校正，其步骤如下：

首先，计算混凝土的表观密度计算值（$\rho_{c,c}$），即

$$\rho_{c,c}=m_w+m_c+m_g+m_s+m_f$$

式中：m_f、m_c、m_g、m_s、m_w 分别为每立方米混凝土的矿物掺合料、水泥、石子、砂、水的用量，kg/m^3。

其次，计算混凝土配合比校正系数（δ），即

$$\delta=\frac{\rho_{c,t}}{\rho_{c,c}}$$

式中：$\rho_{c,t}$为混凝土拌合物的表观密度实测值，kg/m^3。

当混凝土表观密度实测值（$\rho_{c,t}$）与计算值（$\rho_{c,c}$）之差的绝对值不超过计算值的 2% 时，由以上定出的配合比即为确定的设计配合比；当两者之差超过计算值的 2% 时，应将配合比中的各材料用量均乘以校正系数 δ，即为确定的混凝土设计配合比。

配合比调整后，应测定拌合物水溶性氯离子含量，试验结果符合表 4－27 的规定。

表 4－27　混凝土拌合物中水溶性氯离子的最大含量

环境条件	水溶性氯离子的最大含量（%，水泥用量的质量百分比）		
	钢筋混凝土	预应力混凝土	素混凝土
干燥环境	0.30	0.06	1.00
潮湿但不含氯离子的环境	0.20		
潮湿且含有氯离子的环境、腌渍土环境	0.10		
除冰盐等侵蚀性物质的腐蚀环境	0.06		

对于耐久性有设计要求的混凝土应进行相关耐久性试验验证。

4. 施工配合比

设计配合比是以干燥材料为基准的，而工地存放的砂、石都含有一定的水分，而且随着气候的变化，含水情况经常变化。因此，现场材料的实际称量应按工地砂、石的含水情况进行修正，修正后的配合比称为施工配合比。

假定工地存放砂的含水率为 a，石子的含水率为 b，则将上述设计配合比换算为施工配合比，其材料称量分别为

$$m'_c = m_c$$
$$m'_s = m_s(1+0.01a)$$
$$m'_g = m_g(1+0.01b)$$
$$m'_w = m_w - 0.01am_s - 0.01bm_g$$

5. 普通混凝土配合比设计实例

【例 4－1】 某框架结构工程现浇钢筋混凝土梁，混凝土的设计强度等级为 C30，施

工要求坍落度为 30～50mm（混凝土由机械搅拌、机械振捣），根据施工单位历史统计资料，混凝土强度标准差 σ=4.8MPa。采用的原材料为：425 号普通水泥（实测 28d 强度为 44.2MPa），不掺加矿物掺合料。密度 ρ_c=3100kg/m³；中砂，表观密度 ρ_s=2650kg/m³；碎石，表观密度 ρ_g=2700kg/m³，最大粒径 D_{min}=20mm；自来水。试设计混凝土配合比（按干燥材料计算）。若施工现场砂含水率 3%，碎石含水率 1%，试求施工配合比。

解：一、初步计算配合比的计算

1. 确定试配强度（$f_{cu,0}$）

$$f_{cu,0} = f_{cu,k} + 1.645\sigma = 30 + 1.645 \times 4.8 = 37.9\text{MPa}$$

2. 确定水胶比（W/B）

碎石：A=0.53，B=0.20，则有

$$W/B = \frac{af_b}{f_{cu,0} + abf_b} = \frac{0.53 \times 44.2}{37.9 + 0.53 \times 0.20 \times 44.2} = 0.55$$

3. 确定单位用水量（m_{w0}）

查表 4-25 得

$$m_{w0} = 195\text{kg/m}^3$$

4. 计算水泥用量（m_{c0}）

$$m_{c0} = \frac{m_{w0}}{W/B} = \frac{195}{0.55} = 355\text{kg}$$

5. 确定合理砂率（β_s）

根据骨料及水胶比情况，查表 4-26 取 β_s=39%。

6. 用质量法计算粗、细骨料用量（m_{g0}及 m_{s0}）

假定 1m³ 混凝土拌合物的质量 m_{cp}=2400kg，则有

$$m_{c0} + m_{g0} + m_{s0} + m_{w0} = m_{cp}$$

$$\beta_s = \frac{m_{s0}}{m_{s0} + m_{g0}} \times 100\%$$

$$355 + m_{g0} + m_{s0} + 195 = 2400$$

$$\frac{m_{s0}}{m_{s0} + m_{g0}} \times 100\% = 39\%$$

解得

$$m_{g0} = 1128\text{kg}, m_{s0} = 722\text{kg}$$

则初步计算配合比为

水泥 m_{c0}=355kg/m³，砂 m_{s0}=722kg，石子 m_{g0}=1128kg，水 m_{w0}=195kg

或

$$m_{c0} : m_{s0} : m_{g0} : m_{w0} = 355 : 722 : 1128 : 195 = 1 : 2.03 : 3.18 : 0.55$$

二、配合比的试配、调整

1. 配合比的试配、调整

按初步计算配合比试拌混凝土 15L，其材料用量为

水泥	0.015×355=5.33kg
水	0.015×195=2.93kg

砂　　　　　　　　　　$0.015\times722=10.83\text{kg}$

石子　　　　　　　　　$0.015\times1128=16.92\text{kg}$

搅拌均匀后做和易性试验，测得的坍落度为30mm，黏聚性、保水性均良好。试拌调整后的材料用量为：水泥5.33kg，水2.93kg，砂10.83kg，石子16.92kg，总质量36.00kg。混凝土拌合物的实测表观密度为2410kg/m³。

2. 检验强度

在基准配合比的基础上，拌制三种不同水胶比的混凝土，并制作三组强度试件。其一是水胶比为0.55的基准配合比，另两种分别为0.60及0.50，经试拌检查，和易性均满足要求。

标准养护28d后，进行强度试验，得出强度值分别为

水胶比0.50　　　　　　43.5MPa

水胶比0.55　　　　　　38.6MPa

水胶比0.60　　　　　　30.5MPa

三、确定设计配合比

根据上述三组胶水比与其相对应的强度关系，计算（或作图）得出混凝土配制强度 $f_{cu,0}$（37.9MPa）对应的水胶比为0.57。

初步定出混凝土的配合比为

水 $m_w=195\text{kg}$，水泥 $m_c=\dfrac{195}{0.57}=342\text{kg}$，砂 $m_s=722\text{kg}$，石子 $m_g=1128\text{kg}$

重新测得拌合物表观密度为2413kg/m³，而混凝土表观密度的计算值为

$$\rho_{c,c}=195+342+722+1128=2387\text{kg/m}^3$$

其校正系数为

$$\delta=\frac{\rho_{c,t}}{\rho_{c,c}}=\frac{2413}{2387}=1.011$$

由于实测与计算值之差不超过计算值的2%，因此上述配合比可不作校正，则有

设计配合比 $m_c:m_s:m_g:m_w=342:722:1128:195=1:2.11:3.30:0.57$

四、现场施工配合比

将设计配合比换算成现场施工配合比。用水量应扣除砂、石所含水量。而砂、石量则应增加为砂、石含水的质量。因此，施工配合比为

$$m'_c=342\text{kg}$$

$$m'_s=722\times(1+3\%)=744\text{kg}$$

$$m'_g=1128\times(1+1\%)=1139\text{kg}$$

$$m'_w=195-722\times3\%-1128\times1\%=162\text{kg}$$

第四节　混凝土的质量控制

混凝土质量是影响混凝土结构可靠性的一个重要因素，为保证其结构的可靠性，必须在施工过程的各个工序对原材料、混凝土拌合物及硬化后的混凝土进行必要的质量检验和

控制。

一、混凝土质量波动的规律

由于原材料、施工条件及试验条件等许多复杂因素的影响，必然造成混凝土质量的波动。引起混凝土质量波动的因素很多，大致可归纳为两类因素。

(一) 正常因素

正常因素是指施工中不可避免的正常变化因素，例如，砂、石质量的波动，称量时的微小误差，以及操作人员技术上的微小差异，等等。这些是不可避免、不宜克服的因素。受正常因素的影响而引起的质量波动，是正常误差。

(二) 异常因素

异常因素是指施工中出现不正常情况，例如，搅拌时任意改变水胶比而随意加水，混凝土组成材料称量误差，等等。这些因素对混凝土质量影响很大。它们是可避免和克服的因素。受异常因素影响引起的质量波动，是异常误差。

混凝土质量控制的目的，主要在于发现和排除异常因素，使混凝土质量呈正常波动状态。

二、混凝土的质量检验

混凝土的质量检验包括对组成材料的质量和用量进行检验、混凝土拌合物质量检验及硬化后混凝土的质量检验。

对混凝土拌合物质量检验的主要项目是和易性和水胶比。按规定，在搅拌机出口检查和易性是混凝土质量控制的一个重要环节。检查混凝土拌合物的水胶比，可以掌握水胶比的波动情况，以便找出原因及时解决。

对硬化后混凝土的质量检验，主要是检验混凝土的抗压强度。因为混凝土质量波动直接反映在强度上，通过对混凝土强度的管理就能控制住整个混凝土工程质量。对混凝土的强度是按规定的时间与数量在搅拌地点或浇筑地点抽取有代表性的试样，按标准方法制作试件，养护规定龄期后，进行强度试验（必要时也需进行其他力学性能及抗渗、抗冻试验），以评定混凝土质量。对已建成的混凝土结构，也可采取非破损试验方法进行检验。

三、混凝土质量评定的数理统计方法

根据《混凝土及预制混凝土构件控制规程》（CECS 40—92）的要求，在正常生产控制的条件下，用数理统计的方法，求出混凝土强度的算术平均值、标准差及大于或等于要求强度等级值的百分率等指标，综合评定混凝土质量，绘出混凝土质量控制图进行混凝土强度等质量控制。

(一) 强度平均值、标准差和百分率

(1) 强度平均值（$\overline{f}_{cu}$）。其计算式为

$$\overline{f}_{cu} = \frac{1}{n}\sum_{i=1}^{n} f_{cu,i}$$

式中：n 为试件组数；$f_{cu,i}$为第 i 组试验值。

(2) 标准差（σ）。其计算式为

$$\sigma = \sqrt{\frac{\sum_{i=1}^{n} f_{cu,i}^2 - n\overline{f}_{cu}^2}{n-1}}$$

(3) 百分率（P）。在统计周期内强度大于或等于规定强度等级值的百分率（P），其计算式为

$$P=\frac{N_0}{N}\times 100\%$$

式中：N_0 为统计周期内同批混凝土试件强度大于或等于规定强度等级值的组数；N 为统计周期内同批混凝土试件总组数，$N\geqslant 25$。

根据以上数值，按表 4-28 可确定混凝土生产质量水平。

表 4-28　　混凝土生产质量水平评定指标

评定指标	生产单位	优良		一般		差	
		低于 C20	不低于 C20	低于 C20	不低于 C20	低于 C20	不低于 C20
混凝土强度标准差 σ (N/mm²)	预拌混凝土厂和预制混凝土构件厂	≤3.0	≤3.5	≤4.0	≤5.0	>4.0	>5.0
	集中搅拌混凝土的施工现场	≤3.5	≤4.0	≤4.5	≤5.5	>4.5	>5.5
强度不低于要求强度等级的百分率 P (%)	预拌混凝土厂和预制混凝土构件厂及集中搅拌混凝土的施工现场	≥95		>85		≤85	

(二) 混凝土质量控制图

为了便于掌握并分析混凝土质量的波动情况，常将质量检验得到的各项指标，例如水泥标号、混凝土的坍落度、水胶比和强度等，绘成质量控制图。通过质量控制图可及时发现问题，采取措施，以保证质量的稳定性。下面以混凝土强度的质量控制图（见图 4-17）为例来说明。

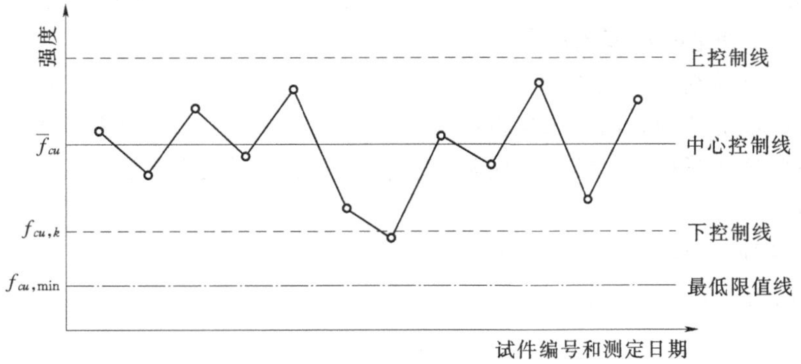

图 4-17　混凝土质量控制图

质量控制图的纵坐标表示试件的测定值，横坐标表示试件编号和测定日期。中心控制线为强度平均值 $\overline{f}_{cu}$（即混凝土的配置强度 $f_{cu,0}$），下控制线为混凝土设计强度等级 $f_{cu,k}$，最低限值线为 $f_{cu,\min}=f_{cu,k}-0.7\sigma$。

将每次试验结果逐日填画在图上。如果强度测定值全部落在上、下控制线内，而且其

排列是随机的，并没有异常情况，说明生产过程处于正常稳定状态。如果强度测定值落在下控制线以下，就要引起注意并及时查明原因予以纠正。如果强度测定值落于最低限值线以下，则混凝土质量有问题，不能验收。

四、混凝土强度的合格评定

根据《混凝土强度检验评定标准》(GB/T 50107—2010) 的规定，混凝土强度评定可分为统计方法及非统计方法两种。前者适用于预拌混凝土厂、预制混凝土构件厂和采用现场集中搅拌混凝土的施工单位，后者适用于零星生产的预制构件厂或现场搅拌批量不大的混凝土。

(一) 统计方法评定

由于混凝土生产条件不同，混凝土强度的稳定性也不同，统计方法评定可分为两类。

1. 标准差已知方案

当混凝土的生产条件在较长时间内能保持一致，且同一品种混凝土的强度变异性能保持稳定时，每批的强度标准差 σ_0 可按常数考虑。

强度评定应由连续的三组试件组成一个验收批，其强度应同时满足以下要求，即

$$\overline{f}_{cu} \geqslant f_{cu,k} + 0.7\sigma_0$$

$$f_{cu,\min} \geqslant f_{cu,k} - 0.7\sigma_0$$

式中：$\overline{f}_{cu}$为同一验收批混凝土立方体抗压强度的平均值，MPa；$f_{cu,k}$为验收批混凝土立方体抗压强度的标准值，MPa；$f_{cu,\min}$为同一验收批混凝土立方体抗压强度的最小值，MPa；σ_0 为验收批混凝土立方体抗压强度的标准差，MPa。

当混凝土强度等级不高于 C20 时，其强度的最小值尚应满足下式要求：

$$f_{cu,\min} \geqslant 0.85 f_{cu,k}$$

当混凝土强度等级高于 C20 时，其强度的最小值尚应满足下式要求：

$$f_{cu,\min} \geqslant 0.90 f_{cu,k}$$

验收批混凝土立方体抗压强度的标准差 σ_0，应根据前一检验期内同一品种混凝土试件的强度数据计算，即

$$\sigma_0 = \frac{0.59}{m} \sum_{i=1}^{m} \Delta f_{cu,i}$$

式中：$\Delta f_{cu,i}$为第 i 批试件立方体抗压强度最大值与最小值之差；m 为用以确定验收批混凝土立方体抗压强度标准差的数据总批数。

上述检验期不应超过 3 个月，该期内强度数据的总批数不得少于 15。

2. 标准差未知方案

当混凝土的生产条件在较长时间内不能保持一致，且混凝土强度变异性不能保持稳定时，检验评定只能直接根据每一验收批抽样的强度数据确定。

强度评定时，应有不少于 10 组的试件组成一个验收批，其强度应同时满足下列要求：

$$\overline{f}_{cu} - \lambda_1 s_{f_{cu}} \geqslant 0.9 f_{cu,k}$$

$$f_{cu,\min} \geqslant \lambda_2 f_{cu,k}$$

式中：$s_{f_{cu}}$ 为同一验收批混凝土立方体抗压强度标准差，MPa；λ_1、λ_2 分别为合格判定系数，按表 4－29 取用。

表 4-29 混凝土强度的合格判定系数

试件组数	10～14	15～24	≥25
λ_1	1.70	1.65	1.60
λ_2	0.90	0.85	

验收批混凝土立方体抗压强度标准差 $s_{f_{cu}}$ 的计算式为

$$s_{f_{cu}} = \sqrt{\frac{\sum_{i=1}^{n} f_{cu,i}^2 - n\overline{f}_{cu}^2}{n-1}}$$

式中：$f_{cu,i}$为第 i 组混凝土试件的立方体抗压强度值，MPa；n 为一个试验批组数。

（二）非统计方法评定

对某些小批量零星混凝土的生产，因其试件数量有限，不具备按统计方法评定混凝土强度的条件，可采用非统计方法。

按非统计方法评定混凝土强度时，其强度应满足下列要求：

$$\overline{f}_{cu} \geqslant 1.15 f_{cu,k}$$

$$f_{cu,\min} \geqslant 0.95 f_{cu,k}$$

（三）混凝土强度的合格性判定

混凝土强度应分批进行检验评定，当检验结果能满足以上评定公式的规定时，则该混凝土判为合格，否则为不合格。不合格批混凝土制成的结构或构件，应进行鉴定。对不合格的结构或构件必须及时处理。

第五节 其他混凝土简介

一、高性能混凝土

混凝土的高性能化是近一二十年才提出的，作为主要的结构材料，混凝土耐久性的重要程度不亚于混凝土强度和其他性能。不少混凝土建筑因材质劣化引起开裂破坏甚至崩塌，这在水利工程、海港工程与桥梁工程中尤为多见，它们被破坏的原因往往不是强度不足，而是耐久性不够。因此，早在 20 世纪 30 年代，水工混凝土就要求同时按强度与耐久性来设计配合比。有些重要建筑物，例如高层建筑、大跨桥梁、采油平台和压力容器等对耐久性有更高的要求，以保证安全。随着施工技术的进步和结构中混凝土均匀性要求的提高，工作性（和易性）成为另一重要性能指标。此外，体积稳定性（弹性模量高、干缩小、徐变及效应变小等）、抗冲、耐磨、耐疲劳、耐融和耐化学腐蚀等性能也受到重视。

高性能混凝土（High Performance Concrete，简写为 HPC）的出现，标志着混凝土技术又跨入了一个新的革命性时期。当前，许多国家都由国家列项，投入了大量的人力、物力和财力对高性能混凝土进行研究。1989 年，加拿大政府成立了关于高性能混凝土的情报网；美国 NSF 投资数千万美元，集中了美国著名的混凝土科学专家，建立了高性能水泥基复合材料研究中心，主攻高性能混凝土；1990 年 5 月，在美国马里兰州盖瑟斯堡(Gaithersburg)，由美国 NSF 和 ACI 主办了关于高性能混凝土的讨论会；1994 年，在新加坡举办了第一届“高性能混凝土国际学术讨论会”。高性能混凝土已成为国际土木工程界研究的一个热点。

现代高强混凝土不仅具有较高的强度，还具有独特的耐久性，因此高强混凝土应属于高性能混凝土。但高性能混凝土是否必须高强，却有不同的看法。欧美的研究者偏重于硬化后混凝土的性能，认为高性能即高强度，或者高强度和高耐久性，其强度指标应不低于50～60MPa。美国西雅图的“Two Union Square”大厦（58层）应用了强度高达135MPa的超高强混凝土，采用泵送施工，其坍落度高达25cm，输送管长122m，混凝土外面为16mm厚的钢管，混凝土混合料由下向上沿钢管挤送，混合料未经振动，强度达到了设计要求，这一工程目前已成为超高强混凝土实际应用的范例。日本学者则更重视工作性（和易性）与耐久性。例如，日本的明石海峡大桥，其缆索锚基混凝土约为52万m^3，要求高耐久性、高流动性、高体积稳定性与低水化热，强度指标则为28d强度约42MPa；其桥墩混凝土约为50万m^3，要求高耐久性、高流动性、高抗冲击性、低温升，28d平均强度介于100～120MPa。就目前的工程急需和研究热点来看，高性能水泥混凝土的特点集中表现为高流动性、高强度、高韧性和高耐久性。其中高强度又可以作为高性能混凝土的核心标志。

高性能混凝土由于强度高，因而结构尺寸更小，可以减轻结构自重，增加使用面积，减少材料用量。高性能混凝土具有弹性模量高、结构变形小、刚度大、稳定性好、抗渗性好、耐久性好、工作寿命长、结构维修和重建费用少等特点。由于高性能混凝土具有这样的特性，因而其应用不断增多，特别是在一些特殊结构中，得到越来越多的应用。

为使混凝土达到高性能，主要可采用以下方法：

（1）改善水泥的水化条件。改善水泥的水化条件可采用以下三种方法：

1）增加水泥中早强和高强的矿物成分的含量。水泥矿物中硅酸三钙、铝酸三钙和氟铝酸钙的含量增加时，对水泥混凝土早强、高强都有一定的效果，特别是以氟铝酸钙为主要成分的水泥，快凝、快硬的效果显著，4d的抗压强度可达20MPa以上。

2）提高水泥的细度。提高水泥的细度可使水泥加速和加快水化。研究表明，当超高强水泥细度提高到比表面积为6000cm^2/g，水胶比为0.2时，水泥净浆的抗压强度可达215MPa。

3）采用压蒸养护。如前所述，水泥的水化和凝结硬化的速度是随养护温度的升高而加速的。采用蒸压养护技术，可促使水泥水化反应迅速完成。

（2）掺加各种高聚物。使用水泥以外的结合料，目前主要是在混凝土中掺加各种聚合物。

（3）增强集料和水泥的黏附性。混凝土破坏的方式主要包括水泥石的破坏、集料的破坏或水泥石与集料之间界面的破坏。在这三种破坏方式中，尤以水泥石与集料的黏附力不足而引起的破坏最为常见。为此，曾有研究者采用水泥熟料作为混凝土的集料，制成所谓的“熟料混凝土”。在拌制混凝土时，有的还掺加减水剂，这样可取得明显的高强效果。这种混凝土1d的抗压强度可达68MPa，2d的抗压强度可达98MPa。还有的研究者采用环氧树脂处理集料表面，亦得到良好的高强效果。

（4）掺加高效外加剂。掺加外加剂降低水胶比，以提高混凝土强度。

（5）增加混凝土的密实度。随着混凝土密实度的增加（即孔隙率的减少），混凝土的强度亦随之提高，同时其他一系列物理力学性能亦得到改善。

(6) 采用纤维增强。采用各种纤维增强，对提高混凝土强度可达到良好的高强效果，详见本节对纤维混凝土的介绍。

二、轻混凝土

轻混凝土是指干表观密度小于1950kg/m³ 的混凝土，包括轻骨料混凝土、大孔混凝土和多孔混凝土。

(一) 轻骨料混凝土

《轻骨料混凝土技术规程》(JGJ 51—2002) 规定，用轻粗骨料、轻砂（或普通砂）、水泥和水配制而成的混凝土，其干表观密度不大于1950kg/m³ 者，称为轻骨料混凝土。

根据《轻骨料混凝土技术规程》(JGJ 51—2002)，轻骨料混凝土按细骨料不同，又可分为全轻混凝土（粗、细骨料均为轻骨料）和砂轻混凝土（细骨料全部或部分为普通砂）、大孔轻骨料混凝土（轻骨料、水泥和水配成的无砂或少砂混凝土）和次混凝土（在轻骨料掺加适量普通粗骨料）。

1. 轻骨料

轻骨料可分为轻粗骨料和轻细骨料。凡粒径大于5mm、堆积密度不大于1100kg/m³ 的轻质骨料，称为轻粗骨料；凡粒径不大于5mm、堆积密度不大于1200kg/m³ 的轻质骨料，称为轻细骨料（或轻砂）。

轻骨料按来源可分为工业废料轻骨料（如粉煤灰陶粒、自燃煤矸石、膨胀矿渣珠、煤渣及其轻砂）、天然轻骨料（如浮石、火山渣及其轻砂）和人造轻骨料（如页岩陶粒、黏土陶粒、膨胀珍珠岩及其轻砂）。

轻粗骨料按其粒型又可分为圆球型、普通型和碎石型三种。

轻骨料的制造方法基本上可分为烧胀法和烧结法两种。烧胀法是将原料破碎、筛分后经高温烧胀（如膨胀珍珠岩），或将原料加工成粒再经高温烧胀（如黏土陶粒、圆球型陶粒），由于原料内部所含水分或气体在高温下发生膨胀，因而形成了内部具有微细气孔结构和表面由一层硬壳包裹的陶粒。烧结法是将原料加入一定量胶结材料和水，经加工成粒，在高温下烧至部分熔融而成的呈多孔结构的陶粒，例如粉煤灰陶粒。

2. 轻骨料混凝土的技术性质

(1) 和易性。轻骨料具有表观密度小、表面多孔粗糙、吸水性强等特点，因此，其拌合物的和易性与普通混凝土有明显的不同。轻骨料混凝土拌合物的黏聚性和保水性好，但流动性差。若加大流动性则骨料上浮、易离析。同时，因骨料吸水率大，使得加在混凝土中的水一部分将被轻骨料吸收，余下部分供水泥水化和赋予拌合物流动性。因而拌合物的用水量应由两部分组成，一部分为使拌合物获得要求流动性的用水量，称为净用水量；另一部分为轻骨料1h的吸水量，称为附加水量。

(2) 表观密度。轻骨料混凝土按其干表观密度分为14个等级，每增加100kg/m³ 为一个等级，而每一密度等级有一定的变化范围，例如，800密度等级的变化范围为760～850kg/m³，900密度等级的变化范围为860～950kg/m³，依此类推。某一密度等级轻骨料混凝土的密度标准值，可取该密度等级干表观密度变化范围的上限值，即取其密度等级值加50kg/m³。例如，1900的密度等级，其密度等级值取1950kg/m³。

（3）抗压强度。轻骨料混凝土按其立方体抗压强度标准值划分为十三个强度等级，即LC5.0、LC7.5、LC10、LC15、LC20、LC25、LC30、LC35、LC40、LC45、LC50、LC55和LC60。

轻骨料混凝土按其用途可分为保温轻骨料混凝土、结构保温轻骨料混凝土和结构轻骨料混凝土三大类（见表4-30）。

表4-30　轻骨料混凝土按用途分类

类别名称	混凝土强度等级的合理范围	混凝土密度等级的合理范围	用途
保温轻骨料混凝土	LC5.0	≤800	主要用于保温的围护结构或热工构筑物
结构保温轻骨料混凝土	LC5.0 LC7.5 LC10 LC15	800～1400	主要用于既承重又保温的围护结构
结构轻骨料混凝土	LC15 LC20 LC25 LC30 LC35 LC40 LC45 LC50 LC55 LC60	1400～1900	主要用于承重构件或构筑物

轻骨料强度虽低于普通骨料，但轻骨料混凝土仍可达到较高强度。其原因在于轻骨料表面粗糙且具有微孔使其与水泥石结合的有效面积增大，吸水作用使其表面呈低水胶比，提高了轻骨料与水泥石的界面黏结强度，使弱结合面变成了强结合面，混凝土受力时不是沿界面破坏，而是轻骨料本身先遭到破坏，对低强度的轻骨料混凝土，也可能是水泥石先开裂，然后裂缝向骨料延伸。因此，轻骨料混凝土强度主要取决于轻骨料的强度和水泥石的强度。

（4）弹性模量及变形。轻骨料混凝土的弹性模量小，一般为同强度等级普通混凝土的50%～70%。这有利于改善建筑物的抗震性能和抵抗动荷载的作用。增加混凝土组分中普通砂的含量，可以提高轻骨料混凝土的弹性模量。

轻骨料混凝土的收缩和徐变相应约比普通混凝土大20%～50%和30%～60%，热膨胀系数比普通混凝土小20%左右。

（5）热工性。轻骨料混凝土具有良好的保温性能。当其表观密度为1000kg/m^3时，导热系数为0.28W/（m·K），当表观密度为1400kg/m^3和1800kg/m^3时，导热系数分别为0.49W/（m·K）和0.87 W/（m·K）。当含水率增大时，导热系数也将随之增大。

（6）抗冻性。轻骨料混凝土在非采暖地区（最冷月份的平均气温高于－5℃的地区）其抗冻标号为F15；在采暖地区（最冷月份的平均气温低于或等于－5℃的地区），当相对湿度不大于60%时，其抗冻标号为F25，当相对湿度大于60%时，其抗冻标号为F35；干湿交替部位和水位变化的部位其抗冻标号不小于F50。

（7）抗碳化耐久性。结构用砂轻混凝土的抗碳化耐久性应按快速碳化标准试验方法检验。28d的碳化深度值在正常的湿度（指相对湿度为55%～65%）、室内使用条件下，应不大于40mm；在正常湿度、室外使用条件下，应不大于35mm；在潮湿（指相对湿度为65%～80%）、室外条件下，应不大于30mm；在干湿交替使用条件下，应不大于25mm。所谓碳化深度即相当于在正常的大气条件下，CO_2的体积浓度为0.03%、湿度为（20±3）℃环境条件下，自然碳化50年时轻骨料混凝土的碳化深度。

3. 轻骨料混凝土的配合比设计

轻骨料混凝土的配合比设计除应满足强度、和易性、耐久性和经济等方面的要求外，还应满足表观密度的要求，并以合理地使用材料和节约水泥为原则，最高水泥用量不宜超过550kg/m³。必要时尚应符合对混凝土性能（如弹性模量、抗碳化耐久性和抗冻性等）的特殊要求。轻骨料混凝土的水胶比以净水胶比表示，净水胶比是指不包括轻骨料1h吸水量在内的净用水量与水泥用量之比。配制全轻混凝土时，允许以总水胶比表示，总水胶比是指包括轻骨料1h吸水量在内的总用水量与水泥用量之比。

在设计轻骨料混凝土的配合比时须考虑轻骨料的附加水量。轻骨料混凝土的用水量为净用水量与附加水量（被骨料吸收的水量）两者之和。轻骨料混凝土配合比中的轻粗骨料宜采用同一品种的轻骨料。结构保温轻骨料混凝土及其制品掺加煤（炉）渣轻粗骨料时，其掺量不应大于轻粗骨料总量的30%，煤（炉）渣含碳量不应大于10%。为改善某些性能而掺入另一品种粗骨料时，其合理掺量应通过试验确定。在轻骨料混凝土配合比中加入化学外加剂或矿物掺加料时，其品种、掺量和对水泥的适应性，必须通过试验确定。轻骨料混凝土的最大水胶比、最小水泥用量、轻骨料的净用水量以及砂率可参照《轻骨料混凝土技术规程》（JGJ 51—2002）选用 。

轻骨料混凝土的配合比应通过计算和试配确定。混凝土的试配确定式为

$$f_{cu,0} \geqslant f_{cu,k} + 1.645\sigma$$

式中：$f_{cu,0}$为轻骨料混凝土的试配强度，MPa；$f_{cu,k}$为轻骨料混凝土立方体抗压强度标准值（即强度等级），MPa；σ为轻骨料混凝土强度标准差，MPa。

混凝土的强度标准差应根据同品种、同强度等级轻骨料混凝土统计资料计算确定。计算时，强度试件组数不应少于25组。当无统计时，可根据混凝土强度等级低于LC20，强度标准差σ取4.0；在LC20～LC35之间，σ取5.0；高于LC35时，σ取6.0。

轻骨料混凝土配合比的设计有两种方法，即松散体积法和绝对体积法。松散体积法是以给定每立方米混凝土的粗细骨料松散总体积为基础进行计算，然后按设计要求的混凝土干表观密度为依据进行校核，最后通过试验调整出配合比。这种方法基于试验和应用经验，相对来说比较简易，便于理解和应用，有利于试验和工程中配合比的反复调配，有利于轻骨料混凝土的推广应用。松散体积法既适用于全轻混凝土，也适用于砂轻混凝土，是十分简便易行、预估性较好且实用的轻骨料混凝土配合比设计方法。

绝对体积法是按每立方米混凝土的绝对体积为各组成材料的绝对体积之和进行计算。绝对体积法概念明确，便于计算。但是，由于原材料的某些设计参数设计时需要确定（例如，粗、细骨料的颗粒表观密度和水泥的密度），费时多，十分麻烦，不能满足在施工中经常检测、及时调整配合比的要求。若不采用实测值，而是按一般的资料任取经验值计

算，则可能带来配合比设计结果的较大误差，从而影响工程质量。但对于对比、检验、分析和研究等工作，绝对体积法仍是有意义的。

计算出的轻骨料混凝土配合比必须通过试配予以调整。其调整的步骤如下：

（1）以计算的混凝土配合比为基础，再选取与之相差±10%的相邻两个水泥用量，用水量不变，砂率相应适当增减，分别按三个配合比拌制混凝土拌合物。测定拌合物的稠度，调整用水量，以达到要求的稠度为止。

（2）按校正后的三个混凝土配合比进行试配，检验混凝土拌合物的稠度和振实湿表观密度，制作确定混凝土抗压强度标准值的试块，每种配合比至少制作一组。

（3）标准养护 28d 后，测定混凝土抗压强度和干表观密度。最后，选用最佳配合比设计，对所选定的配合比进行质量校正。

（4）选定配合比中的各项材料用量均乘以校正系数即为最终的配合比设计值。

4. 轻骨料混凝土的施工要点

轻骨料混凝土的施工要点如下：

（1）轻骨料易上浮，不宜搅拌均匀，因此应采用强制式搅拌机，且搅拌时间要比普通混凝土略长一些。

（2）减少混凝土拌合物坍落度损失和离析，应尽量缩短运距。拌合物从搅拌机卸料起到浇筑入模的延续时间不宜超过 45min。

（3）为减少轻骨料上浮，施工中最好采用加压振捣，且振捣时间以捣实为准，不宜过长。

（4）由于吸水能力强，轻骨料混凝土要加强早期养护，浇筑成型应及时覆盖并洒水养护，以防止表面失水太快而产生网状裂缝。养护时间视水泥品种而不同，应不少于 7～14d。

（5）轻骨料混凝土在气温 5℃以上的季节施工时，可根据工程环境需要，对轻粗骨料进行预湿处理，这样拌制的拌合物和易性和水胶比比较稳定。预湿时间可根据外界气温和骨料的自然含水状态确定，一般应提前半天或一天对骨料进行淋水预湿，然后滤干水分进行投料。

（6）轻骨料本身吸水率比较大要进行预湿，否则，拌合物在运输或浇筑过程中坍落度损失较大。

5. 轻骨料混凝土的应用

虽然人工轻骨料的成本高于就地取材的天然骨料，但轻骨料混凝土的表观密度比普通混凝土减少 1/4～1/3，隔热性能改善，但是其结构尺寸减小，会增加使用面积，降低基础工程费用和材料运输费用，因而其综合效益良好。因此，轻骨料混凝土主要适用于高层和多层建筑、软土地基、大跨度结构、抗震结构、要求节能的建筑和旧建筑的加层等。例如，南京长江大桥采用轻骨料混凝土桥面板，天津、北京采用轻骨料混凝土房屋墙体和屋面板，都取得了良好的技术经济效益。与普通混凝土相比，轻骨料混凝土的表观密度小、弹性模量低、极限应变大、热膨胀系数小、收缩和徐变大，具有自重轻、保温性能优、抗震和耐火性好的特点。轻骨料混凝土在工程中的保温、结构保温和结构等方面的用途使其具有较强的技术经济优势和广阔的应用前景。

（二）大孔混凝土

大孔混凝土是以粗骨料、水泥和水配制而成的一种轻质混凝土，又称为无砂混凝土。

在这种混凝土中，水泥浆包裹粗骨料颗粒的表面，将粗骨料黏结在一起，但水泥浆并不填满粗骨料颗粒之间的空隙，因而形成大孔结构的混凝土。为了提高大孔混凝土的强度，有时也加入少量细骨料（砂），这种混凝土又称为少砂混凝土。

大孔混凝土按其所用骨料品种可分为普通大孔混凝土和轻骨料大孔混凝土。普通大孔混凝土用天然碎石、卵石或重矿渣配制而成，其表观密度为1500～1950kg/m^3，抗压强度为3.5～10MPa，主要用于承重及保温外墙体。轻骨料大孔混凝土用陶粒、浮石和碎砖等轻骨料配制而成，其表观密度为800～1500kg/m^3，抗压强度为1.5～7.5MPa，主要用于自承重保温外墙体。

大孔混凝土的导热系数小、保温性能好、吸湿性较小。收缩一般比普通混凝土小30%～50%。抗冻性可达15～25次冻融循环。由于大孔混凝土不用砂或少用砂，因而水泥用量较低，1m^{3}混凝土的水泥用量仅为150～200kg，成本较低。

大孔混凝土可用于制作墙体用的小型空心砌块和各种板材，也可用于现浇墙体。普通大孔混凝土还可制成送水管、滤水板等，广泛用于市政工程。

（三）多孔混凝土

多孔混凝土是一种不用骨料，且内部均匀分布着大量微小气泡的轻质混凝土。多孔混凝土孔隙率可达85%，表观密度为300～1200kg/m^3，导热系数为0.081～0.29W/（m·K），兼具有结构及保温隔热功能，容易切割，易于施工，可制成砌块、墙板、屋面板及保温制品，广泛用于工业与民用建筑及保温工程中。

根据气孔产生的方法不同，多孔混凝土可分为加气混凝土和泡沫混凝土。

1. 加气混凝土

加气混凝土用含钙材料（水泥、石灰）、含硅材料（石英、粉煤灰和粒化高炉矿渣等）和发气剂作为原料，经过磨细、配料、搅拌、浇筑、成型、切割和压蒸养护（0.8～1.5MPa下养护6～8h）等工序生产而成。

一般采用铝粉作为发气剂，将它加在加气混凝土料浆中，与含钙材料中的氢氧化钙发生化学反应放出氢气，形成气泡，使料浆体积膨胀形成多孔结构，其化学反应过程如下：

$$2Al+3Ca(OH)_2+6H_2O \longrightarrow 3CaO\cdot Al_2O_3\cdot 6H_2O+3H_2\uparrow$$

料浆在高压蒸汽养护下，含钙材料和含硅材料发生反应，产生水化硅酸钙，使坯体具有强度。

加气混凝土的性能随其表观密度及含水率不同而变化，在干燥状态下，其物理力学性能如表4-31所示。

表4-31　压蒸加气混凝土物理力学性能

表观密度（kg/m^3）	抗压强度（MPa）	抗拉强度（MPa）	弹性模量（MPa）	导热系数[W/(m·K)]
500	3.0～4.0	0.3～0.4	1.4×10^3	0.12
600	4.0～5.0	0.4～0.5	2.0×10^3	0.13
700	5.0～6.0	0.5～0.6	2.0×10^3	0.16

加气混凝土制品主要分为砌块和条板两种。砌块可作为三层或三层以下房屋的承重墙，也可作为工业厂房及多层、高层框架的非承重填充墙。配有钢筋的加气混凝土条板可作为承重和保温合一的屋面板。加气混凝土还可以与普通混凝土预制成复合板，用于外墙兼有承重和保温作用。

由于加气混凝土能利用工业废料，产品成本较低，能大幅度降低建筑物自重，保温效果好，因此具有较好的技术效果。

2. 泡沫混凝土

泡沫混凝土是将水泥浆与泡沫剂拌和后成型、硬化而成的一种混凝土。

泡沫混凝土在机械搅拌作用下，能产生大量均匀而稳定的气泡。常用的泡沫剂有松香泡沫剂及水解性血泡沫剂。使用泡沫剂时先掺入适量水，然后用机械搅拌成泡沫，再与水泥浆搅拌均匀，然后进行蒸汽养护或自然养护，硬化后即为成品。

泡沫混凝土的技术性能和应用，与相同表观密度的加气混凝土大体相同。但泡沫混凝土还可以在现场直接浇筑，用作屋面保温层。

三、其他品种混凝土

（一）防水混凝土

防水混凝土是指具有较高抗渗能力的混凝土，又称为抗渗混凝土。其主要用于水工工程、地下基础工程和屋面防水工程等。

防水混凝土一般是通过混凝土组成材料的质量改善、合理选择混凝土配合比和骨料级配以及掺加适量外加剂，达到混凝土内部密实或是堵塞混凝土内部毛细孔通路，使混凝土具有较高的抗渗性。目前，常用的防水混凝土有普通防水混凝土（骨料级配法和富浆法）、外加剂防水混凝土和膨胀水泥防水混凝土。

1. 普通防水混凝土

普通防水混凝土是以调整配合比的方法，提高混凝土自身密实度以满足抗渗要求的混凝土。其原理是在保证和易性前提下减小水胶比，以减小毛细孔的数量和孔径，同时适量提高水泥用量和砂率，在粗骨料周围形成质量良好和数量足够的砂浆包裹层，使粗骨料彼此隔离，以阻隔沿粗骨料相互连通的渗水孔网。

根据《普通混凝土配合比设计规程》（JGJ 55—2011），普通防水混凝土的原材料及配合比应符合以下技术要求：

（1）水泥宜采用普通硅酸盐水泥。

（2）粗骨料宜采用连续级配，最大粒径不宜大于 40mm，其含泥量不得超过 1.0%，泥块含量不得大于 0.5%；细骨料宜采用中砂，含泥量不得大于 3.0%，泥块含量不得大于 1.0%。

（3）抗渗混凝土宜掺用外加剂和矿物掺合料，粉煤灰等级应为Ⅰ级或Ⅱ级。

（4）最大水胶比应符合表 4-32 的规定。

（3）1m 混凝土的胶凝材料用量不宜小于 320kg；砂率宜为 35%～45%。

水胶比对混凝土的抗渗性有很大影响，水胶比除应满足强度要求外，还应符合表 4-32 的规定。

表 4-32 抗渗混凝土的最大水胶比

设计抗渗等级	最大水胶比	
	C20～C30	>C30
P6	0.60	0.55
P8～P12	0.55	0.50
>P12	0.50	0.45

2. 外加剂防水混凝土

外加剂防水混凝土是在混凝土中掺入适宜品种和数量的外加剂，改善混凝土内部结构，隔断或堵塞混凝土中的各种孔隙、裂缝及渗水通道，以达到改善抗渗性的一种混凝土。常用的外加剂有引气剂和密实剂。

(1) 引气剂防水混凝土。在混凝土内掺入引气剂，可使混凝土减少用水量，并产生大量均匀封闭和稳定的小气泡，由于气泡的阻隔作用，隔断了渗水通道，提高了混凝土的抗渗性。同时，引气剂防水混凝土还具有良好的和易性、抗冻性和耐久性，技术经济效果较好，应用普遍。

(2) 密实剂防水混凝土。密实剂一般是指氯化铁或铝盐等的溶液。这些溶液与氢氧化钙反应产生不溶于水的胶体，能堵塞混凝土内部的毛细管及孔隙，从而提高混凝土的密实度和抗渗性。密实剂防水混凝土具有很高的抗渗性能，不仅可抵抗水的渗透，还可抵抗油、气的渗透，常用于对渗透要求较高的设施，例如高水压容器和储油罐等。

3. 膨胀水泥防水混凝土

膨胀水泥防水混凝土是采用膨胀水泥配制而成。由于这种水泥在水化过程中能形成大量的钙矾石，会产生一定的体积膨胀，在有约束的条件下，能改善混凝土的孔结构，使毛细孔径减小，总孔隙率降低，从而使混凝土密实度、抗渗性提高。

(二) 流态混凝土

流态混凝土（又称为泵送混凝土）是指在预拌的坍落度为 80～120mm 的基体混凝土中加入硫化剂，经过搅拌使混凝土的坍落度增大至 200～220mm，且黏聚力良好的混凝土。

流态混凝土主要适用于高层建筑、大型工业建筑与公共建筑的基础、楼板、墙板及地下工程，尤其适用于钢筋密、浇筑振捣困难的工程部位。

(三) 纤维混凝土

纤维混凝土是以普通混凝土为基体，外掺各种纤维材料而组成的复合材料。纤维材料有钢纤维、碳纤维、玻璃纤维、石棉及合成纤维等。纤维混凝土中，纤维的含量、纤维的几何形状及其在混凝土中的分布状况，对纤维混凝土的性能有重要影响。通常纤维的长径比为 70～120，掺加的体积率为 0.3%～0.8%。纤维在混凝土中起增强作用，可提高混凝土的抗压、抗拉、抗弯和冲击韧性，也能有效地改善混凝土的脆性。纤维混凝土冲击韧性约为普通混凝土的 5～10 倍，初裂抗弯强度提高 2.5 倍，劈裂抗拉强度提高 1.4 倍。混凝土掺入钢纤维后，抗压强度提高不大，单从受压破坏形式来看，破坏无碎块、不崩裂，基本保持原来的外形，有较大的吸收变形的能力，也改善了韧性，是一种良好的抗冲击材料。目前，纤维混凝土主要用于飞机跑道、高速公路、桥面、水坝覆面、桩头和军事工程等要求高耐磨性、高抗冲击性和抗裂的部位及构件。

（四）防辐射混凝土

能屏蔽 X 射线、γ 射线或中子辐射的混凝土称为防辐射混凝土（又称为屏蔽混凝土）。材料对射线的吸收能力与其表观密度成正比，因此防辐射混凝土采用重骨料配制，常用的重骨料有重晶石（表观密度为 4000～4500kg/m^3）、赤铁矿和钢铁碎块等。为了提高防御中子辐射性能，可掺加硼和硼化物及锂盐类等。胶凝材料采用硅酸盐水泥或高铝水泥，最好采用硅酸钡、硅酸锶等重水泥。

防辐射混凝土用于原子能工业及国民经济各部门应用放射性同位素的装置，例如，反应堆、加速器和放射化学装置等的防护结构。

（五）耐腐蚀混凝土

1. 耐热混凝土

耐热混凝土是一种能长期承受高温（200℃以上、900℃以下）作用，并在高温下保持所需要的物理力学性能的特种混凝土。能长期承受 1300℃以上高温作用的混凝土称为耐火混凝土。根据所用胶结材料不同，耐热混凝土可分为硅酸盐水泥耐热混凝土、铝酸盐水泥耐热混凝土和水玻璃耐热混凝土等多种。所用水泥标号不得低于 325 号，耐热粗细骨料可采用矿渣、红砖、黏土质耐火砖碎块、安山岩、玄武岩、铝矾土熟料和烧结镁砂等。耐热混凝土的标号强度系采用每边 10cm 试块标准条件下养护 7d（如为水玻璃混凝土经干燥空气中养护 3d）后在 100～110℃的温度下烘干 32h，待冷却后测其强度。耐热混凝土在建筑工程上多用于建造高炉、焦炉基础、炉外壳、热工设备基础及围护结构、烟囱等部位。

2. 耐酸混凝土

耐酸混凝土一般采用水玻璃作胶凝材料，用硅氟酸钠作促凝剂，将耐酸粉料和耐酸粗细骨料按一定的比例配合而成，强度为 10～40MPa，使用于储油器、输油管、储酸槽、酸洗槽、耐酸地坪及耐酸器材等。水玻璃耐酸混凝土不耐氢氟酸、热磷酸和呈碱性反应的热溶液的腐蚀。

3. 耐碱混凝土

能耐碱性介质腐蚀的混凝土是由普通水泥和耐碱性能较好的石英石、白云石、辉绿岩等粉料和粗细骨料拌制而成。抗压强度一般不低于 20MPa，抗渗标号不低于 12，要能抵抗浓度 10%～15%的氢氧化钠、铝酸钠、碳酸钠和石灰水等碱液的腐蚀，常用于受碱液腐蚀的地面、池槽等。

（六）喷射混凝土

喷射混凝土是将预先配好的水泥、砂、石子和速凝剂装入喷射机，借助压缩空气高压气流喷射，通过喷头与水混合后以很高速度（150m/s）喷射至施工面（岩石或混凝土表面）所形成的混凝土。当骨料中含细颗粒（0.315～0.16mm）较多而粗颗粒（1.2～2.5cm）较少，并掺有适当速凝剂时，可使回弹量减少，表面构造平整。但颗粒太多需水量大，会增加干缩引起的开裂。水泥用量应在 350kg/m^3 以上，骨料粒径不超过 2.5cm，其石子、砂子含水量不能大于 3%。喷射混凝土的特点是硬化快，能承受早期应力，抗渗性好，与岩石黏结力强（1.0～1.5 MPa），可节省模板，此项技术目前已广泛应用于隧道、竖井和巷道的支护。

(七) 聚合物混凝土

聚合物混凝土是一种有机、无机复合的新型混凝土，它弥补了水泥混凝土抗拉强度低、抗拉应变小、抗裂性小、脆性大和抗化学腐蚀性差等缺点。按其组成制作工艺可分为三类。

1. 聚合物浸渍混凝土

聚合物浸渍混凝土是将已硬化的混凝土作基材，浸泡在聚合物浸渍溶液中，并用一定方法使浸入混凝土孔隙内的浸渍液固化而制得。聚合物浸渍混凝土按浸渍单体的种类可分为聚苯乙烯、聚甲基丙烯酸甲酯和环氧树脂等。其主要工艺过程为基材制作──→干燥──→浸渍──→固化（聚合），可用于海洋构筑物，冻土及腐蚀介质中的管、桩、柱、路面和桥面板等。

2. 聚合物水泥混凝土

聚合物水泥混凝土是以聚合物或单体与水泥共同作为胶凝材料的特种混凝土，是在加水搅拌水泥混凝土时掺入一定量的环氧树脂、聚酯树脂或合成橡胶乳液与消泡剂、促进剂经成型、固化而成。它在改进混凝土耐蚀、耐磨和黏结力性能方面有显著效果，在强度提高方面则次于聚合物浸渍混凝土，可用于现场浇筑或作预制构件。

3. 聚合物胶结混凝土

聚合物胶结混凝土是以树脂或单体代替水泥作为胶结材料的混凝土，常用一种或几种树脂及固化剂（胺类化合物）与骨料（石英粉、辉绿岩粉）混合、成型和固化而成。它具有良好的耐蚀、耐磨性及力学性能，主要用于路面或桥面、化工厂地面修补和浇筑接点或特殊用途的制品，其成本较高。

(八) 灌注混凝土

首先将粗骨料铺好、捣实，再向骨料空隙中强制注入水泥砂浆的混凝土称为灌注混凝土。要求砂浆的流动性好而不宜离析，通常可采用一定的外加剂。砂浆填满粗骨料空隙的称为振动灌注混凝土，用砂浆泵由填石上面灌注砂浆者称为压力灌注混凝土。灌注混凝土的抗压强度一般不超过 20MPa，它还用于外形简单的厚大结构，例如基础、挡土墙以及地坪、垫层等。压力灌注混凝土特别适用于不易振捣的填槽填洞及水下混凝土。灌注混凝土的优点是收缩率小，一般为（2～4）$\times 10^{-4}$，仅为普通混凝土的 50%～70%。

第六节 砂　　浆

建筑砂浆是由胶凝材料、细骨料和水按一定比例配制而成的，主要用于以下几个方面：

(1) 在结构工程中，将单块的砖、石和砌块等胶结起来构成砌体。

(2) 在装配式结构中，砖墙的勾缝、大型墙板和各种构件的接缝。

(3) 在装饰工程中，墙面、地面及梁柱结构等表面的抹面。

(4) 天然石材、人造石材、瓷砖和锦砖等的镶贴。

根据不同用途，建筑砂浆可分为砌筑砂浆、抹面砂浆（如普通抹面砂浆、防水砂浆和装饰砂浆等）和特种砂浆（如隔热砂浆、耐腐蚀砂浆和吸声砂浆等）。

按所用的胶凝材料，建筑砂浆可分为水泥砂浆、石灰砂浆和混合砂浆（如水泥石灰砂浆、水泥黏土砂浆和石灰黏土砂浆等）。

一、砂浆的技术要求

砂浆的技术性质主要是新拌砂浆的和易性和硬化砂浆的强度，其他还有砂浆的黏结力、变形性和抗冻性等诸项内容。

（一）新拌砂浆的和易性

新拌砂浆应具有良好的和易性，使之能铺成均匀的薄层，且与底面（基面）紧密黏结。新拌砂浆的和易性可由流动性和保水性两个方面作综合评定。

1. 流动性

砂浆的流动性也称为稠度，是指在自重或外力作用下流动的性能，用砂浆稠度测定仪测定，以沉入度 mm 表示。沉入度越大，流动性越好。

砂浆的稠度选择要考虑块材的吸水性能、气体受力特点及气候条件。当基底为多孔吸水材料或在干热条件下施工时，应使砂浆的流动性大些。相反，对于密实的吸水很少的基底材料，或在湿冷气候条件下施工时，可使流动性小些。一般可根据施工操作经验来掌握，但应符合《砌体结构工程施工质量验收规范》（GB 50203—2011）的规定。

2. 保水性

新拌砂浆保持其内部水分不泌出流失的能力，称为保水性。保水性不良的砂浆在存放、运输和施工过程中容易产生离析、泌水现象。

砂浆的保水性用砂浆分层度筒测定，以分层度（mm）表示，分层度大的砂浆保水性差，不利施工。为使砂浆具有良好的保水性，可提高掺加石灰膏浆或黏土膏浆等胶凝材料的用量。

砂浆分层度一般以 10～20mm 为宜。分层度过大，保水性太差，不宜采用，一般水泥砂浆的分层度不宜超过 30mm，水泥混合砂浆不宜超过 20mm。若砂浆分层度过小，如分层度为 0 的砂浆，虽然保水性好，但易发生干缩裂缝。

（二）硬化砂浆的强度和强度等级

砂浆的强度是指边长为 70.7mm 的立方体标准试块，一组六块在标准条件下养护 28d 后，用标准试验方法测得的抗压强度平均值（MPa），以 f_{mu} 表示。

水泥砂浆及预拌砌筑砂浆的强度等级分为 M30、M25、M20、M15、M10、M7.5 和 M5 七个等级。水泥混合砂浆的强度可分为 M5、M7.5、M10、M15。

砂浆强度受砂浆本身的组成材料及配比的影响。同种砂浆在配比相同的情况下，砂浆强度还与基层材料的吸水性能有关。

1. 不吸水基底

基层不吸水时（即为不吸水基底，如致密的石材），砂浆强度的影响因素与混凝土相似，主要为水泥的强度和水胶比，砂浆强度可用经验公式表示为

$$f_{mu}=0.29f_{ce}\left(\frac{B}{W}-0.40\right)$$

其中 $$f_{ce}=\gamma_c f_{ce,k}$$

式中：f_{mu}为砂浆的28d抗压强度，MPa；f_{ce}为水泥的实测强度值，MPa；$f_{ce,k}$为水泥强度等级的标准值；γ_c为水泥强度等级标准值的富余系数，按实际统计资料确定，无统计资料时取1.0；B/W为胶水比。

2. 吸水基底

当基层吸水后（即为吸水基底，如砖或其他多孔材料），砂浆中保留水分的多少就取决于其本身的保水性，因而具有良好保水性的砂浆，无论拌和时用多少水，经底层吸水后，保留在砂浆中的水大致相同，而与初始水胶比关系不大。对不同地区、不同品种、不同水泥的试验结果进行统计分析表明，砂浆强度与水泥用量有如下关系：

$$f_{mu}=f_{ce}Q_C\frac{A}{1000}+B$$

式中：f_{mu}为砂浆的28d抗压强度，MPa；f_{ce}为水泥的实测强度值，MPa；Q_C为每立方米砂浆的水泥用量，kg/m^3；A、B均为砂浆的特征系数，可参考表4-33取值。

（三）砂浆的黏结力

砂浆的黏结力是影响砌体抗剪强度、耐久性和稳定性，乃至建筑物抗震能力和抗裂性的基本因素之一。通常，砂浆的抗压强度越高，黏结力越大。砂浆的黏结力还与基层材料的表面状态、清洁程度、润滑情况及施工养护等条件有关。在润滑的、粗糙的清洁表面上使用且养护良好的砂浆与表面黏结较好。

表4-33 A、B系数值

砂浆品种	A	B
水泥混合砂浆	1.50	−4.25
水泥砂浆	1.03	3.50

注 各地区也可用本地区试验资料确定A、B值，统计用的试验组数不得少于30组。

（四）砂浆的变形性

砂浆在承受荷载、温度和湿度变化时，均会产生变形，如果变形过大或不均匀，会降低砌体的质量，引起砌体沉降或开裂。若使用轻骨料制砂浆，或者掺合料过多，会引起砂浆收缩变形过大。

（五）砂浆的抗冻性

强度等级在M2.5以上的砂浆，常用于受冻融影响较多的建筑部位。当设计中作出冻融循环要求时，必须进行冻融试验。经冻融试验后，质量损失率不应大于5%，强度损失率不应大于25%。

二、砌筑砂浆

用于砖、石和砌块等砌体砌筑的砂浆，称为砌筑砂浆。砌筑砂浆组成材料的要求和配合比的设计要满足《砌筑砂浆配合比设计规程》（JGJ/T 98—2010）的规定。

（一）砌筑砂浆的组成材料

1. 水泥

水泥是砂浆的主要胶凝材料，硅酸盐系的普通水泥、矿渣水泥、火山灰水泥、粉煤灰水泥及砌筑水泥等都可以来配制砌筑砂浆。具体可根据砌筑部位、环境条件等选择适宜的水泥品种。M15及以下强度等级的砌筑砂浆采用的水泥强度等级不宜大于42.5MPa，M15及以上强度等级的砌筑砂浆宜选用42.5级通用硅酸盐水泥。

2. 细骨料

砌筑砂浆常用的细骨料是天然砂。由于砂浆层较薄，对砂子的粗细程度应有限制。毛石砌体的砂浆宜选用粗砂，其最大粒径不超过灰缝厚度的 1/4～1/5，砖砌体砂浆宜选用中砂，其最大粒径不应大于 4.75mm。为保证砂浆质量，要限制砂中的黏土杂质含量。水泥砂浆和强度等级不小于 M5 的水泥混合砂浆，含泥量不应超过 5%。

3. 掺合料

掺合料是在施工现场为改善砂浆和易性而加入的无机材料，例如石灰膏、黏土膏、电石灰膏、磨细生石灰和粉煤灰等。

4. 外加剂

为使砂浆具有良好的和易性和其他施工性能，还可以在砂浆中掺入外加剂（如引气剂、早强剂、缓凝剂和防冻剂等），但外加剂的品种和掺量及物理性能等都应通过试验确定。

(二) 砌筑砂浆的配合比设计

用于砌筑吸水基面的砂浆配合比的确定分为配合比的计算和配合比的试配、调整与确定及校正三步。

1. 配合比的计算

(1) 计算砂浆配制强度。砂浆配制强度的计算式为

$$f_{m,0}=kf_2$$

式中：$f_{m,0}$为砂浆的试配强度，精确至 0.1MPa；f_2 为砂浆强度等级值，精确至 0.1MPa；k 为系数，可按表 4-34 取值。

表 4-34　　砌筑砂浆强度标准值 σ 及 k 值

强度等级 / 施工水平	强度标准差 σ (MPa)							k
	M5	M7.5	M10	M15	M20	M25	M30	
优良	1.00	1.50	2.00	3.00	4.00	5.00	6.00	1.15
一般	1.25	1.88	2.50	3.75	5.00	6.25	7.50	1.20
较差	1.50	2.25	3.00	4.50	6.00	7.50	9.00	1.25

此外，砂浆强度标准差的确定应符合以下要求。

当有统计资料时，砂浆强度标准差应按下式计算：

$$\sigma=\sqrt{\frac{\sum_{i=1}^{n}f_{m,i}^2-n\mu_{f_m}^2}{n-1}}$$

式中：σ 为砂浆现场强度标准差，精确至 0.01MPa；$f_{m,i}$为统计周期内同一品种砂浆第 i 组试件的强度，MPa；μ_{f_m} 为统计周期内同一品种砂浆 n 组试件强度平均值，MPa；n 为统计周期内同一品种砂浆试件的总组数，$n\geqslant25$。

当不具有近期统计资料时，σ 可按表 4-34 取值。

(2) 根据下式计算每立方米砂浆中的水泥用量 Q_C (kg/m^3)，即

$$Q_C=\frac{1000(f_{m,0}-\beta)}{\alpha f_{ce}}$$

式中：α、β为砂浆的特征系数，可参考其系数值。

当计算出的水泥用量不足200kg/m^{3}时，应取$Q_C=200$kg/m^3。

(3) 若为水泥混合砂浆，计算掺合料用量Q_D（kg/m^3）。为了保证良好的流动性，每立方米砂浆中胶结料和掺合料的总量Q_A可为350kg/m，则

$$Q_D=Q_A-Q_C$$

石灰膏、黏土膏和电石灰膏等掺合料用量，宜按稠度（120±5）mm计量。现场施工时当石灰膏稠度与试配不一致时，按表4-35进行换算。

表4-35　石灰膏不同稠度时的换算系数

石灰膏稠度(mm)	120	110	100	90	80	70	60	50	40	30
换算系数	1.00	0.99	0.97	0.95	0.93	0.92	0.90	0.88	0.87	0.86

(4) 确定砂用量Q_s（kg/m^3）。砂浆中的水、胶结料和掺合料是用来填充砂子的空隙的，因此，1m^{3}的砂浆含有1m^{3}堆积体积的砂子，所以1m^{3}砂浆中砂的用量应以干燥状态（含水率小于0.5%）的堆积密度计算。

(5) 确定用水量Q_w（kg/m^3）。砂浆中用水量的多少对其强度等性能的影响不大，可根据经验以满足施工所需的稠度等要求选用210～310kg。

注意：

(1) 混合砂浆中的用水量，不包括石灰膏中的水。

(2) 当采用细砂或粗砂时，用水量分别取上限或下限。

(3) 稠度小于70mm时，用水量可小于下限。

(4) 施工现场气候炎热或干燥季节，可酌量增加用水量。

2. 配合比的试配、调整与确定

砂浆试配时，应采用机械搅拌，搅拌时间自投料算起，应符合表4-36的规定。

表4-36　砂浆搅拌时间

砂浆种类	水泥砂浆和水泥混合砂浆	水泥粉煤灰砂浆和掺用外加剂的砂浆	掺用有机塑化剂的砂浆
搅拌时间	不得少于2min	不得少于3min	3～5min

注　掺用有机塑化剂的砂浆必须采用机械搅拌。

试拌后，测定其拌合物的稠度和分层度。若不满足要求，则应调整用水量和掺合料用量。经调整后符合要求的配合比定为砂浆的基准配合比。

试配时采用三个不同的配合比，其中一个为试配得出的配合比，另外两个分别使水泥用量增减10%，并在保证稠度、分层度合格的条件下，调整其相应的用水量和掺合料用量。

按国家现行标准《建筑砂浆基本性能试验方法》（JGJ/T 70—2009）的规定，以上述三个配比配置的砂浆制作试件，并测定砂浆强度等级，选择强度满足要求且水泥用量较少的配合比为所需的砂浆配合比。

3. 砌筑砂浆试配配合比的校正

砌筑砂浆试配配合比尚应按下列步骤进行校正：

（1）应根据《建筑砂浆基本性能试验方法》（JGJ/T 70—2009）确定的砂浆配合比材料用量，计算砂浆的理论表观密度值：

$$\rho_t = Q_C + Q_D + Q_S + Q_W$$

式中：ρ_t 为砂浆的理论表观密度值，kg/m³，精确至 10kg/m³。

（2）按下式计算砂浆配合比校正系数 δ，即

$$\delta = \frac{\rho_c}{\rho_t}$$

式中：ρ_c 为砂浆的实测表观密度值，kg/m³，应精确至 10kg/m³。

（3）当砂浆的实测表观密度值与理论表观密度值之差的绝对值不超过理论值的 2%时，可将按《建筑砂浆基本性能试验方法》（JGJ/T 70—2009）得出来的试配配合比确定为砂浆设计配合比；当该值超过 2%时，应将试配配合比中每项材料用量均乘以校正系数 δ 后，确定为砂浆设计配合比。

4. 砂浆配合比设计计算实例

【例 4-2】　要求设计用于砌筑砖墙的水泥石灰砂浆配合比。砂浆等级 M7.5，稠度 70～100mm。原材料主要参数：水泥为 325 号普通硅酸盐水泥；砂子采用中砂，堆积密度为 1450kg/m³，含水率为 2%；石灰膏稠度为 110mm；施工水平一般。

解：（1）计算试配强度。由于砂浆等级为 M7.5，施工水平为一般，查表 4-34 得到 $k=1.20$，于是，有

$$f_{m,0} = kf_2 = 1.20 \times 7.5 = 9.0\text{MPa}$$

（2）计算水泥用量。水泥用量为

$$Q_C = \frac{1000(f_{m,0} - \beta)}{\alpha f_{ce}} = \frac{1000 \times (9.0 + 15.09)}{3.03 \times 32.5} = 245\text{kg/m}^3$$

（3）计算石灰膏用量

$$Q_D = Q_A - Q_C = 350 - 245 = 105\text{kg/m}^3$$

石灰膏稠度为 110mm，需换算成 120mm，查表 4-35，得

$$105 \times 0.99 = 104\text{kg/m}^3$$

（4）根据砂的堆积密度和含水率，计算用砂量，得

$$Q_S = 1450 \times (1 + 0.02) = 1479\text{kg/m}^3$$

（5）确定用水量。选择用水量为 300kg/m³，砂浆试配时各材料的用量比例为

水泥：石灰膏：砂：水＝245：105：1479：300＝1：0.43：6.04：1.22

（6）根据确定的砂浆配合比材料用量进行试配，将得出的实测表观密度值跟理论密度值进行比较，确定最终的砂浆设计配合比。

三、其他建筑砂浆

（一）抹面砂浆

抹面砂浆又称为抹灰砂浆，用来涂抹在建筑物或建筑物件的表面，兼有保护基层和满

足使用要求的作用。

抹面砂浆按其功能不同可分为普通抹面砂浆、防水砂浆和装饰砂浆等。

1. 普通抹面砂浆

普通抹面砂浆的功能是保护结构主体免遭各种侵蚀，提高结构的耐久性，改善结构的外观。常用的普通抹面砂浆有石灰砂浆、水泥混合砂浆、麻刀石灰浆（简称为麻刀灰）和纸筋石灰浆（简称为纸筋灰）等。

为了提高抹面砂浆的黏结力，其胶凝材料（包括掺合料）的用量比砌筑砂浆多，常常加入适量有机聚合物（占水泥质量的10%），例如聚乙烯醇缩甲醛胶（俗称为107胶）或聚醋酸乙烯等。为提高抗拉强度，防止抹面砂浆的开裂，常加入麻刀、纸筋、稻草和玻璃纤维等纤维材料。

为了保证抹灰层表面平整，避免裂缝和脱落，通常采用分层薄涂的方法，一般分两层或三层施工，底层起黏结作用，中层起抹平作用，面层起装饰作用。用于砖墙的底层抹灰，常为石灰砂浆，有防水、防潮要求时用水泥砂浆；用于混凝土基层的底层抹灰，常为水泥混合砂浆；中层抹灰，常用水泥混合砂浆或石灰砂浆；面层抹灰，常用水泥混合砂浆、麻刀灰或纸筋灰。

普通抹面砂浆的流动性和砂子的最大粒径可参考表4-37。

表4-37　抹面砂浆流动性及骨料最大粒径　单位：mm

抹面层	沉入量（人工抹面）	砂的最大粒径
底层	100～120	2.5
中层	70～90	2.5
面层	70～80	1.2

常用抹面砂浆配合比及应用范围可参考表4-38。

表4-38　常用抹面砂浆配合比及应用范围

材　料	配合比（体积比）	应用范围
石灰：砂	(1：2)～(1：4)	用于砖石墙表面（檐口、勒脚、女儿墙及潮湿房间的墙除外）
石灰：黏土：砂	(1：1：4)～(1：1：8)	用于干燥环境墙表面
石灰：石膏：砂	(1：0.4：2)～(1：1：3)	用于不潮湿房间的墙及顶棚
	(1：2：2)～(1：2：4)	用于不潮湿房间的线脚及其他装饰工程
石灰：水泥：砂	(1：0.5：4.5)～(1：1：5)	用于檐口、勒脚、女儿墙以及比较潮湿的部位
水泥：砂	(1：3)～(1：2.5)	用于浴室、潮湿车间等的墙裙、勒脚或地面基层
	(1：2)～(1：1.5)	用于地面、天棚或墙面面层
	(1：0.5)～(1：1)	用于混凝土地面随时压光
石灰：石膏：砂：锯末	1：1：3：5	用于吸声粉刷
水泥：白石子	(1：2)～(1：1)	用于水磨石（打底用1：2.5水泥砂浆）
水泥：白石子	1：1.5	用于剁假石［打底用(1：2)～(1：2.5)水泥砂浆］
白灰：麻刀	100：2.5（质量比）	用于板条天棚底层
石灰膏：麻刀	100：1.3（质量比）	用于板条天棚面层（或100kg石灰膏加3.8kg纸筋）
纸筋：白灰浆	灰膏0.1m^3，纸筋0.36kg	用于较高级墙板、天棚

2. 防水砂浆

用作防水层的砂浆称为防水砂浆。砂浆防水层又称为刚性防水层，适用于不受振动和具有一定刚度的混凝土或砖石砌体的表面。

防水砂浆主要分为以下三种：

(1) 水泥砂浆。它是由水泥、细骨料、掺合料和水制成的砂浆。普通水泥砂浆多层抹面用作防水层。

(2) 掺加防水剂的水泥砂浆。在普通水泥中掺入一定量的防水剂而制得的防水砂浆是目前应用最广泛的一种防水砂浆。常用的防水剂有硅酸钠类、金属皂类、氯化物金属盐及有机硅类等。

(3) 膨胀水泥和无收缩水泥配制砂浆。由于该种水泥具有微膨胀或补偿收缩性能，从而能提高砂浆的密实性和抗渗性。

防水砂浆的配合比为水泥与砂的质量比，一般不宜大于1∶2.5，水胶比应为0.50～0.60，稠度不应大于80mm。水泥宜选用325号以上的普通硅酸盐水泥或425号矿渣水泥，砂子宜选用中砂。

防水砂浆的施工方法有人工多层抹压法和喷射法等。各种方法都是以防水抗渗为目的，减少内部连通毛细孔，提高密实度。

3. 装饰砂浆

装饰砂浆是指涂抹在建筑物内外墙面，具有美观装饰效果的抹面砂浆。

装饰砂浆的胶凝材料采用石膏、石灰、白水泥和彩色水泥，或在水泥中掺加白色大理石粉，使砂浆表面色彩明朗。

骨料多为白色、浅色或彩色的天然砂、彩釉砂和着色砂，也可以用彩色大理岩或花岗岩碎屑、陶瓷碎粒或特制的塑料色粒。有时也可以加入少量云母碎片、玻璃碎粒、长石和贝壳等使表面获得发光效果。

掺颜料的砂浆常用在室外抹灰工程中，将经受风吹、日晒、雨淋及大气中有害气体的腐蚀和污染。因此，装饰砂浆中的颜料，应采用耐碱和耐光晒的矿物颜料。

常用装饰砂浆的施工操作方法有拉毛、甩毛、喷涂、弹涂、拉条、水刷、干粘、水磨和剁斧，等等，水磨石、水刷石和干粘石等属石渣类装饰砂浆。

(二) 特种砂浆

1. 隔热砂浆

隔热砂浆是以水泥、石灰膏和石膏等胶凝材料与膨胀珍珠岩、膨胀蛭石、火山渣或浮石砂、陶砂等轻质多孔骨料按一定比例配制成的砂浆。隔热砂浆的导热系数为0.07～0.10W/(m·K)。隔热砂浆通常均为轻质，可用于层面隔热层、隔热墙壁以及供热管道隔热层等处。

常用的隔热砂浆有水泥膨胀珍珠岩砂浆、水泥膨胀蛭石砂浆和水泥石灰膨胀蛭石砂浆等。

2. 吸声砂浆

由轻质多孔骨料制成的隔热砂浆，都具有吸声性能。此外，也可用水泥、石膏、砂和锯末配制吸声砂浆，还可以在石灰、石膏砂浆中掺入玻璃纤维、矿物棉等松软纤维材料得到吸声砂浆。吸声砂浆用于有吸声要求的室内墙壁和顶棚的抹灰。

3. *耐腐蚀砂浆*

耐腐蚀砂浆可分为以下三类：

(1) 耐碱砂浆：使用42.5强度等级以上的普通硅酸盐水泥（水泥熟料中铝酸三钙含量应小于9%），细骨料采用耐碱、密实的石灰岩类（石灰岩、白云岩和大理岩等）、火成岩类（辉绿岩、花岗岩等）制成的砂和粉料，也可采用石英质的普通砂。耐碱砂浆可耐一定温度和浓度下的氢氧化钠和铝酸钠溶液的腐蚀，以及任何浓度的氨水、碳酸钠、碱性气体和粉尘等的腐蚀。

(2) 水玻璃类耐酸砂浆：在水玻璃和氟硅酸钠配制的耐酸涂料中，掺入适量的石英岩、花岗岩和铸石等制成的粉及细骨料可拌制成耐酸砂浆。耐酸砂浆常用作衬砌材料、耐酸地面和耐酸容器的内壁防护层。

(3) 硫磺砂浆：以硫磺为胶结材料，加入填料、增韧剂，经加热熬制而成。采用石英粉、辉绿岩粉和安山岩粉作为耐酸粉料和细骨料。硫磺砂浆具有良好的耐腐蚀性能，几乎能耐大部分有机酸、无机酸以及中性和酸性盐的腐蚀，对乳酸也有很强的耐腐蚀能力。

4. *聚合物砂浆*

聚合物砂浆是在水泥砂浆中加入有机聚合物乳液配制而成的，具有黏结力强、干缩率小、脆性低、耐腐蚀性好等特性，用于修补和防护工程。常用的聚合物乳液有氯丁胶乳液、丁苯橡胶乳液和丙烯酸树脂乳液等。

5. *防辐射砂浆*

在水泥中掺入重晶石粉、重晶石砂可配制成具有防X射线能力的砂浆。其配合比约为水泥∶重晶石粉∶重晶石砂＝1∶0.25∶(4～5)。在水泥浆中掺入硼砂、硼酸等配制成的砂浆具有防中子辐射的能力，可应用于射线防护工程。

思　考　题

4-1　简述各组成材料在混凝土中的作用。

4-2　配置混凝土如何选择水泥？

4-3　如何拌制和易性良好的混凝土？

4-4　为什么混凝土在潮湿条件下养护时收缩较小，干燥条件下养护时收缩较大，而在水中养护时却几乎不收缩？

4-5　如何确定粗骨料的最大粒径？

4-6　为什么配置混凝土时要选择合适的砂率？

4-7　什么是混凝土的减水剂？叙述减水剂的作用机理、种类及技术经济效果。

4-8　简述高性能混凝土的定义及其特性。

4-9　纤维混凝土一般应用在哪些工程上？

4-10　对砌筑砂浆用砂有何要求？为什么要限制砂中含泥量？

4-11　配制砂浆时，为什么除水泥外常常还要加入一定量的其他胶凝材料？

4-12　防止大体积混凝土体积变形产生裂缝的方法有哪些？

4-13　尺寸为100mm×100mm×100mm的某组混凝土试件，龄期7d，测得其荷载分别为210kN、196kN和205kN，试推算该组试件混凝土的28d立方体抗压强度。若已知该混凝土试件用强等级为32.5普通硅酸盐水泥和碎石配制而成，水泥强度的富余系数为1.10，试估计该组混凝土所用的水胶比。

4-14　某工地现配C20混凝土，选用42.5硅酸盐水泥，水泥用量为260kg/m^3，水灰比为0.50，砂率为30%，所用碎石20～40mm，为间断级配，浇筑后检查其水泥混凝土，发现混凝土结构中蜂窝、空洞较多，请从材料方面分析其原因。

4-15　已知某混凝土的水胶比为0.5，用水量为180kg，砂率为33%，混凝土拌合料成型后实测其体积密度为2400kg/m^3，试求该混凝土配合比。

4-16　简述水泥混凝土材料常见的一些耐久性问题。提高混凝土的耐久性应采用哪些主要措施？

第五章

金属材料

【本章要点】

- 钢材的组成、技术性质及其应用之间的关系。
- 钢材在土木工程中的应用、品种及性质。
- 钢材的耐久性问题。
- 铝及铝合金的性质及其应用。

土木工程中用量最大的金属材料是钢材，包括各种线材、型材、板材以及用于钢筋混凝土中的各种钢筋、钢丝和钢绞线等。用量次之的是铝合金型材。

第一节　钢材的基本知识

一、钢材的冶炼

钢材是将生铁经过转炉或平炉等冶炼，浇铸成钢锭，再经轧制、锻压等加工工艺制成的材料。炼钢的原理就是将熔融的生铁进行加工，使其中碳的含量降低到预定范围，根据需要加入一定含量的合金元素，并且其他硫、磷等杂质含量也降低到允许范围之内。

常用的炼钢方法有以下三种。

（一）转炉法

转炉法包括空气转炉法和氧气转炉法两种。

1. 空气转炉法

以熔融状态的铁水，由转炉底部或侧面吹入高压热空气，铁水中的杂质靠与空气中的氧气起氧化作用而除去。碳与氧反应生成 CO 气体而逸出；硫、磷则在加入石灰石作用下，生成不溶于钢水的产物，形成钢渣浮在钢水表面被排出炉外，因而得到比较纯净的钢水。此法的缺点是吹炼时易混入空气中的氮、氢等有害气体，且冶炼时间短，化学成分难以精确控制，故钢的质量较差，只能用来炼制普通碳素钢。

2. 氧气转炉法

以氧气代替空气，用吹氧管从炉顶吹入炉内，又称为纯氧顶吹转炉法。这种方法克服了空气转炉法的一些缺点，能有效去除磷、硫等杂质，使钢的质量显著提高，可以炼制优质碳素钢和合金钢。

(二) 平炉法

平炉法炼钢是以铁液或固体生铁、废钢铁和适量的铁矿石为原料，以煤气或重油为燃料，依靠废钢铁、铁矿石中的氧或空气中的氧（或吹入的氧气），使杂质氧化而被除去。该方法冶炼时间较长（4～12h），有利于化学成分的精确控制，杂质含量少，成品质量高，可用来炼制优质碳素钢、合金钢或有特殊要求的专用钢；但其投资大，需用燃料，成本高。

(三) 电炉法

电炉法炼钢是以废钢和生铁为原料，利用电加热进行高温冶炼。该炼钢方法产量比较低，质量比较好，但成本高。

二、钢材的分类

钢材的种类很多，性质各异，分类方法也很多。

(一) 按化学成分分类

按化学成分不同，钢材可分为以下两类：

(1) 碳素钢。碳素钢的主要化学成分是铁，其次是碳，故也称为铁-碳合金。其含碳量低于2.06%，此外还含有少量的硅、锰、磷、硫等。根据含碳量的高低，碳素钢又可分为低碳钢（含碳量低于0.25%）、中碳钢（含碳量为0.25%～0.60%）和高碳钢（含碳量高于0.60%）。

(2) 合金钢。合金钢中除含有铁、碳外，还含有一种或多种具有改善钢材性能的合金元素，如锰、硅、钒、钛等。根据合金元素的总含量，合金钢可分为低合金钢（合金元素总量低于5%）、中合金钢（合金元素总量为5%～10%）和高合金钢（合金元素总量高于10%）。

(二) 按钢材品质分类

根据钢材质量的好坏，钢材可分为普通钢、优质钢和高级优质钢（主要是对硫、磷等有害杂质的限制范围不同）。

(三) 按用途分类

按用途不同，钢材可分为以下三类：

(1) 结构钢。这类钢材主要用于工程构件及机械零件，一般属低碳钢、中碳钢和合金钢。

(2) 工具钢。这类钢材主要用于各种刀具、量具及模具，一般属高碳钢。

(3) 特殊钢。这类钢材具有特殊物理、化学或机械性能，例如不锈钢、耐热钢和耐磨钢等，一般属合金钢。

(四) 按脱氧程度分类

按脱氧程度，钢材可分为以下四类：

(1) 沸腾钢。沸腾钢脱氧不充分，钢中含氧量较高，浇铸后钢液在冷却和凝固的过程中氧化铁和碳发生化学反应，产生CO气体逸出，气泡从钢液中冒出呈“沸腾”状，故称为沸腾钢。此种钢的质量较差。其代号为“F”。

(2) 镇静钢。镇静钢在浇铸时钢液平静地冷却凝固，是脱氧较完全的钢。含有较少的有害氧化物杂质，而且氮多半是以氮化物的形式存在。镇静钢脱氧充分，钢锭的组织致密度大，气泡少，偏析程度小，各种力学性能比沸腾钢优越。其代号为“Z”。

(3) 半镇静钢。半镇静钢指脱氧程度及钢的质量介于上述两者之间的钢，其质量较好。其代号为“b”。

(4) 特殊镇静钢。特殊镇静钢是比镇静钢脱氧程度还要彻底的钢，其质量最好，适用于特别重要的结构工程。其代号为“TZ”。

建筑上常用的钢材是普通碳素钢中的低碳钢和普通合金钢中的低合金钢。

第二节 钢材的物理力学性能

建筑钢材作为主要的受力结构材料，不仅需要一定的力学性能，同时还要求具有容易加工的性能。其主要的力学性能有抗拉性能、冲击韧性、硬度及疲劳强度。其重要的工艺性能是冷弯性能和可焊接性。

一、强度

在静载、常温条件下，对钢材标准试件作一次单向均匀拉伸试验是机械性能试验中最具有代表性的。它简单易行，可得到反映钢材强度和塑性的几项主要机械性能指标，且对其他受力状态（受压、受剪）也有代表性。图 5－1 为建筑用普通低碳钢在拉力作用下的应力-应变图（$\sigma-\varepsilon$ 图）。从中可看出钢材受力的四个阶段及强度、塑性的几项指标。

(1) 弹性阶段，即图 5－1 中 OA 段。该阶段的特点是应力 σ、应变 ε 呈直线（线性）变化关系。在该阶段的任意一点卸荷，变性消失，试件能完全恢复到初始形状。该阶段的应力最高点称作弹性极限，其值用 σ_p 表示。

(2) 屈服阶段，即图 5－1 中 AB 段。该阶段的特点是应力 σ 变化不大，但应变 ε 却持续增长。该阶段的应力最低点，称为屈服点（或屈服极限），其值用 σ_s 表示。σ_s 是低碳钢的设计强度取值。

(3) 强化阶段，即图 5－1 中 BC 段。该阶段表示经过屈服阶段后，钢材内部组织经重新调整，钢材抵抗变形的能力提高，当曲线达到最高点 C 以后，试件薄弱处产生局部横向收缩变形（颈缩），直至破坏。该阶段的应力最高点 C 称为抗拉强度，其值用 σ_b 表示。σ_b/σ_s 称为强屈比，表示钢材使用的安全储备程度。强屈比愈大，反映钢材受力超过屈服点工作时的可靠性愈大，因而结构的安全性愈高。但强屈比太大，反映钢材性能不能被充分利用。钢材的强屈比一般应大于 1.2。

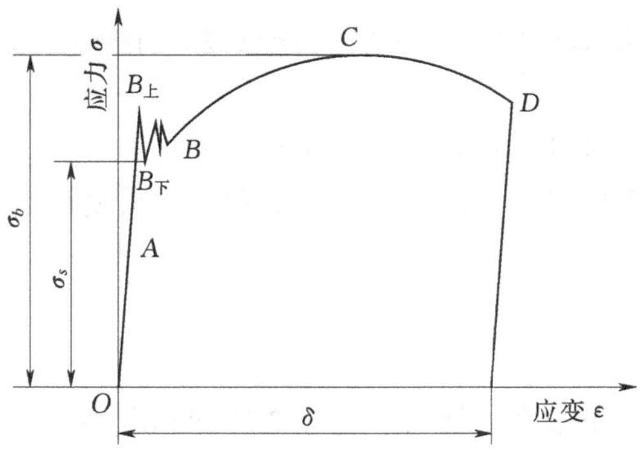

图 5－1 低碳钢的应力-应变图

(4) 颈缩阶段，即图 5－1 中 CD 段。试件在该阶段，中部截面开始缩颈，承载能力下降。当达到 D 点时，发生断裂。

二、塑性

塑性是指钢材破坏前产生塑性变形的能力，即在图 5－1 中 C 以后的向下曲线部分，这时被拉伸的钢材直径变细，称为颈缩阶段。可由静力拉伸试验得到的机械性能指标伸长率 δ 来衡量。伸长率 δ 等于试件拉断后的原标距的塑性变形（即伸长值）和原标距的比值，以百分数表示，即

$$\delta=\frac{l_1-l_0}{l_0}\times 100\% \qquad (5-1)$$

式中：l_0 为试件原标距长度（见图 5－2）；l_1 为试件拉断后标距的长度。

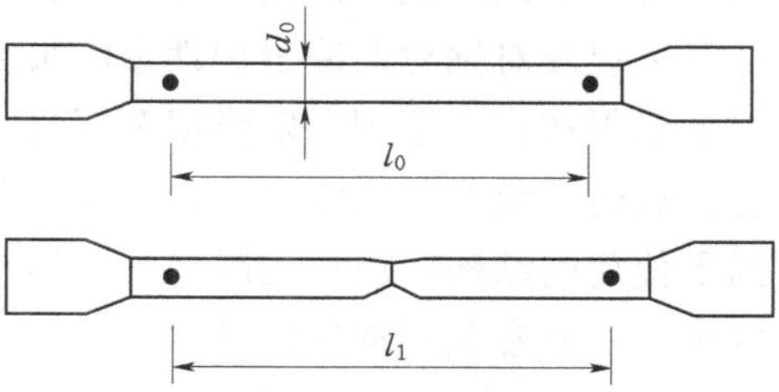

图 5－2　试件拉伸前和断裂后的标距长度

δ 随试件的标距长度与试件直径 d_0 的比值（l_0/d_0）的增大而减小。标准试件一般取 $l_0=5d_0$（短试件）或 $l_0=10d_0$（长试件），所得伸长率用 δ_5 和 δ_{10} 表示。《金属材料　拉伸试验第 1 部分：室温试验方法》（GB/T 228.1—2010）中采用 δ_5，以节约材料。

三、冷弯性能

冷弯是指钢材在常温下承受弯曲变形的能力。冷弯性能指标是用试件的弯曲角度 α 及弯心直径 d 相对于钢材的厚度或直径 d_0 的比值来表示。通过冷弯试验将钢材在规定的弯心上冷弯到 180°或 90°，在弯曲处的外面及两侧面，如无裂纹、起层及断裂现象，即认为合格（见图 5－3）。

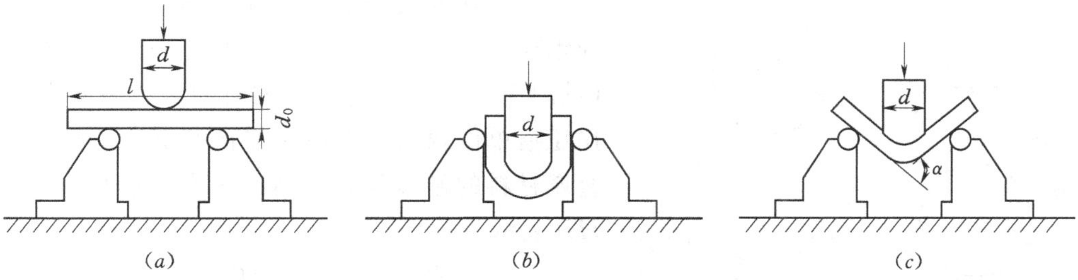

图 5－3　试件冷弯示意图

(a) 装好的试件；(b) 弯曲 180°；(c) 弯曲 90°

冷弯是通过弯曲处的塑性变形来实现的。因此，钢材的冷弯性能越好，说明其塑性也越好。

因为冷弯的塑性变形是局部的不均匀变形，与拉伸试验相比较，冷弯处于更不利的条件，所以钢材冷弯试验是一种更严格的考验。冷弯能反映出钢材内部组织不均匀、内应力和夹杂物等缺陷。对于弯曲成型及重要结构所用的钢材，必须进行冷弯性能检验。

四、冲击韧性

钢材抵抗冲击荷载不被破坏的能力称为冲击韧性。用于重要结构的钢材，特别是承受冲击振动荷载的结构所使用的钢材，必须保证冲击韧性。

钢材的冲击韧性以标准试件在做冲击试验时每平方米所吸收的冲击断裂功（J/cm²）

表示，其符号为 α_k。试验时将试件放置在固定支座上，然后以摆锤冲击试件刻槽的背面，使试件承受冲击弯曲而断裂。显然，α_k 值越大，钢材的冲击韧性越好。

影响钢材冲击韧性的因素很多，当钢材内硫、磷的含量高，存在化学偏析，含有非金属夹杂物及焊接形成的微裂缝时，钢材的冲击韧性都会显著降低。

环境温度对钢材的冲击韧性影响很大。试验证明，冲击韧性随温度的降低而下降，开始时下降缓和，当达到一定温度范围时，突然下降很多而呈脆性，这种性质称为钢材的冷脆性。这时的温度称为脆性临界温度，其数值愈低，钢材的低温冲击韧性愈好。因此，在负温下使用的结构，应选用脆性临界温度较使用温度低的钢材。由于脆性临界温度的测定较复杂，故通常是根据气温条件规定－20℃或－40℃的负温冲击值指标。

钢材随时间的延长，强度和硬度提高，塑性和韧性下降的现象称为时效。因时效作用，冲击韧性将随时间的延长而下降，完成时效的过程可达数十年，但钢材如经冷加工或使用中受振动和反复荷载的影响，时效可迅速发展。因时效导致钢材性能改变的程度称为时效敏感性。时效敏感性越大的钢材，经过时效后冲击韧性的降低越显著。为了保证安全，对于承受动荷载的重要结构，应当选用时效敏感性小的钢材。

总之，对于直接承受动荷载，而且可能在负温下工作的重要结构，必须按照有关规范的要求进行钢材的冲击韧性检验。

五、硬度

钢材硬度系指比其更坚硬的其他种材料压入钢材表面的性能。钢材的硬度和强度成一定的关系，因此测定钢材的硬度后可间接求得其强度。测定钢材硬度的方法很多，常用的硬度指标为布氏硬度（MPa）。

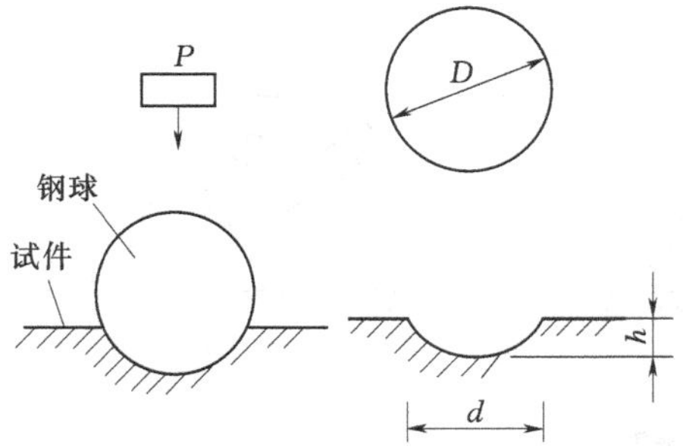

图 5－4　布氏硬度试验原理图

布氏硬度试验原理是用一定直径（D）的淬硬钢球，在规定荷载（P）作用下压入试件表面（见图 5－4）并保持一定的时间，然后卸去荷载，用压痕单位球面积上所承受的荷载大小作为所测金属材料的硬度值，该值称为布氏硬度，以符号 HB 表示。

$$HB = \frac{P}{F} = \frac{2P}{\pi D(D-\sqrt{D^2-d^2})} \qquad (5-2)$$

式中：P 为钢球上加的荷载，N；F 为被试金属表面压痕球面积，mm^2；D 为钢球直径，mm；d 为压痕直径，mm。

对金属进行布氏硬度试验时，钢球直径 D 和荷载 P 是根据被试金属的种类、性质和厚度来选择的（见表 5－1），试验后可用专门的刻度放大镜测出压痕直径的大小，再按照式（5－2）计算得出布氏硬度值，也可查布氏硬度值表。

由于布氏硬度试验的压痕较大，试验结果比较准确，能较好地代表试样的硬度。但当被试材料硬度 $HB>45$MPa，钢球本身会发生大的变形，甚至破坏，因此，这种试验方法仅适用于 $HB<45$MPa 的材料。

一般来说，硬度愈高，强度也愈大。根据试验数据分析比较，可用 $\sigma=0.36HB$ 的关系式估算碳素钢的抗拉强度值 σ_b。

表 5-1　**钢材试验用钢球、荷载与保持时间的选择**

布氏硬度值范围（MPa）	试样厚度（mm）	荷载 P 与钢球直径 D 的关系	钢球直径 D（mm）	荷载 P（N）	荷载保持时间（s）
14.1～45.0	6～3	$P=30D^2$	10.0	29420	10
	4～2		5.0	7355	
	<2		2.5	1834	
<14	>6	$P=10D^2$	10.0	9807	10
	6～3		5.0	2452	
	<2		2.5	6129	

六、焊接性能

建筑工程中，钢材间的连接绝大多数采用焊接方式来完成，因此要求钢材具有良好的可焊接性。可焊接性指钢材在焊接后，其焊头连接的牢固性和硬脆性大小的一种性能。可焊接性好的钢材，焊接后焊头牢固可靠，硬脆性倾向小。钢的化学成分影响可焊接性。含碳量越高，其硬脆性增加，可焊接性降低。含碳量小于 0.25%的碳素钢具有良好的可焊接性。钢材中加入合金元素如硅、锰和钛等，将增大焊接硬脆性，降低可焊接性。因此，焊接结构用钢，宜选用含碳量较低的镇静钢。

七、化学成分对钢材性能的影响

钢材内所含的元素很多，有冶炼后存在钢内的，也有人为加入的合金元素，它们的含量决定了钢材的质量和性能。主要元素在钢中的作用和影响如下：

（1）碳（C）。碳是决定钢材性能的最重要因素。在含碳量小于 0.8%的范围内，随着含碳量的增加，钢的抗拉强度 f_u 和布氏硬度 HB 相应增加，塑性和冲击韧性相应降低。当含碳量超过 1%，随着含碳量的增加，除硬度继续增加外，强度、塑性和冲击韧性都降低，钢的冷脆性和时效敏感性增大，耐腐蚀性和可焊接性变差。

（2）硅（Si）。硅是炼钢时为脱氧而加入的元素。钢中含硅量在 1%以内时，它能增加钢的弹性、强度和硬度，而不会显著降低钢的塑性和冲击韧性。此外，硅还能提高钢的抗腐蚀性能，但对可焊接性有不良影响。当钢中含硅量超过 0.5%时，硅就成为合金元素，这种钢称为硅钢。

（3）锰（Mn）。锰是炼钢时为了脱氧除硫而加入的元素。它能提高钢的强度和硬度，还能减轻硫和氧所引起的热脆现象，使钢的热加工性能和可焊接性得到改善。当含量超过 1%时，锰就成为合金元素，这种钢称为锰钢。

（4）磷（P）。磷是钢中的有害元素，以 FeP 夹杂物的形式存在于钢中。它能使钢的强度和硬度增加，但塑性及冲击韧性显著降低，可焊接性变差，尤其在低温时，冲击韧性下降更为突出，是钢材冷脆性增大的主要原因。磷在钢中的含量一般不超过 0.085%，通常控制在 0.05%以下。

（5）硫（S）。硫是钢中极有害的元素，以 FeS 夹杂物的形式存在钢中。由于 FeS 熔点低，使钢材在热加工中内部产生裂痕，引起断裂，形成热脆现象。硫的存在，还使钢的冲击韧性、疲劳强度、可焊接性及耐腐蚀性降低，故硫的含量应严格控制。

(6) 氧 (O)。氧是钢中的有害元素，以氧化铁夹杂物形式存在。它能使钢材的强度下降，热脆性增加，冷弯性能变坏，并使钢的热加工性能和焊接性能降低。

(7) 氮 (N)。氮是炼钢过程中由空气带入钢中残留下来的，也是一种有害元素。氮能使钢的强度提高，使塑性、冲击韧性明显下降，还会加剧钢的时效敏感性和冷脆性，使可焊接性变差。

(8) 铝、钒、钛和铌。它们都是炼钢时的强脱氧剂，也是最常用的合金元素。将其适量加入钢内能改善组织，细化晶粒，显著提高强度及改善冲击韧性。

八、钢材的冷加工和热处理

(一) 钢材的冷加工

钢材属晶体材料，晶体结构中各个原子是以金属键方式结合的。这种结合方式是钢材具备较高强度和良好塑性的根本原因。

钢材是由许多晶粒组成的，各晶粒原子是规则排列的。描述原子在晶体中的空间格子称为晶格。晶格按原子排列的方式不同分为若干类型，例如，纯铁在910℃以下为体心立方晶格，称为α-铁。就每个晶粒来讲，其性质是各向不同的，但由于许多晶粒是不规则聚集的，所以钢材是各向同性材料。钢材力学性能与晶体结构有密切关系。

将钢材在常温下进行冷拉、冷拔或冷轧，使其产生塑性变形，从而提高屈服强度，这个过程称为冷加工强化处理。

冷加工强化的原理是：钢材在塑性变形中晶格的缺陷增多，而缺陷的晶格严重畸变，对晶格的进一步滑移将起到阻碍作用，故钢材的屈服点提高，塑性和冲击韧性降低。由于塑性变形中产生内应力，故钢材的弹性模量降低。利用这一原理，对钢筋或低碳钢盘条按一定方法进行冷拉或冷拔加工，以提高屈服强度，节约钢材。

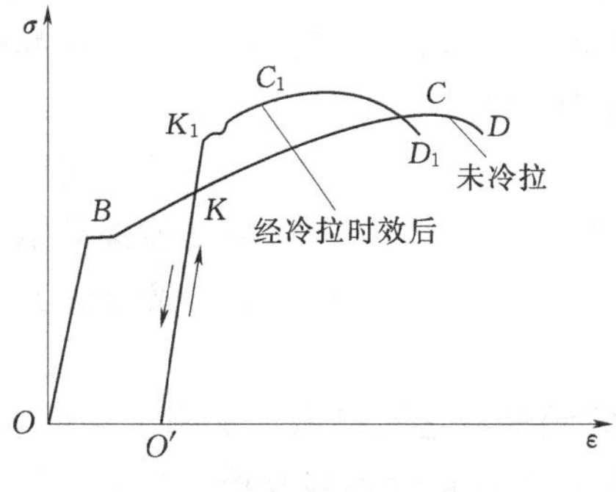

图 5-5 钢筋经冷拉时效后应力-应变图的变化

图5-5为拉力试验的应力-应变图。该图中 *OBCD* 为未经冷拉和时效试件的应力-应变曲线。将试件拉至超过屈服点的任一点 *K*，然后卸去荷载，在卸荷过程中，由于试件已产生塑性变形，故曲线沿 *KO′* 下降，*KO′* 大致与 *BO* 平行。若立即重新拉伸，则新的屈服点将高至原来达到的 *K* 点，以后的应力-应变关系将与原曲线 *KCD* 相似。这表明：钢筋经冷拉以后，屈服点将提高。若在 *K* 点卸荷后，不立即拉伸，将试件进行自然时效或人工时效，然后再拉伸，则其屈服点将升高到 K_1 点。继续拉伸，曲线将沿 $K_1C_1D_1$ 发展，这表明钢筋经冷拉时效以后，屈服点和抗拉强度都得到提高，塑性和冲击韧性则相应降低。

将经过冷拉的钢筋于常温下存放15～20d，或加热到100～200℃并保持一段时间，这个过程称为时效处理。前者称为自然时效，后者称为人工时效。

冷拉以后再经过时效处理的钢筋，其屈服点进一步提高，抗拉强度稍见增长，塑性继续有所降低。由于时效过程中应力的消减，故弹性模量可基本恢复。

一般认为，产生应变时效的原因，主要是溶于α-铁晶格中的碳、氮原子，有向缺陷移动、集中甚至呈碳化物或氮化物析出的倾向。当钢材在冷加工塑性变形以后，或者在使用中受到反复振动，则碳、氮原子的移动、集中可以大大加快，这将造成缺陷处碳、氮原子富集，使晶格畸变加剧，因而强度提高，塑性和冲击韧性降低。

工程中，通常是通过试验选择恰当的冷拉应力和时效处理措施。一般强度较低的钢筋，采用自然时效即可达到时效目的；强度较高的钢筋，对自然时效几乎无反应，必须进行人工时效。

(二) 钢材的热处理

热处理是将钢材按一定规则加热、保温和冷却，以改变其组织，从而获得需要性能的一种工艺过程。热处理的方法有正火、退火、淬火和回火。土木工程所用钢材一般只在生产厂进行热处理并以热处理状态供应。在施工现场，有时需对焊接件进行热处理。

1. 正火

对于经过压延难于除掉的应力和淬火回火有困难的大型钢件，特别是铸钢件，正火是重要的热处理工艺。钢材经过加热至相变（即铁素体组织转变）温度以上，组织变为奥氏体之后，然后置于空气中冷却，使钢材晶粒细化，调整碳化物大小和分布，再结晶可除掉内部应力。正火处理后，钢材的强度提高，塑性降低。碳的质量分数低的钢材常用正火的方法提高其强度。

2. 退火

退火可分为低温退火和完全退火等。低温退火的加热温度在基本组织转变温度以下；完全退火的加热温度在800～850℃。通过退火可达到减少加工中产生的缺陷、减轻晶格畸变、消除内应力，从而达到改变组织并改善性能的目的。例如，含碳量较高的高强度钢筋焊接中容易形成很脆的组织，必须紧接进行完全退火以消除这一不利的转变，保证焊接质量。

3. 淬火和回火

淬火和回火通常是两道相连的处理过程。淬火的加热温度在基本组织转变温度以上，保温使组织完全转变，即投入选定的冷却介质（如水或矿物油等）中急冷，使转变为不稳定组织，淬火即完结。随后进行回火，加热温度在转变温度以下（150～650℃内选定）。保温后按一定速度冷却至室温，其目的是促进不稳定组织转变为需要的组织，消除淬火产生的内应力。我国目前生产的热处理钢筋，系采用中碳低合金钢经油浴淬火和铅浴高温（500～650℃）回火制得的。

第三节 土木工程常用钢材

一、钢的主要类别

(一) 碳素结构钢

碳素结构钢是碳素钢中的一类，可加工成各种型钢、钢筋和钢丝，适用于一般结构和工程。其构件可进行焊接、铆接和栓接。

碳素结构钢一般以热轧（包括控轧）状态交货。

1. 牌号和符号

（1）牌号表示方法。碳素结构钢的牌号由代表屈服点的字母、屈服点数值、质量等级符号和脱氧程度符号等四个部分按顺序组成，例如，Q235AF。

（2）符号含义。Q为钢材屈服点代号；235为屈服点数值；A、B、C、D均为质量等级代号；F为沸腾钢代号，b为半镇静钢代号，Z为镇静钢代号，TZ为特殊镇静钢代号。

在牌号组成表示方法中，“Z”与“TZ”符号予以省略。

2. 技术要求

根据《碳素结构钢》（GB/T 700—2006）的规定，碳素结构钢的钢材拉伸和冲击试验应符合表5-2的规定，弯曲试验应符合表5-3的规定。

同一种钢，采用平炉法和氧气转炉法冶炼的质量优于空气转炉法；特殊镇静钢优于镇静钢，镇静钢优于半镇静钢，更优于沸腾钢；牌号增加，强度和硬度增加，塑性、冲击韧性和可加工性能逐步降低；同一牌号内质量等级越高，钢的质量越好，例如，在Q235内，C、D级优于A、B级，可作为重要焊接结构使用。

钢结构用碳素结构钢的选用大致根据以下原则：以冶炼方法和脱氧程度来区分钢材品质，选用时应根据结构的工作条件、承受荷载的类型（动荷载、静荷载）、承受荷载的方式（直接受荷、间接受荷）、结构的连接方式（焊接、非焊接）和使用温度等因素综合考虑，对各种不同情况下使用的钢结构用钢都有一定的要求。

表5-2　　碳素结构钢的力学性能、牌号、等级指标

牌号	等级	屈服强度 R[1] 不小于（N/mm²）						抗拉强度 R[2]（N/mm²）	断后伸长率 A 不小于（%）					冲击试验（V形缺口）	
		厚度（或直径）（mm）							厚度（或直径）（mm）					温度（℃）	冲击吸收功（纵向）不小于（J）
		≤16	>16~40	>40~60	>60~100	>100~150	>150~200		≤40	>40~60	>60~100	>100~150	>150~200		
Q195	—	195	185	—	—	—	—	315~430	33	—	—	—	—	—	—
Q215	A	215	205	195	185	175	165	335~450	31	30	29	27	26	—	—
	B													+20	27
Q235	A	235	225	215	215	195	185	370~500	26	25	24	22	21	—	—
	B													+20	27[3]
	C													0	
	D													−20	
Q275	A	275	265	255	245	225	215	410~540	22	21	20	18	17	—	—
	B													+20	27
	C													0	
	D													−20	

① Q195的屈服温度值仅供参考，不做交货条件。

② 厚度大于100mm的钢材，抗拉强度下限允许降低20 N/mm²，宽带钢（包括剪切钢板）抗拉强度上限不作交货条件。

③ 厚度小于25mm的Q235B级钢材，如供方能保证冲击吸收功值，经需方同意，可不作检验。

表 5-3 碳素结构钢的冷弯性能指标

牌号	试样方向	冷弯试验 180° $B=2a$①	
		刚才厚度（或直径）②（mm）	
		≤60	>60～100
		弯心直径 d	
Q195	纵	0	—
	横	0.5a	
Q215	纵	0.5a	1.5a
	横	a	2a
Q235	纵	a	2a
	横	1.5a	2.5a
Q275	纵	1.5a	2.5a
	横	2a	3a

① B 为试样宽度，a 为试样厚度（或直径）。
② 钢材厚度（或直径）大于 100mm 时，弯曲试验由双方协商确定。

碳素结构钢力学性能稳定、塑性好，在各种加工过程中敏感性较小（如轧制、加热或迅速冷却），构件在焊接、超载、受冲击和温度应力等不利的情况下能保证安全。而且，碳素结构钢冶炼方便，成本较低，目前在建筑中的应用仍占相当大的比重。

（二）低合金高强度结构钢

低合金高强度结构钢是在碳素结构钢的基础上加入总量小于5%的合金元素而形成的钢种。加入合金元素的目的是提高钢材强度和改善性能。常用的合金元素有硅、锰、钛、钒、铬、镍和铜等。大多数合金元素不仅可以提高钢的强度和硬度，还能改善钢塑性和冲击韧性。

低合金高强度结构钢是由氧气转炉、平炉或电炉冶炼，脱氧完全的镇静钢。

根据《低合金高强度结构钢》（GB/T 1591—2008）的规定，低合金高强度结构钢共有五个牌号。

1. 牌号和符号

（1）牌号表示方法。低合金高强度结构钢的牌号是由代表屈服点的字母、屈服点数值和质量等级符号三个部分按顺序组成的，例如，Q345A。

（2）符号含义。Q 为钢材屈服点代号；345 为屈服点数值；A、B、C、D、E 均为质量等级代号。

2. 技术要求

根据《低合金高强度结构钢》（GB/T 1591—2008）的规定，低合金高强度结构钢应满足夏比（V 型）冲击试验的试验温度和冲击吸收能量要求，如表 5-4 所示。

低合金高强度结构钢除强度高外，还有具良好的塑性和韧性，硬度高，耐磨好，耐腐蚀性能强，耐低温性能好。一般情况下，它的含碳量不大于 0.2%，因此仍具有较好的可焊接性。冶炼碳素钢的设备可用来冶炼低合金高强度结构钢，故冶炼方便，成本低。

采用低合金高强度结构钢可以减轻结构自重，节约钢材（20%～25%），使用寿命增加，经久耐用，特别适合高层建筑、大柱网结构和大跨度结构。

表 5-4　　夏比（V型）冲击试验的试验温度和冲击吸收能量

牌号	质量等级	试验温度（℃）	冲击吸收能量（KV_2）①（J）		
			公称厚度（直径、边长）		
			12～150mm	>150～250mm	>250～400mm
Q345	B	20	≥34	≥27	—
	C	0			
	D	−20			27
	E	−40			
Q390	B	20	≥34	—	—
	C	0			
	D	−20			
	E	−40			
Q420	B	20	≥34	—	—
	C	0			
	D	−20			
	E	−40			
Q460	C	0	≥34	—	—
	D	−20		—	—
	E	−40		—	—
Q500、Q550、Q620、Q690	C	0	≥55	—	—
	D	−20	≥47	—	—
	E	−40	≥31	—	—

①冲击试验取纵向试样。

根据《低合金高强度结构钢》（GB/T 1591—2008）的规定，当要求做弯曲试验时，弯曲试验应该符合表5-5的要求。

表 5-5　　弯曲试验

牌号	试样方向	180°弯曲试验［d—弯心直径，a—试样厚度（直径）］	
		钢材厚度（直径，边长）	
		≤16mm	>16～100mm
Q345 Q390 Q420 Q460	试样不小于600mm扁平材，拉伸试验取横向试样。宽度小于600mm的扁平材、型材及棒材取纵向试样	$2a$	$3a$

根据《低合金高强度结构钢》（GB/T 1591—2008）的规定，低合金高强度结构钢应满足拉伸性能要求（见表5-6）。

表 5-6 **钢材的拉伸性能**

牌号	质量等级	屈服强度 R_{eL}（MPa）									抗拉强度 R_m（MPa）							断后伸长率 A（%）					
		钢材公称厚度（直径、边长）（mm）									钢材公称厚度（直径、边长）（mm）							钢材公称厚度（直径、边长）（mm）					
		≤16	>16～40	>40～63	>63～80	>80～100	>100～150	>150～200	>200～250	>250～400	≤40	>40～63	>63～80	>80～100	>100～150	>150～250	>250～400	≤40	>40～63	>63～100	>100～150	>150～250	>250～400
Q345	A	≥345	≥335	≥325	≥315	≥305	≥285	≥275	≥265	—	470～630	470～630	470～630	470～630	450～600	450～600	—	≥20	≥19	≥19	≥18	≥17	—
	B																						
	C																						
	D									≥265							450～600	≥21	≥20	≥20	≥19	≥18	≥17
	E																						
Q390	A	≥390	≥370	≥350	≥330	≥330	≥310	—	—	—	490～650	490～650	490～650	490～650	470～620	—	—	≥20	≥19	≥19	≥18	—	—
	B																						
	C																						
	D																						
	E																						
Q420	A	≥420	≥400	≥380	≥360	≥360	≥340	—	—	—	520～680	520～680	520～680	520～680	500～650	—	—	≥19	≥18	≥18	≥18	—	—
	B																						
	C																						
	D																						
	E																						
Q460	C	≥460	≥440	≥420	≥400	≥400	≥380	—	—	—	550～720	550～720	550～720	550～720	530～700	—	—	≥17	≥16	≥16	≥16	—	—
	D																						
	E																						
Q500	C	≥500	≥480	≥470	≥450	≥440	—	—	—	—	610～770	600～760	590～750	540～730	—	—	—	≥17	≥17	≥17	—	—	—
	D																						
	E																						
Q550	C	≥550	≥530	≥520	≥500	≥490	—	—	—	—	670～830	620～810	600～790	590～780	—	—	—	≥16	≥16	≥16	—	—	—
	D																						
	E																						
Q620	C	≥620	≥600	≥590	≥570	—	—	—	—	—	710～880	690～880	670～860	—	—	—	—	≥15	≥15	≥15	—	—	—
	D																						
	E																						
Q690	C	≥690	≥670	≥660	≥640	—	—	—	—	—	770～940	750～920	730～900	—	—	—	—	≥14	≥14	≥14	—	—	—
	D																						
	E																						

注 1. 当屈服不明显，可测量 $R_{p0.2}$ 代替下屈服强度。
2. 宽度不小于 600mm 扁平材，拉伸试验取横向试样；宽度小于 600mm 的扁平材、型材及棒材取纵向试样，断后伸长率最小值相应提高 1%（绝对值）。
3. 厚度大于 250～400mm 的数值适用于扁平材。

(三)优质碳素结构钢

优质碳素结构钢对有害杂质含量(S<0.035%,P<0.035%)控制严格、质量稳定,性能优于碳素结构钢。

根据《优质碳素结构钢》(GB/T 699—1999)的规定,优质碳素结构钢共有31个钢号,由平炉、氧气碱性转炉和电弧炉冶炼,除3个钢号是沸腾钢外,其余都是镇静钢。

优质碳素结构钢按含锰量的不同,分为普通含锰量(0.35%~0.80%)和较高含锰量(0.70%~1.20%)两大组。优质碳素结构钢的性能主要取决于含碳量。含碳量高、强度高,但塑性和韧性降低。

优质碳素结构钢的钢号以平均含碳量的万分数来表示。含锰量较高的,在表示钢号的数字后面附"Mn";如果是沸腾钢,则在数字后加注"F"。例如,45号钢表示平均含碳量为0.45%的镇静钢;45Mn表示含锰量较高的45号钢;15F表示含碳量为0.15%的沸腾钢。

优质碳素结构钢成本高,建筑上使用不多,主要用于重要结构的钢铸件及高强螺栓等,常用30~45号钢。在预应力钢筋混凝土中用45号钢作锚具,生产预应力钢筋混凝土用的碳素钢丝、刻痕钢丝和钢绞线用65号肋钢。优质碳素结构钢一般经热处理后再供使用,又称为"热处理钢"。

二、钢筋

钢筋主要用于钢筋混凝土和预应力钢筋混凝土的配筋,是土木工程混凝土结构的主要用钢,主要的钢筋品种有五类。

(一)低碳钢热轧圆盘条

混凝土中使用低碳钢热轧圆盘由Q215和Q235碳素结构钢经热轧而成。其主要力学性能如表5-7所示。

表5-7　低碳钢热轧圆盘条

牌号	力学性能			冷弯试验180° d—弯心直径 a—试样直径
	屈服点 σ_s(MPa)	抗拉强度 σ_b(MPa)	伸长率 σ_{10}(%)	
Q215	≥215	≥435	≥28	$d=0$
Q235	≥235	≥500	≥23	$d=0.5a$

(二)热轧光圆钢筋

热轧光圆钢筋是用HPB235碳素结构钢轧制而成的,其塑性好,易焊接,广泛应用于普通钢筋混凝土构件中,作为中小型钢筋混凝土结构的主要受力钢筋、构件箍筋及钢、木结构的拉杆等。可作为冷轧带肋钢筋的原材料,盘条可作为冷拔低碳钢丝的原材料。其主要力学性能如表5-8所示。

表5-8　热轧光圆钢筋级别、力学性能和工艺性能表

表面形状	钢筋级别	强度等级代号	公称直径(mm)	屈服点 σ_s(MPa)	抗拉强度 σ_b(MPa)	伸长率 δ_5(%)	冷弯试验180° d—弯心直径 a—钢筋公称直径
光圆	I	R235	8~20	≥235	≥370	≥25	180°$d=a$

(三) 热轧带肋钢筋

热轧带肋钢筋用低合金钢轧制，其强度、塑性、焊接性能均较好，钢筋表面带有纵肋和横肋，从而加强了钢筋与混凝土之间的握裹力。其主要用作钢筋混凝土结构的受力钢筋，比使用热轧光圆钢筋节省钢材40%～50%，也可用作建筑结构的预应力钢筋。其力学性能如表5－9所示。

表5－9　　钢筋混凝土用热轧带肋钢筋

牌号	公称直径（mm）	屈服点 σ_s（MPa）	抗拉强度 σ_b（MPa）	伸长率 δ_5（%）
HRB335	6～25	≥335	≥455	≥17
	28～50			
HRB400	6～25	≥400	≥540	≥16
	28～50			
HRB500	6～25	≥500	≥630	≥15
	28～50			

(四) 冷扎带肋钢筋

冷轧带肋钢筋是采用冷加工方法强化的产品，冷轧后强度显著提高，而塑性却降低了，且强屈比变小。其力学性能如表5－10所示。

表5－10　　冷轧带肋钢筋的力学性能和工艺性能指标

牌号	σ_b（MPa）	伸长率（%）		弯曲试验180°	反复弯曲次数（次）	应力松弛 $\sigma_{con}=0.7\sigma_b$
		δ_{10}	δ_{100}			1000h（%）
CRB550	≥550	≥8		$D=3d$		
CRB650	≥650		≥4.0		3	≤8
CRB800	≥800		≥4.0		3	≤8
CRB970	≥970		≥4.0		3	≤8

注　表中 D 为弯心直径，d 为钢筋的公称直径。

冷轧带肋钢筋的公称直径一般为4～12mm。冷轧带肋钢筋适用于中、小型预应力混凝土构件和普通混凝土构件，也可焊接网片。

(五) 预应力钢筋

《预应力混凝土用钢棒》（GB/T 5223.3—2005）按预应力钢筋的螺纹外形将其分为有纵肋和无纵肋两种。热处理钢筋代号为RB150。公称直径8.2mm的热处理钢筋标记为RB150—8.2—GB4463—84。其技术要求如下：

(1) 牌号及化学成分（熔炼分析）应符合相关的规定。$40Si_2Mn$、$48Si_2Mn$ 钢中Cr、Ni残余含量各不得大于0.20%，Cu残余含量不得大于0.30%。$45Si_2Cr$ 钢中Ni、Cu残余含量各不得大于0.30%。

成品钢筋化学成分与熔炼分析成分的允许偏差应符合《低合金高强度结构钢》

(GB/T 1591—2008）的有关规定。成品 Cr 的允许偏差应不大于 0.05%。

(2) 力学性能应符合相关的规定。

(3) 松弛性能。1000h 的松弛值不大于 4.0%，供方在保证 1000h 松弛值合格的基础上可进行 10h 的松弛试验，其松弛值应不大于 2.0%。

(4) 表面质量。钢筋表面不得有肉眼可见的裂纹、结疤和折叠。钢筋表面允许有凸块，但不得超过横肋的高度。钢筋表面允许有不影响使用的缺陷。钢筋表面不得沾有油污。

三、钢结构用型钢

(一) 热轧型钢

常用的热轧型钢有角钢、工字钢、槽钢和 H 型钢（见图 5-6）。

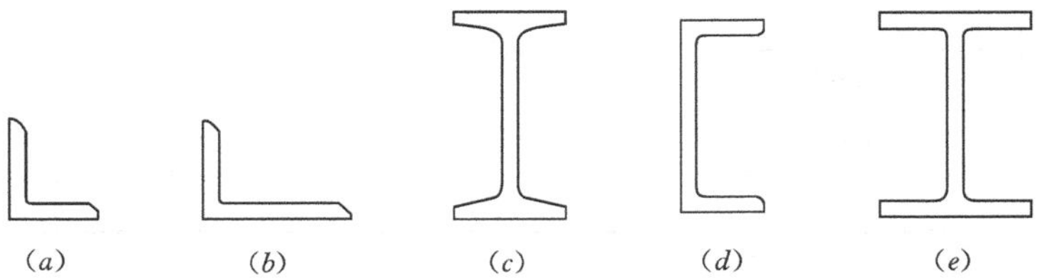

图 5-6 热轧型钢

(a) 等边角钢；(b) 不等边角钢；(c) 工字钢；(d) 槽钢；(e) H 型钢

角钢分为等边角钢和不等边角钢两种。等边角钢的型号以符号“L”及肢宽乘肢厚的毫米数表示，例如，L100×10 为肢宽 100mm、肢厚 10mm 的等边角钢。不等边角钢的型号用符号“L”及长肢宽乘短肢宽乘肢厚的毫米数表示，例如，L100×80×8 为长肢宽 100mm、短肢宽 80mm、肢厚 8mm 的不等边角钢。我国目前生产的最大等边角钢的肢宽为 200mm，最大不等边角钢的两个肢宽为 200mm×125mm。角钢的长度一般为 3～19m。

工字钢分为普通工字钢和轻型工字钢，其型号分别以符号“I”和“QI”及号数表示，号数代表截面高度的厘米数。20 号和 32 号以上的普通工字钢，同一号数中又分为 a、b 和 a、b、c 类型，其腹板厚度和翼缘宽度均分别递增 2mm。例如，I36a 表示截面高度为 360mm、腹板厚度为 a 类的普通工字钢。工字钢宜尽量选用腹板厚度最薄的 a 类，这是因其重量轻，而截面惯性矩却相对较大。轻型工字钢的翼缘相对于普通工字钢的宽而薄，故回转半径相对较大，可节省钢材。我国生产的最大普通工字钢为 63 号，轻型工字钢为 70 号，长度为 5～19m。工字钢由于宽度方向惯性矩和回转半径比高度方向的小得多，因而在应用上有一定的局限性，一般宜用于单向受弯构件。

槽钢也分为普通槽钢和轻型槽钢两种，其型号分别以符号“[”和“Q[”及号数表示，号数也代表截面高度的厘米数。14 号和 25 号以上的普通槽钢同一号数中又分为 a、b 和 a、b、c 类型，其腹板厚度和翼缘宽度均分别递增 2mm。例如，[36a 表示截面高度为 360mm、腹板厚度为 a 类的普通槽钢。我国生产的最大槽钢为 40 号，长度为 5～19m。同样，轻型槽钢的翼缘相对于普通槽钢的宽而薄，故较经济。

H 型钢的翼缘较宽阔而且等厚，因此在宽度方向的惯性矩和回转半径都大为增加，由于截面形状合理，使钢材能更高地发挥效能，且其内、外表面平行，便于和其他构件连接。我国 H 型钢分为宽翼缘 H 型钢、窄翼缘 H 型钢和 H 型钢桩三类，其代号分别为 HK、HZ 和 HU。H 型钢型号以公称高度的毫米数表示，其后标注 a、b、c…表示该公称高度下的相应规格；也可采用高度乘宽度乘腹板厚度乘翼缘厚度的毫米数表示。例如，HK320a 或 HK305×203×7.8×13.0 表示公称高度为 320mm、a 类规格的宽翼缘工字钢，其高度为 305mm，宽度为 203mm，腹板厚度为 7.8mm，翼缘厚度为 13.0mm。

（二）冷弯型钢

建筑中使用的冷弯型钢常用厚度为 1.5～5mm 薄钢板或钢带经冷轧（弯）或模压而成，因而又称为冷弯薄壁型钢。其截面形式如图 5－7 所示。

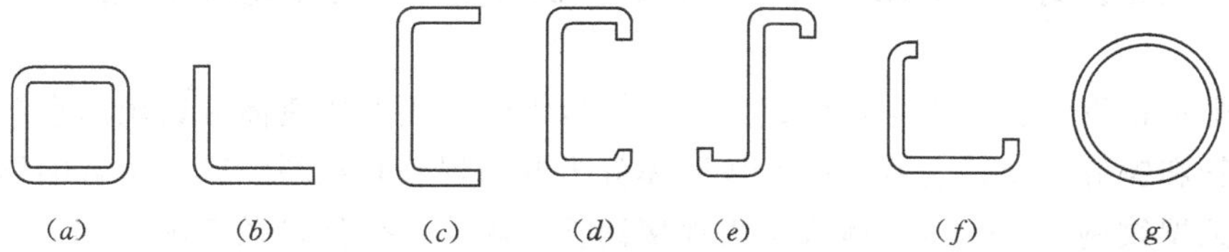

图 5－7　冷弯薄壁型钢

（a）方钢管；（b）等肢角钢；（c）槽钢；（d）卷边槽钢；
（e）卷边 Z 形钢；（f）卷边等肢角钢；（g）焊接薄壁钢管

钢板是宽厚比很大的矩形板。其按轧制工艺不同分为热轧和冷轧两大类。按其公称厚度划分，厚度为 0.1～4mm 的钢板为薄板；厚度为 4～20mm 的钢板为中板；厚度为 20～60mm 的钢板为厚板；厚度超过 60mm 的钢板为特厚板。

1. 热轧钢板

热轧钢板按边缘状态可分为切边和不切边两类，按精度可分为普通精度和较高精度，按所用钢种可分为碳素结构钢、低合金结构钢和优质碳素结构钢三类。热轧钢板的尺寸、外形、允许偏差和各种牌号的材质要求，有关标准均有详细规定。

2. 热轧花纹钢板

热轧花纹钢板是由普通碳素结构钢，经热轧、矫直和切边而成的凸纹钢板。花纹钢板不包括纹高的厚度分为 2.5mm、3.0mm、3.5mm、4.0mm、4.5mm、5.0mm、5.5mm、6.0mm、7.0mm 和 8.0mm 几种。随厚度增加，规定纹高加大分为 1.0mm、1.5mm 和 2.0mm 三种；也有纹高均为 2.5mm 的品种。花纹钢板的尺寸、外形、允许偏差和技术要求，见《热轧钢板和钢带的尺寸、外形、重量及允许偏差》（GB/T 709—2006）的规定。

3. 冷轧钢板

冷轧钢板是以热轧钢和钢带为原料，在常温下经冷轧机轧制而成的。按其边缘状态可分为切边和不切边两种，按轧制精度有普通精度和较高精度之别，按钢种可分为碳素结构钢、低合金结构钢、硅钢和不锈钢等。有关尺寸、外形、允许偏差和材质要求，可参考有关标准。

4. 钢带

钢带是厚度较薄、宽度较窄、以卷材供应的钢板。其按轧制工艺可分为热轧和冷轧，按边缘状态可分为切边和不切边两种，按精度可分为普通精度和较高精度，按厚度可分为薄钢带和超薄钢带，按宽度可分为窄钢带和宽钢带。

钢带主要用作弯曲型钢、焊接钢管和制作五金件的原料，直接用于各种结构及容器等。

除以上介绍的钢板以外，还有镀层薄钢板，例如，镀锡钢板（旧称为马口铁）、镀锌薄板（俗称为白铁皮）、镀铝钢板和镀铅锡合金钢板等。

5. 钢管

(1) 无缝钢管。无缝钢管是经热轧、挤压、热扩或冷拔、冷轧而制成的周边无缝的管材。其分为一般用途和专门用途两类。一般结构用的无缝钢管，以外径乘壁厚表示规格，详见《结构用无缝钢管》（GB/T 8162—2008）的规定。专用无缝钢管一般用于锅炉和耐热工程中。

(2) 焊接钢管。在工程中用量最大的是焊接钢管。供低压流体输送用的直缝钢管可分为焊接钢管和镀锌焊接钢管两大类，按壁厚分为普通焊管和加厚焊管，按管端形式分为螺纹钢管和无螺纹钢管。低压流体输送用焊接钢管的规格以公称口径表示。

第四节 钢材的腐蚀与防护

钢材因受水、空气、酸、碱等周围介质的作用逐渐破坏的现象称为腐蚀。腐蚀不仅使钢结构有效断面减小，而且会形成程度不等的锈坑、锈斑，造成应力集中，加速结构破坏，尤其在冲击反复荷载作用下，更促进疲劳强度的降低，出现断裂。

一、钢材的腐蚀

(一) 化学腐蚀

化学腐蚀指钢材直接与周围介质发生化学反应而产生的腐蚀。这种腐蚀多数是氧化作用，使钢材表面形成疏松的氧化物。在常温下，钢材表面形成一薄层钝化能力很弱的氧化保护膜 FeO，它疏松、易破裂，有害介质可进一步进入而发生反应，造成腐蚀。在干燥环境下，锈蚀进展缓慢，反应速度随温度、湿度提高而加速。

(二) 电化学腐蚀

电化学腐蚀是由于金属表面形成了原电池而产生的腐蚀。钢材本身含有铁、碳等多种成分，由于这些成分的电极电位不同，形成许多微电池。在潮湿空气中，钢材表面吸附一层极薄的水膜。在阳极区，铁被氧化成 Fe^{2+} 进入水膜，因为水中溶有氧，故在阴极区氧被还原成 OH^-，两者结合成不溶于水的 $Fe(OH)_2$，并进一步氧化成疏松易剥落的红棕色铁锈 $Fe(OH)_3$，钢材腐蚀时，伴随体积增大，最严重的可达原体积的 6 倍。在钢筋混凝土中会使周围的混凝土胀裂。

二、钢材的防护

(一) 制成合金钢

在钢中加入能提高抗腐蚀能力的元素，例如，低碳钢或合金钢中加入铜可有效提高防锈能力。若将镍、铬加入铁合金中可制得不锈钢等。这种防锈方法最有效，但成本很高。

(二) 采用保护层法

在钢材表面施加保护层，使钢与周围介质隔离，从而防止锈蚀，主要可采用以下三种方法：

（1）金属覆盖。用耐蚀性较强的金属，以电镀或喷镀的方法覆盖在钢材表面，例如镀锌、镀锡和镀铬等。

（2）涂料覆盖。在钢材表面清理干净后，涂上涂料。涂料通常分底漆和面漆两种，底漆要牢固地附着于钢材的表面，隔断其与外界空气的接触，防止生锈；面漆保护底漆不受损伤和侵蚀。

（3）喷涂防腐油。防腐油是一种黏性液体，将其均匀喷涂在钢材表面，形成一层连续、牢固的透明薄膜，使钢材与周围介质隔绝。在－20～50℃的温度范围内可应用于除马口铁以外的所有钢材。

第五节 铝及铝合金

一、铝及铝合金

纯铝的密度为 2.7g/cm^3，约为钢的 1/3。铝的性质活泼，在空气中能与氧结合形成致密坚固的氧化铝薄膜。这层氧化铝膜虽然很薄，但能保护内层铝金属不再继续氧化，因此，铝在大气中有良好的抗蚀能力。

铝及铝合金与其他金属材料相比，具有以下一些特点：

（1）密度小。铝及铝合金的密度接近 2.7g/cm^3，约为铁或铜的 1/3。

（2）强度高。铝及铝合金的强度高。经过一定程度的冷加工可强化基体强度，部分牌号的铝合金还可以通过热处理进行强化处理。

（3）导电、导热性好。铝的导电、导热性能仅次于银、铜和金。

（4）耐腐蚀性好。铝的表面易自然生产一层致密牢固的 Al_2O_3 保护膜，能很好地保护基体不受腐蚀。

（5）易加工。添加一定的合金元素后，可获得铸造性能良好的铸造铝合金或加工塑性好的变形铝合金。

二、铝合金的应用

在纯铝中加入铜、镁、锰、锌、硅、铬等合金元素就成为铝合金。铝合金由于一般机械性能明显提高并仍然保持铝重量轻的固有特性，因此，使用价值也大为提高。

铝合金包括防锈铝合金（LF）、硬铝合金（LY）、超硬铝合金（LC）和锻铝合金（LD）。

（1）防锈铝合金。防锈铝合金中主要合金元素是锰和镁。锰的主要作用是提高合金的抗腐蚀能力，起到固溶强化作用。在铝中加入镁也可以起到固溶强化作用。

（2）硬铝合金。硬铝合金主要是铝铜镁合金。这类合金的强度高、硬度较高，但在地下水、海水中应用时其抗腐蚀性差。

（3）超硬铝合金。超硬铝合金主要是铝锌铜镁合金，经时效处理后其强度高于硬铝合金，故称为超硬铝合金。但超硬铝合金抗蚀性差，在高温下软化快。

（4）锻铝合金。锻铝合金在铝中加入了镁、硅及铜等元素。这类合金具有良好的热塑性、铸造性和锻造性，并有较好的机械性能，常用来制造建筑型材。

随着建筑物向轻质和装配化方向发展，铝合金在我国建筑结构、窗框、顶棚、阳台扶手以及室内装修、五金等方面得到了广泛的应用。

思 考 题

5-1 建筑工程中主要使用哪些钢材？

5-2 评价建筑用钢材的主要技术指标是什么？

5-3 钢有哪几种分类方法？

5-4 钢材的牌号是如何确定的？

5-5 钢材的化学成分对其性能有何影响？

5-6 钢的主要技术性能有哪些？

5-7 钢筋的锈蚀是如何产生的？应如何防护钢筋？

5-8 冷加工和时效处理对钢材性能有何影响？为什么？

5-9 钢筋混凝土用热轧钢筋分为几级？其性能如何？

5-10 钢材是如何锈蚀的？如何防止锈蚀？

5-11 从新进货的一批钢筋中抽样，并截取两根钢筋做拉伸试验，测得如下结果：屈服下限荷载分别为42.4kN、41.5kN；抗拉极限荷载分别为62.0kN、61.6kN，钢筋公称直径为12mm，标距为60mm，拉断时长度分别为66.0mm、67.0mm。计算该钢筋的屈服强度，抗拉强度及伸长率。

5-12 建筑工程中应用的冷扎带肋钢筋应该有哪些技术要求？

5-13 铝材从用作装饰材料发展到应用于窗框、幕墙以及结构材料，请展望其在我国建筑上的应用。

第六章

无机烧结材料

【本章要点】

- 烧结普通砖的性质及应用。
- 烧结多孔砖和空心砖的性质及应用。
- 烧结瓦的分类及主要性质及其应用。
- 建筑装饰陶瓷的种类、技术性质及应用。

无机烧结材料包括普通烧结砖、空心砖、多孔砖以及陶瓷墙地砖等材料，是广泛使用的墙体材料和室内外装饰材料。

第一节 烧 结 砖

烧结砖是墙体材料中使用广泛的材料之一，具有原料来源广泛、生产过程简单、强度和耐久性较高、价格低廉和施工方便等特点。烧结砖按孔洞率可分为烧结普通砖、烧结多孔砖和烧结空心砖。

一、烧结普通砖

(一) 烧结普通砖的生产简介

以黏土为主要原料的烧结普通砖称为烧结普通黏土砖（N），也可以用页岩、煤矸石和粉煤灰等代替部分黏土，分别烧制成页岩砖（Y）、煤矸石砖（M）和粉煤灰砖（F）。烧结普通砖的生产工艺为采制原料⟶原料调配⟶制坯⟶干燥⟶焙烧⟶成品，其中烧结温度是影响烧结砖质量的关键。砖坯在焙烧过程中会产生一系列的物理、化学变化。当烧结温度达到某些矿物的共熔点时（约 900～1100℃），易熔矿物熔化成的玻璃态液体包裹未熔矿物并填充颗粒间的空隙，砖坯的体积收缩，孔隙率下降，密实度增加，强度提高。若烧结温度达不到熔融温度，则形成欠火砖。欠火砖强度低，耐久性差，吸水率高，颜色浅，敲击声音沙哑。若烧结温度过高，则由于熔融物过多而使砖坯发生较大的塌陷收缩变形，形成过火砖。过火砖强度高，吸水率低，颜色深，敲击声音清脆，但变形大。欠火砖和过火砖均不符合有关国家标准对砖的质量要求。

砖坯在氧化环境下焙烧并出窑时，因黏土中铁的化合物被氧化成红色的高价氧化铁（Fe_2O_3）而生产出红砖。若砖坯开始在氧化气氛中焙烧，然后再浇水闷窑，使窑内形成还原气氛，砖中的高价氧化铁还原成青灰色的低价氧化铁（FeO），即制成青砖。青砖的耐久性比红砖好，但生产成本高，一般采用土窑生产，主要用于古建筑的修复和重建。

在生产普通黏土砖的过程中，如果将可燃性工业废渣（煤渣、粉煤灰和煤矸石）粉碎后按一定比例掺入黏土中作为内燃原料制坯，生产的砖称为内燃砖。内燃砖除了可以节约外投燃料和部分黏土原料外，由于砖坯在焙烧时内燃原料燃烧可使砖坯内外温度均匀，同时内燃原料燃烧后形成封闭孔隙，因此内燃砖的强度高，表观密度小，保温隔热性能好。

（二）烧结普通砖的技术性质

《烧结普通砖》（GB/T 5101—2003）中对烧结普通砖的技术性质作了规定。

1. 形状与尺寸

烧结普通砖为直角六面体，尺寸为长 240mm、宽 115mm、厚 53mm，考虑砖之间 10mm 的砌筑灰缝，则 4 块砖长、8 块砖宽、16 块砖厚均为 1m。$1m^3$ 砖砌体需 4×8×16=512 块烧结普通砖。

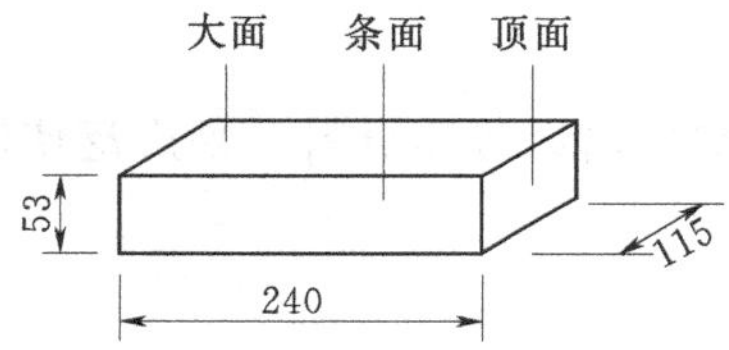

图 6-1 烧结普通砖的尺寸及平面名称

烧结普通砖的尺寸及平面名称如图 6-1 所示。其尺寸允许偏差（样本数为 20 块）应符合《烧结普通砖》（GB/T 5101—2003）的规定。

2. 强度等级

烧结普通砖按 10 块样本抗压强度平均值和抗压强度标准值或单块最小抗压强度值，分为 MU30、MU25、MU20、MU15 和 MU10 五个强度等级。其强度值应符合表 6-1 的规定。

表 6-1 烧结普通砖的强度等级 单位：MPa

强度等级	$\overline{f}$	$\delta \leqslant 0.21$	$\delta > 0.21$
		f_k	f_{min}
MU30	≥30.0	≥22.0	≥25.0
MU25	≥25.0	≥18.0	≥22.0
MU20	≥20.0	≥14.0	≥16.0
MU15	≥15.0	≥10.0	≥12.0
MU10	≥10.0	≥6.5	≥7.5

表 6-1 中，$\overline{f}$ 为 10 块试样的抗压强度平均值，MPa；f_k为抗压强度标准值，MPa；f_{min}为单块最小抗压强度值，MPa；δ 为砖的强度变异系数。砖的强度变异系数可按

式（6－1）计算，即

$$\delta=\frac{S}{\overline{f}} \tag{6-1}$$

其中

$$S=\sqrt{\frac{1}{9}\sum_{i=1}^{10}(f_i-\overline{f})^2}$$

式中：S 为 10 块试样的抗压强度标准值，MPa；f_i 为第 i 块试样抗压强度测定值，MPa。

当强度变异系数 $\delta\leqslant0.21$ 时，按抗压强度平均值（$\overline{f}$）、抗压强度标准值（f_k）评定砖的强度等级。f_k 的计算式为

$$f_k=\overline{f}-1.8S \tag{6-2}$$

当强度变异系数 $\delta>0.21$ 时，按抗压强度平均值（$\overline{f}$）、单块最小抗压强度值（$f_{\min}$）评定砖的强度等级。

3. *外观质量要求*

普通烧结砖根据外观质量分为优等品、一等品和合格品。样本数量为 20 块，其中每一尺寸精确至 0.5mm，每一方向以两个测量尺寸的算术平均值表示。样本平均偏差是 20 块砖样规格尺寸的算术平均值减去其公称尺寸的差值，样本极差是抽检的 20 块砖样中最大测定值与最小测定值之差值。样本应符合《烧结普通砖》（GB/T 5101—2003）的要求。

4. *抗风化性能*

抗风化性能是材料在干湿变化、温度变化和冻融变化等物理因素作用下，材料不破坏并长期保持其原有性质的能力。这是烧结普通砖耐久性的重要指标之一，抗风化性能强，则使用寿命长。使用时应根据不同风化区的不同风化指标判定砖的抗风化性能。风化区用风化指数进行划分。风化指数是指日气温从正温降至负温或从负温升至正温的每年平均天数与每年从霜冻之日起至消失霜冻之日止这一期间降雨总量（以 mm 计）的平均值的乘积。风化指数大于或等于 12700 为严重风化区，风化指数小于 12700 为非严重风化区。严重风化地区中的黑龙江省、吉林省、辽宁省、内蒙古自治区和新疆维吾尔自治区等地区的砖必须进行冻融试验。其他地区的砖的抗风化性能按有关规定执行，可不做冻融试验，否则必须进行冻融试验，以确定其抗冻性能。抗风化性能应符合《烧结普通砖》（GB/T 5101—2003）的要求。

5. *泛霜*

泛霜是指砖中的可溶性盐类随砖内水分蒸发而沉积于砖的表面形成的白色粉状物结晶（又称为析盐）的现象。这些结晶物不仅有损于建筑物的美观，而且结晶物的体积膨胀会引起砖表层的酥松，同时破坏砖与砂浆间的黏结，造成粉刷层的剥落。

6. *石灰爆裂*

砖坯内夹杂的石灰石经焙烧生成生石灰，生石灰吸水熟化产生体积膨胀，导致砖表面的剥落、脱皮，严重时造成建筑结构的破坏。

（三）烧结砖的应用

烧结普通黏土砖的表观密度为 1800～1900kg/m³，孔隙率为 30%～35%，吸水率为 8%～16%，导热系数为 0.55～0.78W/（m·K）。烧结粉煤灰砖的表观密度为 1300～

1400kg/m³，吸水率为20%。煤矸石砖的表观密度为1400～1650kg/m³，吸水率为15%左右。页岩砖的表观密度为1700～2700kg/m³。

烧结普通砖在建筑工程中主要适用于作墙体材料，如砌筑清水墙应选择优等品，泛霜严重的砖不得用于潮湿部位。烧结普通砖也可用于砌筑柱、拱、烟囱和基础。

由于烧结普通砖吸水率较大，在砌筑前应浇水湿润，避免因砌筑砂浆大量失水致使砂浆不能正常硬化或砂浆失水后流动性下降造成砂浆饱满度不足等工程质量事故。

烧结黏土砖自重大，体积小，生产效率低，能耗高，生产过程中占用和毁坏大量农田，破坏生态环境。国家已出台一系列逐步限制生产、使用普通黏土砖，鼓励、支持开发和使用新型墙体材料的政策。

二、烧结多孔砖和空心砖

烧结多孔砖和空心砖比普通实心砖可节约15%～40%的黏土，节约燃料10%～20%，降低砌体自重15%以上，工效提高40%，造价降低20%，同时可提高墙体的保温、隔热和隔声性能，因此烧结多孔砖和空心砖得到了广泛应用。烧结多孔砖为大面有孔洞的砖，孔的尺寸小而数量多，其孔洞率不小于15%，强度高，砌筑时孔洞垂直于承压面，主要用于砌筑六层以下建筑物的承重墙或高层框架结构的填充墙。由于为多孔构造，不宜用于基础工程。烧结空心砖为顶面有孔洞的砖，孔洞尺寸大而数量少，孔洞率不小于35%，强度低，砌筑时孔洞水平放置，主要用于砌筑填充墙。烧结多孔砖和空心砖的生产原料和烧制工艺与普通黏土砖基本相同。

（一）烧结多孔砖的技术性质

《烧结多孔砖》（GB/T 13544—2000）对烧结多孔砖的技术性质作出了规定。

1. 形状和尺寸

烧结多孔砖为直角六面体，其形状如图6-2所示。圆孔的直径不大于22mm，非圆孔的内切圆直径不大于15mm，手抓孔为（30～40）mm×（75～85）mm。其按尺寸分为M型和P型两种。

2. 产品质量等级和强度等级

烧结多孔砖根据尺寸偏差、外观质量、强度等级和物理性能，可划分为优等品（A）、一等品（B）和合格品（C）三个质量等级。其尺寸偏差要求、强度指标、外观质量要求和物理性能要求分别如表6-2～表6-5所示。

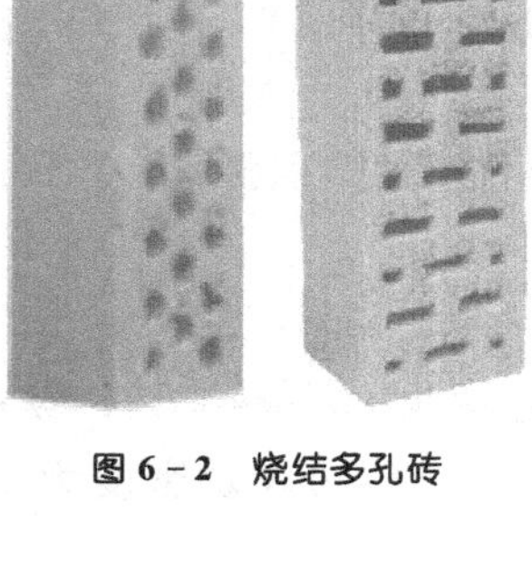

图6-2 烧结多孔砖

表6-2 烧结多孔砖的产品尺寸要求 单位：mm

尺寸	尺寸允许偏差		
	优等品	一等品	合格品
240、180	±4	±5	±5
115	±3	±4	±5
90	±3	±4	±5

表 6-3　　烧结多孔砖的强度指标

产品等级	强度等级	抗压强度（MPa）		抗折荷重（kN）	
		五块平均值	单块最小值	五块平均值	单块最小值
优等品	MU30	≥30.0	≥22.0	≥13.5	≥9.0
	MU25	≥25.0	≥18.0	≥11.5	≥7.5
	MU20	≥20.0	≥14.0	≥9.5	≥6.0
一等品	MU15	≥15.0	≥10.0	≥7.5	≥4.5
合格品	MU10	≥10.0	≥6.5	≥5.5	≥3.0

表 6-4　　烧结多孔砖的产品外观质量要求　　单位：mm

项　　目		优等品	一等品	合格品
1. 颜色（一条面和一顶面）		一致	基本一致	—
2. 完整面不得少于		一条面和一顶面	一条面和一顶面	—
3. 缺棱掉角的三个破坏尺寸不得同时大于		15	20	30
4. 裂纹长度不大于	a. 大面上深入孔壁 15mm 以上宽度方向及其延伸到条面的长度	60	80	100
	b. 大面上深入孔壁 15mm 以上长度方向及其延伸到条面的长度	60	100	120
	c. 条面、顶面上的水平裂纹	80	100	120
5. 杂质在砖面上造成的凸出高度不大于		3	4	5
6. 欠火砖和酥砖		不允许	不允许	不允许

注 1. 为装饰面施加的色差、凹凸纹、拉毛和压花等不算缺陷。
2. 凡有下列缺陷之一者，不得称为完整面：
（1）缺损在条面或顶面上造成的破坏尺寸同时大于 20mm×30mm。
（2）条面或顶面上裂纹宽度大于 1mm，其长度超过 70mm。
（3）压陷、焦花和粘底在条面或顶面上的凹陷或凸出超过 2mm，区域尺寸同时大于 20mm×30mm。

表 6-5　　烧结多孔砖的物理性能

项目	鉴　别　指　标
冻融	冻融试验后，每块砖样不允许出现裂纹、分层、掉皮和缺棱掉角等冻坏现象
泛霜	每决砖样应符合下列规定： （1）优等品：无泛霜。 （2）一等品：不允许出现中等泛霜。 （3）合格品：不允许出现严重泛霜
石灰爆裂	（1）优等品：不允许出现最大破坏尺寸大于 2mm 的爆裂区域。 （2）一等品： 1）最大破坏尺寸大于 2mm 且小于或等于 10mm 的爆裂区域，每组砖样不得多于 15 处。 2）不允许出现最大破坏尺寸大于 10mm 的爆裂区域。 （3）合格品： 1）最大破坏尺寸大于 2mm 且小于或等于 15mm 的爆裂区域，每组砖样不得多于 15 处。其中大于 10mm 的不得多于 7 处。 2）不允许出现最大破坏尺寸大于 15mm 的爆裂区域

(二) 烧结空心砖的技术性质

《烧结空心砖和空心砌块》(GB/T 13545—2003) 对烧结空心砖的技术性质作出了规定。

1. 形状和尺寸

烧结空心砖为直角六面体，尺寸规格分为两种：290mm×190 (140) mm×90mm，240mm×180 (175) mm×115mm。其形状如图 6-3 所示。烧结空心砖根据表观密度分为 800kg/cm³、900kg/cm³、1100kg/cm³ 三个密度级别，如表 6-6 所示。

图 6-3 烧结空心砖

表 6-6 烧结空心砖的密度级别

单位：kg/m³

密度级别	五块砖的平均密度值
800	≤800
900	801～900
1100	901～1100

2. 产品质量等级和强度等级

烧结空心砖根据孔洞要求、尺寸偏差、外观质量、强度等级和物理性能，可划分为优等品 (A)、一等品 (B) 和合格品 (C) 三个质量等级。其尺寸偏差要求、孔洞要求、强度等级和外观质量要求分别如表 6-7～表 6-10 所示。

表 6-7 烧结空心砖的产品尺寸要求 (尺寸允许偏差) 单位：mm

尺 寸	优等品		一等品		合格品	
	样本平均偏差	样本极差	样本平均偏差	样本极差	样本平均偏差	样本极差
>300	±2.5	≤±6.0	±3.0	≤±7.0	±3.5	≤±8.0
>200～300	±2.0	≤±5.0	±2.5	≤±6.0	±3.0	≤±7.0
100～200	±1.5	≤±4.0	±2.0	≤±5.0	±2.5	≤±6.0
<100	±1.5	≤±3.0	±1.7	≤±4.0	±2.0	≤±5.0

表 6-8 烧结空心砖孔洞排列及其结构

等级	孔洞排列	孔洞排数 (排)		孔洞率 (%)
		宽度方向	高度方向	
优等品	有序交错排列	≥7 (b≥200mm) ≥5 (b<200mm)	≥2	≥40
一等品	有序排列	≥5 (b≥200mm) ≥4 (b<200mm)	≥2	
合格品	有序排列	≥3	—	

注 b为宽度的尺寸。

表 6-9　　烧结空心砖的强度等级

<table>
<tr><th rowspan="3">强度等级</th><th colspan="3">抗　压　强　度　(MPa)</th><th rowspan="3">密度等级范围
(kg/m³)</th></tr>
<tr><th rowspan="2">抗压强度平均值</th><th>变异系数小于或等于 0.21</th><th>变异系数大于 0.21</th></tr>
<tr><th>强度标准值</th><th>单块最小抗压强度值</th></tr>
<tr><td>MU10.0</td><td>≥10.0</td><td>≥7.0</td><td>≥8.0</td><td rowspan="4">≤1100</td></tr>
<tr><td>MU7.5</td><td>≥7.5</td><td>≥5.0</td><td>≥5.8</td></tr>
<tr><td>MU5.0</td><td>≥5.0</td><td>≥3.5</td><td>≥4.0</td></tr>
<tr><td>MU3.5</td><td>≥3.5</td><td>≥2.5</td><td>≥2.8</td></tr>
<tr><td>MU2.5</td><td>≥2.5</td><td>≥1.6</td><td>≥1.8</td><td>≤800</td></tr>
</table>

表 6-10　　烧结空心砖的产品外观质量要求　　单位：mm

<table>
<tr><th colspan="2">项　　目</th><th>优等品</th><th>一等品</th><th>合格品</th></tr>
<tr><td colspan="2">1. 弯曲不大于</td><td>3</td><td>4</td><td>5</td></tr>
<tr><td colspan="2">2. 缺棱掉角的三个破坏尺寸不得同时大于</td><td>15</td><td>30</td><td>40</td></tr>
<tr><td rowspan="2">3. 未贯穿裂纹长度不大于</td><td>a. 大面上宽度方向及其延伸到条面的长度</td><td>不允许</td><td>100</td><td>120</td></tr>
<tr><td>b. 大面上长度方向或条面上水平方向的长度</td><td>不允许</td><td>120</td><td>140</td></tr>
<tr><td rowspan="2">4. 贯穿裂纹长度不大于</td><td>a. 大面上宽度方向及其延伸到条面的长度</td><td>不允许</td><td>40</td><td>60</td></tr>
<tr><td>b. 壁、肋沿长度方向、宽度方向及其水平方向的长度</td><td>不允许</td><td>40</td><td>60</td></tr>
<tr><td colspan="2">5. 垂直度差不大于</td><td>3</td><td>4</td><td>5</td></tr>
<tr><td colspan="2">6. 肋、壁内残缺长度不大于</td><td>不允许</td><td>40</td><td>60</td></tr>
<tr><td colspan="2">7. 完整面不少于</td><td>一条面和一大面</td><td>一条面或一大面</td><td>—</td></tr>
<tr><td colspan="2">8. 欠火砖和酥砖</td><td>不允许</td><td>不允许</td><td>不允许</td></tr>
</table>

注　凡有下列缺陷之一者，不得称为完整面：

(1) 缺损在大面、条面上造成的破坏尺寸同时大于 20mm×30mm。

(2) 大面、条面上裂纹宽度大于 1mm，其长度超过 70mm。

(3) 压陷、粘底、焦花在大面、条面上的凹陷或凸出超过 2mm，区域尺寸同时大于 20mm×30mm。

第二节　烧　结　瓦

烧结瓦是以黏土为主要原料，经模压或挤出成型干燥后，再经高温（950～1050℃）焙烧而成的屋面刚性防水覆盖材料。

烧结瓦按生产工艺可分为压制瓦、挤出瓦和手工瓦，按用途可分为平瓦和脊瓦。

根据《烧结瓦》（GB/T 21149—2007）的规定，平瓦标准尺寸为（400×240）～（360×220）mm^2，按尺寸偏差、外观质量和物理力学性能分为优等品和合格品两个等级。脊瓦标准尺寸为长度不小于 300mm、宽度不小于 180mm，分为优等品、合格品两个等级。瓦的尺寸偏差、外观质量和物理力学性能应符合表 6-11 的规定。

表 6-11　　瓦的尺寸偏差、外观质量和力学性能

<table>
<tr><td colspan="4" rowspan="2">项　目</td><td colspan="2">平　瓦</td><td colspan="4">脊　瓦</td></tr>
<tr><td>优等品</td><td>合格品</td><td colspan="3">优等品</td><td>合格品</td></tr>
<tr><td rowspan="15">外观质量</td><td rowspan="4">1. 允许偏差（mm）</td><td rowspan="4">外形尺寸范围</td><td>L(b)＞350</td><td>±4</td><td>±6</td><td colspan="4">—</td></tr>
<tr><td>250＜L(b)＜350</td><td>±3</td><td>±5</td><td colspan="4">—</td></tr>
<tr><td>200＜L(b)＜250</td><td>±2</td><td>±4</td><td colspan="4">—</td></tr>
<tr><td>L(b)＜200</td><td>±1</td><td>±3</td><td colspan="4">—</td></tr>
<tr><td colspan="3" rowspan="3">2. 最大允许变形（mm）</td><td rowspan="3">≤3</td><td rowspan="3">≤4</td><td rowspan="3">最大外形尺寸</td><td>L≥350</td><td>5</td><td>7</td></tr>
<tr><td>250＜L＜350</td><td>4</td><td>6</td></tr>
<tr><td>L≤250</td><td>3</td><td>5</td></tr>
<tr><td rowspan="4">3. 裂纹（mm）</td><td colspan="2">实用面贯穿</td><td colspan="6">不允许</td></tr>
<tr><td colspan="2">实用面非贯穿</td><td>不允许</td><td>≤30</td><td colspan="3">不允许</td><td>≤30</td></tr>
<tr><td colspan="2">搭接处贯穿</td><td>不允许</td><td>不得延伸至搭接部分的 1/2 处</td><td colspan="3">不允许</td><td>不得延伸至搭接部分的 1/2 处</td></tr>
<tr><td colspan="2">边筋断裂</td><td colspan="2">不允许</td><td colspan="4">—</td></tr>
<tr><td colspan="3">4. 欠火、石灰爆裂和哑音瓦</td><td colspan="2">不允许</td><td colspan="4">破坏尺寸不大于 5</td></tr>
<tr><td colspan="2" rowspan="3">5. 平瓦、脊瓦缺损（mm）</td><td>破坏部位</td><td colspan="2">优等品</td><td colspan="4">合格品</td></tr>
<tr><td>可见面</td><td colspan="2">不允许</td><td colspan="4">破坏尺寸不得同时大于 10×10</td></tr>
<tr><td>隐蔽面</td><td colspan="2">破坏尺寸不得同时大于 12×12</td><td colspan="4">破坏尺寸不得同时大于 18×18</td></tr>
<tr><td rowspan="4">物理力学性能指标</td><td colspan="3">6. 抗折荷重</td><td colspan="6">平瓦、脊瓦类的弯曲破坏荷重不小于 1020N；板瓦、筒瓦、滴水瓦、沟头瓦类的弯曲破坏荷重不小于 1170N，其中青瓦类的弯曲破坏荷重不小于 850N，O 形瓦、S 形瓦类的弯曲破坏荷重不小于 1600N；三曲瓦、双筒瓦、鱼鳞瓦、牛舌瓦类的弯曲强度不小于 8.0MPa。</td></tr>
<tr><td colspan="3">7. 吸水性</td><td colspan="6">Ⅰ类瓦不大于 6.0%，Ⅱ类瓦大于 6.0%但不大于 10.0%，Ⅲ类瓦大于 10.0%但不大于 18.0%，青瓦类不大于 21.0%</td></tr>
<tr><td colspan="3">8. 抗冻性</td><td colspan="6">经 15 次冻融循环不出现剥落、掉角、掉棱及裂纹增加现象</td></tr>
<tr><td colspan="3">9. 抗渗性</td><td colspan="6">经 3h 瓦背面无水滴产生。此项要求只适用于无釉类瓦</td></tr>
</table>

第三节　建筑装饰陶瓷

建筑装饰陶瓷包括各种饰面砖及琉璃制品，是现代装饰工程中应用最广泛的建筑材料之一。按陶瓷制品的原料及坯体的致密程度可将其分为陶器、炻器和瓷器三类。饰面砖按销售品种可分为釉面砖、渗花砖、抛光砖、玻化砖和劈离砖等，按功能可分为地砖、墙砖等。

一、陶瓷砖

陶瓷砖是由黏土和其他无机非金属原料制造的用于覆盖墙面和地面的薄板制品。陶瓷砖是在室温下通过挤压、干压或其他方法成型、干燥后，在满足性能要求的温度下烧制而成。砖是有釉（GL）或无釉（UGL）的，而且是不可燃、不怕光的。其中，不透水的玻璃质覆盖层为釉；覆盖在黏土坯表面的透水或不透水无光饰面为底釉，表面只有底釉的砖

被当作无釉砖。无釉陶瓷砖最后工序经过机械研磨、抛光使砖具有了光泽表面，即抛光面。

陶瓷砖按挤压方式的不同可以分为挤压砖、干压砖和其他方式成型的砖。

(一) 挤压砖

挤压砖是将可塑性坯料经过挤压机挤出成型，再将所成型的泥条按砖的预定尺寸进行切割。挤压砖产品按其性能可分为精细的和普通的两大类，挤压砖通常是用来描述劈离砖（双挤压砖）和方砖（单挤压砖）的。这需要说明的是，方砖仅指吸水率不超过 6%的挤压砖。摘录自《陶瓷砖》（GB/T 4100—2006）的挤压陶瓷砖技术要求供参阅，如表 6 - 12 所示。

表 6 - 12　　挤压陶瓷砖的技术要求

物理性能		精细	普通
吸水率，质量分数		平均值≤3.0%，单值≤3.3%	平均值≤3.0%，单值≤3.3%
破坏强度(N)	a. 厚度≥7.5mm	≥1100	≥1100
	b. 厚度<7.5mm	≥600	≥600
断裂模数（N/mm^2 或 MPa）不适用于破坏强度≥3000N 的砖		平均值≥23，单值≥18	平均值≥23，单值≥18
抗冻性		对于明示并准备用在受冻环境时，必须进行该项试验；没有明示不用于受冻环境时，不要求该项试验	
抗热震性		大多数陶瓷砖都有微小的线性热膨胀，若陶瓷砖安装在高热变性的情况下应进行该项试验	
抗冲击性		该项试验使用在抗冲击性有特别要求的场所。一般负荷场所要求的恢复系数是 0.55，重负荷场所则要求更高的恢复系数	

(二) 干压砖

干压砖是将混合好的粉料置于模具中于一定压力下压制成型的。

(三) 其他方法成型的砖

其他方法成型的砖即用挤或压以外的方法成型的陶瓷砖。

陶瓷砖按照吸水率的不同可分为瓷质砖、炻瓷砖、细炻砖、炻质砖和陶质砖。其中吸水率用质量分数表示，按《陶瓷砖》（GB/T 4100—2006）的规定，各类陶瓷砖的吸水率如表 6 - 13 所示。

表 6 - 13　　各类陶瓷砖的吸水率

各类陶瓷砖	物理性能		
	吸水率 E	破坏强度（N）	
瓷质砖	平均值≤0.5%，单值≤0.6%	a. 厚度≥7.5mm	≥1300
		b. 厚度<7.5mm	≥700
炻瓷砖	0.5%<E≤3%，单个最大值≤3.3%	a. 厚度≥7.5mm	≥1100
		b. 厚度<7.5mm	≥700

续表

各类陶瓷砖	物 理 性 能		
	吸 水 率 E	破 坏 强 度 (N)	
细炻砖	3%＜E≤6%，单个最大值≤6.5%	a. 厚度≥7.5mm	≥1000
		b. 厚度＜7.5mm	≥600
炻质砖	6%＜E≤10%，单个最大值≤11%	a. 厚度≥7.5mm	≥800
		b. 厚度＜7.5mm	≥600
陶质砖	平均值＞10%，单个最大值＞9%。当平均值＞20%时，制造商应说明	a. 厚度≥7.5mm	≥600
		b. 厚度＜7.5mm	≥350

(四) 陶瓷锦砖

陶瓷锦砖（见图 6-4）又称为马赛克（Masaic），是以优质瓷土为原料，经压制烧成的片状小瓷砖，表面一般不上釉。为铺贴方便，出厂时将不同颜色、形状的瓷片粘贴在牛皮纸上拼结成图案，每联边长约 300mm。铺贴时纸面向外，待基底砂浆初凝后，用水将牛皮纸除去即可。

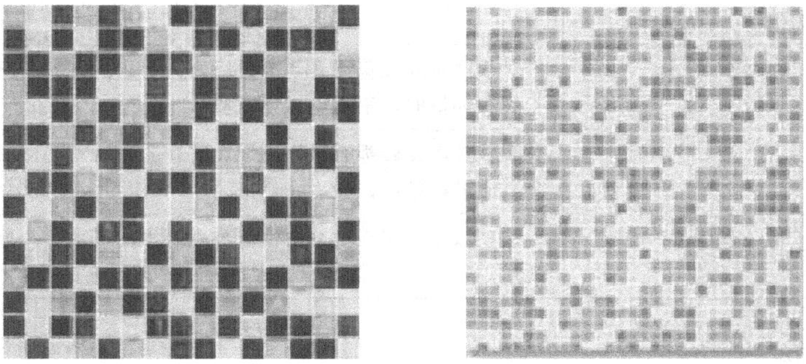

图 6-4 陶瓷锦砖

陶瓷锦砖具有抗压强度高、耐磨、耐火、耐腐蚀及吸水率小等特点，广泛应用于室内卫生间、厨房地面及墙裙、台面等部位的铺贴，也可用于室外墙面装饰与保护。

根据《陶瓷马赛克》(JC/T 456—2005）的规定，成联陶瓷锦砖的主要物理化学性能指标为锦砖与铺贴纸结合牢固，不脱落；吸水率不大于 0.2%；耐急冷急热性能试验不开裂。

二、琉璃制品

琉璃制品是我国古建筑的重要装饰材料，原料为难熔黏土，经制坯、干燥、素烧、饰釉和釉烧而成。琉璃制品具有表面光滑、坚实耐久、色彩绚丽、造型古朴等特色。

琉璃制品主要有琉璃瓦（板瓦、筒瓦、滴水和沟头）、琉璃砖和琉璃饰件（吻、兽、花窗和栏杆）等。

琉璃瓦及其饰件价格昂贵，施工复杂，自重大，主要用于具有民族特色的宫殿式建筑、寺庙建筑和园林中的亭、台、楼、阁及少数纪念性建筑中。

思　考　题

6－1　简述黏土制品烧成温度对产品质量的影响。

6－2　烧结普通砖的性质有哪些？泛霜和石灰爆裂对工程质量有什么影响？

6－3　某烧结普通砖试验，10 块砖的抗压强度值（MPa）分别为 12.8、22.0、12.6、18.4、13.8、19.2、18.4、18.7、20.2 和 21.5，试确定该砖的强度等级。

6－4　烧结多孔砖与空心砖是如何划分的？各用于何处？

6－5　黏土砖在施工时为何要浇水湿润？浸水过多或过少对砌体质量有何影响？

6－6　釉面砖和墙地砖在性能上有何不同？为什么釉面砖不宜用于室外工程？

6－7　为何要限制烧结黏土砖，发展新型墙体材料？

6－8　未烧透的欠火砖为何不宜用于地下？

6－9　某砖在干燥状态下的抗压强度 f_0 为 20MPa，当其在吸水饱和状态下抗压强度 f_1 为 14MPa，请问此砖是否适宜用于潮湿环境的建筑物？

6－10　红砖与青砖有何区别？

第七章

合成高分子材料

【本章要点】

- 土木工程中应用的合成高分子材料的组成、技术性质及其作用。
- 塑料的组成、分类及其在土木工程中的应用。
- 建筑涂料的组成、分类及其在土木工程中的应用。
- 胶黏剂的组成、分类及其在土木工程中的应用。

合成高分子材料是指由人工合成的高分子化合物组成的材料。合成高分子材料具有许多优良的性能，因而在土木工程中得到了较为广泛的应用，例如塑料、合成橡胶、涂料、胶黏剂和高分子防水材料等。

第一节　合成高分子材料的基本知识

一、基本概念

高分子化合物又称为聚合物或高聚物，是由千万个原子彼此以简单共价键连接的大分子化合物，通常指有机高聚物，它的分子量很大，但其化学组成却比较简单，一个大分子往往是由许多相同的、简单的结构单元通过共价键重复连接而成。例如，聚氯乙烯的结构为

$$\cdots CH_2-\underset{\underset{Cl}{|}}{CH}-CH_2-\underset{\underset{Cl}{|}}{CH}\cdots$$

这种结构很长的大分子称为“分子链”，可简写为

$$\left[CH_2-\underset{\underset{Cl}{|}}{CH} \right]_n$$

由此可见，聚氯乙烯是以氯乙烯分子为结构单元反复组成。这种重复的结构单元称为

“链节”。大分子链中，链节的数目 n 称为“聚合度”。聚合度由几百至几千不等。少数高分子化合物的结构非常复杂，在它们的分子链中已不能找到链节。习惯上常将塑料工业中使用的高聚物统称为树脂，有时将未加工成型的高聚物也统称为树脂。

二、高分子材料的结构与性能特点

（一）高分子材料的结构

1. 高分子材料的分子结构

（1）线形结构。高聚物的几何形状为线状大分子，有时带有支链［见图 7－1（*a*）］，且线状大分子间以分子间力结合在一起。

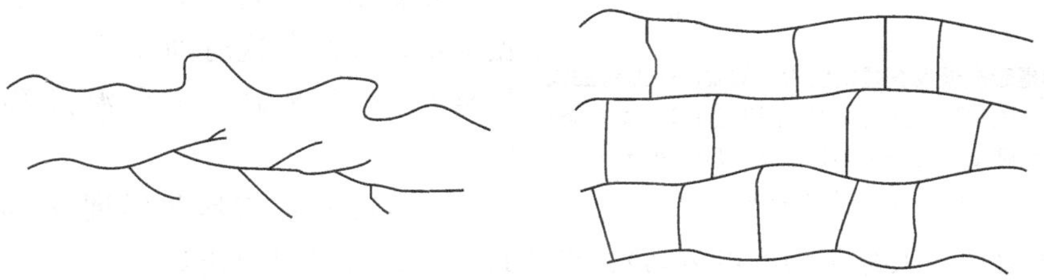

（*a*）　　（*b*）

图 7－1　聚合物的分子形状

（*a*）线形与支链形；（*b*）网体形

具有线形结构的高聚物可分为全部加聚树脂和部分缩聚树脂。一般来说，具有线形结构的树脂，强度较低，弹性模量较小，变形较大，耐热性较差，耐腐蚀性较差，且可溶可熔。

线形结构的合成树脂可反复加热软化，冷却硬化，故称为热塑性树脂。

（2）网体形结构。线形大分子以化学键交联而形成的三维网状结构，又称为网体形结构［见图 7－1（*b*）］。部分缩聚树脂具有此种结构（交联或固化前也为线形或支链形分子）。由于化学键结合力强，且交联形成一个“巨大分子”，故一般此类树脂的强度较高，弹性模量较高，变形较小，较硬脆并且多无塑性，耐热性较好，耐腐蚀性较高，且不溶不熔。

网体形结构的合成树脂仅在第一次加热时软化，并且分子间产生化学交联而固化，以后再加热时不会软化，故称为热固性树脂。

2. 高分子材料的聚集态结构

高分子材料是由许许多多大分子链以分子间作用而聚集在一起的。聚集态结构就是指分子链间的排列、堆砌方式和规律，可分为晶态结构和非晶态结构两大类。

（二）聚合物的物理状态及性能特点

非晶态高分子聚合物中，由于长分子链及其柔顺性不同，常具有三种力学性能不同的状态，即玻璃态、高弹态和黏流态（见图 7－2）。由于这三种状态是在不同的温度范围内出现，因而也被称为热-机械状态。

非晶态高分子聚合物在低于某一温度时，由于所有的分子链段和大分子链均不能自由转动而成为硬脆的玻璃体，即处于玻璃态，高聚物转变为玻璃态的温度称为玻璃化温度

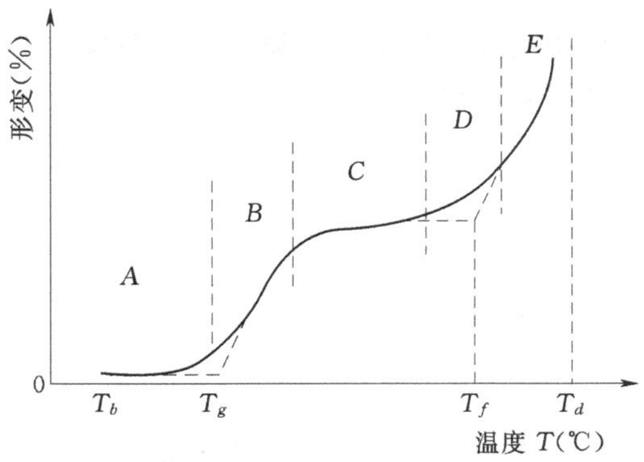

图7-2 非晶态高聚物在恒定应力下的温度—形变曲线

A—玻璃态；B、D—过渡态；C—高弹态；E—黏流态；T_b—脆化温度；T_g—玻璃化温度；T_f—黏流态温度；T_d—分解温度

T_g。这时分子的排列呈近程有序而远程无序的状态。分子只能在平衡位置附近振动，当加外力时链段作瞬间变形，相当于链段微小的收缩和链角的改变。外力除去后，立即恢复原状。这种变形称为瞬时弹性变形或普通弹性变形。

塑料的玻璃化温度 T_g 高于室温，所以塑料是常温下呈玻璃态的非晶态高聚物。玻璃态高聚物处于低于 T_b 的某一温度时，分子振动也被冻结，这时加以外力，会出现不能拉伸的脆性现象，这个温度称为脆化温度 T_b。

当温度超过玻璃化温度 T_g 时，分子链段可以发生运动（大分子仍不可运动）；当达到各个链节可以自由旋转而分子链间还不能移动的温度（在 T_g 和 T_f 之间）时，会使高聚物产生大的变形，除去外力后，又会慢慢恢复原状，并且变形是可逆的，这种状态称为高弹态。高弹态是橡胶的使用状态，凡室温下处于高弹态的聚合物均可用作橡胶，因此，高弹态又被称为橡胶态。

玻璃化温度 T_g 低于室温的称为橡胶，高于室温的称为塑料。玻璃化温度是塑料的最高使用温度，但却是橡胶的最低使用温度。

温度继续升高至某一数值时，由于分子链段和大分子链均可发生运动，使高聚物产生塑性变形，此时变形急剧增加，并且是不可逆的，即进入黏流态，将此温度称为高聚物的黏流态温度 T_f。此时聚合物已成为能流动的黏性液体，黏流态是聚合物成型时的状态。

热塑性树脂与热固性树脂在成型时均处于黏流态。

在室温下，聚合物总是处于玻璃态、高弹态和黏流态这三种状态之一，它们是非晶态聚合物的三种力学状态，它是以力学状态来区分的，这种状态的改变仅是分子运动形式的改变，并不是相变。其中，高弹态是聚合物所特有的状态。

三、常用的高分子材料

（一）合成树脂

合成树脂是有机高分子材料的基本组成材料，是由石油、天然气和煤加工制得的低分子量有机化合物，经加聚反应或缩聚反应而制得，主要可分为热塑性树脂和热固性树脂两类。

热塑性树脂具有受热时软化，冷却时凝固而不起化学变化的性质，经过多次重复仍能保持这种性能。土木工程上常用的热塑性树脂有聚乙烯、聚氯乙烯、聚苯乙烯和聚甲基丙烯酸甲酯等。

热固性树脂在加热初期可软化，具有可塑性，继续加热，随着化学反应的发生，相邻分子互相连接而固化变硬，最终成为不溶不熔的聚合物。土木工程上常用的热固性树脂有酚醛、环氧、有机硅和脲醛树脂等。

(二) 合成橡胶

合成橡胶（即橡胶）是弹性体的一种，其玻璃化温度 T_g 较低。橡胶的主要特点是在常温下受外力的作用时即可产生百分之百的变形，外力取消后，变形可完全恢复，但不符合虎克定律。橡胶具有很好的耐寒性及较好的耐高温性，在低温下也具有非常好的柔韧性。土木工程中使用的各种橡胶防水卷材及密封材料正是利用了橡胶的这一优良特性。

玻璃化温度 T_g 较低而黏流态温度 T_f 较高的橡胶才具有较高的使用价值。

1. 橡胶的硫化

橡胶的硫化又称为交联。橡胶硫化的目的是为了提高其强度、变形、耐久性和抗剪切能力，减少其塑性。橡胶硫化的实质是利用硫化铁（又称为交联剂）使橡胶由线形分子结构交联成为网体形分子结构弹性体的过程。硫化后的橡胶又称为硫化橡胶，简称为橡胶。通常使用的橡胶制品均为硫化橡胶。

2. 橡胶的再生处理

橡胶的再生处理主要是脱硫。脱硫是将废旧橡胶经机械粉碎和加热处理等，使橡胶氧化解聚，即由大的网体形结构转变为小的网体形结构和少量线形结构的过程。脱硫后的橡胶除具有一定的弹性外，还具有一定的塑性和黏性。

经再生处理的橡胶称为再生橡胶或再生胶。再生橡胶主要用于沥青的改性。

土木工程中常用的橡胶为三元乙丙橡胶、氯磺化聚乙烯橡胶、氯丁橡胶和丁基橡胶等。

第二节 土木工程中常用的合成高分子材料的应用

一、塑料

塑料是指以树脂为基本材料或基体材料，加入适量的填料和添加剂后而制得的材料和制品。塑料中的树脂一般为合成树脂，其在制品的成型阶段为具有可塑性的黏稠状液体，在制品的使用阶段则为固体。塑料在建筑上可作为结构材料、装饰材料、保温材料和地面材料等。

(一) 组成

1. 合成树脂

合成树脂是塑料的基本组成材料，在塑料中起着黏结作用。塑料的性质主要决定于合成树脂的种类、性质和数量。合成树脂在塑料中的数量一般为 30%～50%，仅有少量的塑料完全由合成树脂组成。

用于热塑性塑料的树脂主要有聚乙烯、聚氯乙烯、ABS 共聚物、聚苯乙烯和聚甲基丙烯酸甲酯等；用于热固性塑料的树脂主要有酚醛树脂、脲醛树脂、不饱和聚酯树脂、环氧树脂和有机硅树脂等。

2. 填充料

填充料又称为填料，其种类很多。填充料一般为化学性质不活泼的粉状、块状和纤维状固体物质，它的掺量一般为 40%～70%。常用的粉状填料主要有木粉、滑石粉、石灰石粉和炭黑等。在塑料中粉状填料的主要作用是降低成本，提高强度和硬度及耐热性，并减少塑料制品的收缩；常用的纤维状填料主要为玻璃纤维，其在塑料中的主要作用是提高抗拉强度。

3. 增塑剂

为了增加塑料的可塑性、流动性和可加工性，减小其硬度和脆性，一般在塑料中加入不易挥发、与合成树脂相溶性好且化学稳定性强的增塑剂。

常用的增塑剂有邻苯二甲酸二丁酯、邻苯二甲酸二辛酯、樟脑、石油磺酸苯酯、氯化石蜡和磷酸二甲酚酯等。

4. 硬化剂

硬化剂又称为熟化剂或固化剂，它的主要作用是使合成树脂中的线形分子结构交联成网体形分子结构，从而使合成树脂具有热固性。

常用的硬化剂有胺类（如乙二胺）、酸酐类（邻苯二酸酐）等。

5. 着色剂

为使塑料制品具有美丽的光泽和色彩，可在塑料中加入不褪色、相溶性好、抗热性好、抗溶性好和稳定性好的着色剂。

6. 添加剂

为使塑料具有其他性能以适应使用要求，还可加入一些其他添加剂。例如，抗氧化剂能防止塑料在加工和使用过程中的氧化作用，防止塑料制品的老化；光稳定剂能抑制或削弱对高分子聚合物分子的降解作用，提高材料的耐光性能；阻燃剂能提高聚合物的耐燃性或阻滞燃烧；发泡剂能产生泡沫而形成闭孔或开孔结构，制得泡沫塑料。

（二）土木工程中常用的塑料制品

塑料的种类虽然很多，但在建筑上广泛应用的仅有十多种，并均加工成一定形状和规格的制品。下面简要介绍几种常用的塑料制品。

1. 塑料门窗

塑料门窗主要是采用改性硬质聚氯乙烯（PVC），并加入适量的各种添加剂，按适当的比例配合，经混炼、挤出等工序而制成。改性后的硬质聚氯乙烯具有较好的可加工性、稳定性、耐热性和抗冲击性。型材经过加工，组装成建筑物的门窗。

塑料门窗分为全塑门窗、复合塑料门窗和聚氨酯门窗。复合塑料门窗是在门窗框内部嵌入金属型材以增强塑料门窗的刚性，提高门窗的抗风压能力。塑料门窗与其他门窗相比，外观平整美观，色泽鲜艳，经久不褪，装饰性好，并具有良好的耐水性、耐腐蚀性、隔热保温性、隔声性、气密性、水密性和阻燃性，使用寿命可达 30 年以上。以塑料门窗代替木门窗、金属门窗是节约木材、钢材和铝材的重要途径。

2. 塑料饰面板

塑料饰面板是以浸渍三聚氰胺甲醛树脂的花纹纸为面层，与浸渍酚醛树脂的牛皮纸叠合后，经热压制成的装饰板。其表面可仿制各种花纹图案，可以粘贴装饰纸、装饰薄膜，也可制成花点、凹凸图案等，色调丰富多彩。塑料饰面板具有质轻、绝热、吸声、耐水和装饰性好等特点，广泛运用于建筑内部顶面、柱面、墙裙和天棚等的装饰和护面。

3. 塑料壁纸

塑料壁纸是当前广泛使用的墙面材料，图案变化多样，色泽丰富多彩。塑料壁纸是以聚氯乙烯为主，加入各种添加剂和颜料等，以纸或中碱玻璃纤维布为基材，经涂塑、压花或印花及发泡等工艺制成的塑料卷材。塑料壁纸的品种主要有单色压花壁纸、印花压花壁板、有光印花壁纸、平光印花壁纸、发泡壁纸及特种壁纸（例如，防水壁纸、防火壁纸、彩色砂粒壁纸和静电植绒壁纸等）等。

4. 塑料地板

塑料地板与传统的地面材料相比，具有质轻、美观、耐磨、耐腐蚀、防潮、防火、吸声、施工简便和易于保养等特点，近年来，已成为主要的地面装饰材料之一。

目前生产的塑料地板块主要采用聚氯乙烯、重质碳酸钙及各种添加剂，经混炼、热压或压延等工艺制成。塑料地板块按材质可分为硬质、半硬质和软质三类；按结构可分为单层、多层复合两类；按形状可分为块状与卷状，其中块状所占比例较大。由于半硬质塑料地板块的图案丰富，颜色多样，并具有耐磨、耐燃、尺寸稳定、价格低、装饰性好和易于粘贴等优点，目前应用最为广泛。

5. 其他塑料制品

（1）玻璃纤维增强塑料。玻璃纤维增强塑料，俗称为玻璃钢，是由合成树脂胶结玻璃纤维或玻璃纤维布（带、束等）而成的复合材料。合成树脂的用量一般为30%～40%，常用的合成树脂为酚醛树脂、不饱和聚酯树脂及环氧树脂等，用量最大的为不饱和聚酯树脂。玻璃纤维增强塑料具有质轻、耐水、强度高、耐化学腐蚀和装饰性好等特点，广泛应用于采光或装饰性板材，屋面及墙体围护材料，防水材料，以及各种容器、管道、浴缸和水箱等。

（2）塑料薄膜。塑料薄膜耐水、耐腐蚀，伸长率大，可以用作室内装饰材料、防水材料和混凝土施工养护等。

（3）有机玻璃制品。有机玻璃是聚甲基丙烯酸甲酯塑料，可透过90%以上的阳光，透过紫外线的能力达73%，是目前透明性最好的热塑性塑料。在树脂中加入颜料、稳定剂和填充料等，可制成各种装饰材料制品；用玻璃纤维增强树脂可浇筑成面盆、浴缸等。

二、建筑涂料

涂料是一种有机高分子胶体混合物溶液，将它涂布在物体表面上能干结成膜，对原物体有保护、装饰或其他功能的材料。涂料是一种简单的饰面方式，它具有工期短、工效高、自重轻、价格低和维修更新方便等特点，而且色彩丰富，质感逼真。因此，其在建筑工程中得到广泛的应用。

（一）涂料的基本组成

各种涂料都包含多种组成物质，每种涂料的具体组成也差异很大，但基本上由主要成膜物质、次要成膜物质和辅助成膜物质等组成。

1. 主要成膜物质

主要成膜物质又称为基料或黏结剂，对形成涂膜的坚韧性、耐磨性、耐候性以及化学稳定性具有决定性的影响作用。主要成膜物质具有单独成膜的能力，亦可黏结其他组分共同成胶。涂料的品种与名称通常是根据主要成膜物质来命名的。

2. 次要成膜物质

次要成膜物质主要是指颜料和填料。颜料按其在涂料中所起的作用可分为着色颜料和体质颜料。颜料自身没有成膜的能力，它们必须依靠主要成膜物质的黏结而成为膜的一个组成部分，赋予涂膜一定的遮盖力，减少收缩，还能增加涂膜的机械强度，防止紫外线的穿透作用，提高涂膜的抗老化性、耐候性等。

3. 辅助成膜物质

辅助成膜物质是指涂料中的溶剂和助剂，它们一般不构成涂膜的成分，但对于涂料的生产、涂饰施工以及涂膜形成过程有重要影响，或者可以改善涂膜的一些性质。

(1) 溶剂又称为稀释剂。溶剂在涂料中属于辅助成膜物质，当涂料涂于基层上，溶剂被基层物质吸收一部分，而大部分则挥发到空气中。其作用如下：将油料、树脂稀释并将兼和填料均匀分散；调节涂料的黏度；增加涂料的渗透力，改善涂料与基层的黏结力等。溶剂可以是有机溶剂，也可以是水，前者组成溶剂型涂料，后者则是水性的。溶剂虽然不构成涂膜，但它对涂膜形成的质量和涂料的成本都有很大影响。

(2) 助剂。由主要成膜物质和次要成膜物质构成的建筑涂料，性能常不够完善，需要加入一些具有特殊作用的助剂，改善涂料的某些性质，使之能适合各种应用场合。常见助剂品种有引发剂、固化剂、催化剂、增塑剂、抗氧剂、乳化剂、润湿分散剂、中和剂、增稠剂、成膜助剂和消泡剂等。

(二) 常用的建筑涂料

建筑涂料的种类繁多，分类方法也很多，按主要成膜物质的性质可分为有机质、无机质和有机无机复合质三大类；按稀释剂种类分为溶剂型和水性两大类，水性涂科又可分为水溶性和乳液性两类；按涂料的功能分为防水涂料、防火涂科和防毒涂料；按使用部位分为外墙涂料、内墙涂料、顶棚涂料和地面涂料等；此外，还有其他一些分类。

以下按涂料的使用部位介绍常用建筑涂料的品种和特点。

1. 内墙涂料

内墙涂料的主要功能是装饰及保护内墙墙面及顶棚，使其整洁美观。内墙涂料要求其色彩丰富、细腻、调和，具有一定耐水及耐久性，以及较好的透气性等。其类型可分为溶剂型涂料、乳液性涂料及水溶性涂料等。以下介绍几种常用的内墙涂料：

(1) 聚乙烯醇水玻璃内墙涂料。聚乙烯醇水玻璃内墙涂料又称为106涂料。它是以水溶性树脂聚乙烯醇的水溶液和水玻璃为基料，加入一定的颜料和少量的助剂，经搅拌、研磨而成的一种有机水溶性涂料。该涂料生产工艺简单，价格低廉，且无毒、无味、不燃，施工方便，涂层干燥快，表面光洁平滑，与墙面基层有一定的黏结力，能在稍潮湿的水泥墙面或新、老石灰墙面上涂刷，可配成多种色彩，例如白、奶白、奶黄、湖蓝、蛋青、玉绿和粉红等颜色，有一定的装饰效果。但涂层的耐水洗刷性差，不能用湿布擦洗，且涂膜表面易产生脱粉现象。聚乙烯醇水玻璃内墙涂料是国内内墙涂料中用量最大的一种，广泛用于住宅、一般公用建筑等的内墙饰面。

(2) 乳液性涂料。常用的乳液性涂料包括以下三种：

1) 聚醋酸乙烯内墙涂料。它是以聚醋酸乙烯乳液为成膜物质，加入适量的填料、少量颜料及其他助剂，经研磨而成的乳液性涂料，又称为乳胶漆。这种乳液性涂料在生产工艺上与106涂料相比，除乳液聚合较为复杂外，其他工艺过程基本类同，只是在生产与配料时更为讲究。它具有无味、无毒、不燃，易于施工，干燥快，透气性好，无结露现象，附着力强，耐水性好，耐碱性和耐候性良好，颜色鲜艳，以及装饰效果明快等优点，是一种中档的内墙涂料。

2）乙-丙乳胶漆。乙-丙乳胶漆是以聚醋酸乙烯与丙烯酸酯共聚乳液为主要成膜物质，掺入适量填料、少量颜料及助剂，经研磨、分散后配制成亚光或有光的内墙涂料。其耐碱性、耐水性、耐久性等均优于聚醋酸乙烯内墙涂料，是一种中高档的内墙涂装材料。乙-丙乳胶漆适用于高级建筑的内墙装饰。

3）苯-丙乳胶漆内墙涂料。苯-丙乳胶漆内墙涂料是由以苯乙烯、丙烯酸酯和甲基丙烯酸等二元共聚乳液为成膜物质，掺入适量的填料、少量的颜料和助剂，经研磨、分散后配制而成的一种无光内墙涂料。其耐碱性、耐水性、耐擦洗性及耐久性等均优于上述各类内墙涂料，属高档内墙装饰涂料，同时也是内墙涂料中较好的一种。苯-丙乳胶漆可用于住宅或公共建筑的内墙装饰。

（3）多彩内墙涂料。多彩内墙涂料是一种新颖的内墙涂料，它由水、油两相组成，其特点是涂层色泽优雅，富有立体感，装饰效果好；涂膜质地较厚，具有弹性，类似壁纸，整体性好；涂膜的耐油性、耐水性、耐腐蚀性、耐涂刷性和耐久性好。从基本原理上讲，这种涂料是将带色的溶剂型树脂涂料慢慢地掺入到甲基纤维素和水的混合溶液中，通过不断地搅拌，使其分散成细小的溶剂型油漆涂料滴，形成不同颜色油滴的混合悬浊液。它是一种常用的墙面、顶棚装饰材料。

2. 外墙涂料

外墙涂料的主要功能是装饰和保护建筑物的外墙面，使外墙面美观悦目，既美化环境，又延长外墙面的使用寿命。为了得到良好的装饰与保护效果，外墙涂料要求比内墙涂料具有更好的耐水性、耐候性和耐污染性等性能。其主要有溶剂型和乳液型两类，常用的外墙涂料如下：

（1）过氯乙烯外墙涂料。过氯乙烯外墙涂料系以过氯乙烯树脂为主要成膜物质，掺入增塑剂、填科、颜料和助剂等，经混炼、切片、溶解于有机溶剂中而制成的溶剂型外墙涂料，也可用于内墙装饰。

该涂料的色彩丰富，涂膜平滑，干燥快，干燥后柔韧而富有弹性，不透水，能适应建筑物因温度变化而引起的伸缩变形，具有良好的耐腐蚀性、耐水性及耐候性。这种涂料与抹灰墙面、石膏板、纤维板、混凝土及砖墙等黏结良好，可连续喷涂，用于外墙美观，耐久、防水、耐污染、便于洗刷。

（2）丙烯酸酯系外墙涂料。丙烯酸酯系外墙涂料是以热塑性丙烯酸酯树脂为基料的外墙涂料，分为溶剂型和乳液型，丙烯酸酯系外墙涂料的耐水性、耐高低温性、耐候性良好，不易变色、粉化或脱落，具有多种颜色，可采用刷涂、喷涂和滚涂等施工工艺。该系列涂料价格低廉，不发黄，装饰性好，寿命可达10年以上，是目前国内外主要使用的外墙涂料之一。丙烯酸酯系外墙涂料主要用于外墙复合涂层的罩面涂料。

其溶剂型涂料在施工时需注意防火、防爆。丙烯酸酯系外墙涂料主要用于商店、办公楼等公用建筑。

(3) 彩色砂壁状外墙涂料。彩色砂壁状外墙涂料又称为彩砂涂料，是以合成树脂乳液（一般为苯-丙乳液或丙烯酸乳液）为基料，加入彩色骨料或石粉及其他助剂配制而成的粗面厚质涂料。由于采用高温烧结的彩色砂粒、彩色陶瓷粒或天然石屑等作为骨料，采用喷涂法施工，使涂层具有丰富的色彩和质感，保色性和耐久性优于其他类型的涂料，使用寿命可达 10 年以上。彩色砂壁状外墙涂料主要用于办公楼、商店等公共建筑的外墙面。

3. 地面涂料

地面涂料的主要功能是装饰和保护室内地面，使地面清洁美观，与其他装饰材料一同创造良好的室内环境。地面涂料应具有耐碱性好、黏结力强、耐水性好、耐磨性好、抗冲击力强、涂刷施工方便及价格合理等特点。

(1) 环氧树脂厚质地面涂料。环氧树脂厚质地面涂料是以环氧树脂为主要成膜物质的双组分溶剂型涂料。环氧树脂厚质地面涂料与地面基层黏结牢固，涂膜坚韧、耐磨，具有良好的耐化学腐蚀、耐油和耐水等性能，以及优良的耐老化性和耐候性，装饰效果良好。但环氧树脂厚质地面涂料的缺点是价格高、原材料有毒。其主要用于高级住宅、手术室、实验室、工业厂房和车间等的地面装饰及防腐、防水等。

(2) 聚氨酯地面涂料。聚氨酯地面涂料是以聚氨酯为主要成膜物质的双组分溶剂型涂料，分为薄质罩面涂料和厚质弹性地面涂料两类。前者主要用于木质地板或其他地面的罩面上光；后者用于刷涂水泥地面，能在地面形成无缝且具有弹性的涂层，脚感舒适，因此也将其称为弹性地面涂料。该涂料具有整体性好、色彩多样和装饰性好等特点，并具有良好的耐油性、耐水性、耐酸碱性和优良的耐磨性；但其缺点是价格较高，原材料有毒。聚氨酯地面涂料主要用于高级住宅、手术室和放映厅等处的地面装饰，也可用于地下室、卫生间等的防水装饰或工业厂房及车间的地面。

三、胶黏剂

凡能在两个物体表面之间形成薄膜并将它们紧密黏结在一起的材料称为胶黏剂。由于现代建筑工程中采用了许多装饰材料和特种功能材料，例如地板、墙板和吸声板的胶结，釉面砖、水磨石壁纸等的铺贴，以及混凝土裂缝和破损的修补等也常用到胶黏剂，因此，黏结技术和黏结材料已越来越受人们的重视，新的胶黏剂不断出现，使其已成为建筑材料的一个重要组成部分。

（一）胶黏剂的组成与类别

1. 组成

目前所使用的胶黏剂，大多数是由黏料、稀释剂、固化剂和填料等部分组成的。

(1) 黏料。黏料是胶黏剂的基本组成，它使胶黏剂具有黏结特性。黏料一般由一种或几种聚合物配合组成。用于结构受力部位的胶黏剂以热固性树脂为主，用于非结构相变形较大部位的胶黏剂以热塑性树脂或橡胶为主。一般胶黏剂是以黏料的名称来命名的。

(2) 稀释剂。稀释剂用于调节胶黏剂的黏度以便于操作，提高胶黏剂的湿润性和流动性。稀释剂分为活性和非活性两种；前者参与固化反应，后者不参与固化反应而只起到稀释作用。稀释剂需按黏料的品种来选择。一般来说，稀释剂的用量越大，黏结强度越小。

(3) 固化剂。固化剂的作用是使线形分子转变为网体形分子，从而使胶黏剂形成网形结构或体形结构，可增加胶层的内聚强度。它的种类和用量直接影响胶黏剂的使用性质和工艺性能。

(4) 填料。加入填料可改善胶黏剂的性能，例如提高强度、耐热性、抗老化性和固化收缩率等，降低胶黏剂的成本。常用的填料有石英粉、滑石粉、水泥以及各种金属与非金属氧化物。

为满足某些特殊要求，还可掺入增塑剂、防霉剂、稳定剂和阻燃剂等。

2. 类别

胶黏剂品种繁多，用途不同，组成各异，可以从不同角度进行分类。通常是按胶黏剂的化学成分对其进行分类，如图 7-3 所示。

- 胶黏剂
  - 有机胶黏剂
    - 天然胶黏剂
      - 植物胶：淀粉、松香和阿拉伯胶等
      - 动物胶：鱼胶、骨胶和虫胶等
    - 合成胶黏剂
      - 热固性树脂胶黏剂：环氧酚醛、脲醛和有机硅等
      - 热塑性树脂胶黏剂：聚醋酸乙烯酯、乙烯-醋酸乙烯酯等
      - 橡胶型胶黏剂：氯丁胶、丁腈胶和硅橡胶
      - 混合型胶黏剂：酚醛、环氧酚醛、丁腈酚醛和尼龙等
  - 无机胶黏剂
    - 磷酸盐型
    - 硅酸盐型
    - 硼酸盐型

图 7-3　胶黏剂的分类

(二) 胶结原理

1. 机械黏接理论

机械黏接理论认为被黏物表面是粗糙的，有些是多孔的，胶黏剂能渗透到被黏物表面的孔隙中去，固化后就形成了许多微小的机械键合。胶黏剂主要依靠这些机械键合与被黏物牢固地黏接在一起。机械结合力对黏结强度的贡献与被黏物的表面状态有关。

2. 物理吸附理论

物理吸附理论认为任何物质的分子（或原子）之间都有两种相互作用力；一种是强的化学键力；另一种是弱的范德华力。物理吸附是由范德华力所引起的。虽然范德华力能量较低，但由于原子和分子的数目相当多，所以这种物理吸附作用还是很大的。这种理论将黏结力归结于胶黏剂分子和被黏物表面之间的物理吸附作用。

3. 化学键理论

化学键理论认为某些胶黏剂与被黏物表面之间还能形成化学键，已有实验证明这种化学键对于黏结力，特别是对于黏结界面的黏结寿命具有很大的贡献。化学键结合力强度很高，而且对抵抗破坏环境的侵蚀能力也很强。因此，在许多情况下，化学键的作用能更好地解决胶结问题。

4. 扩散理论

扩散理论认为物质的分子始终处于运动中，由于胶黏剂中的高分子具有柔顺性，在胶结过程中，胶黏剂分子与被胶结物分子因相互的扩散作用而更加接近，并形成牢固的黏结。

以上各种理论只是从不同的侧面反映了黏结现象，而胶黏剂在被黏物表面之间的牢固黏结作用是上述各种因素综合作用的结果。胶黏剂的不同，被黏物的不同，以及被黏物体

表面的处理或黏结头的制作工艺的不同，对黏接力的贡献大小也不相同。同时，胶黏剂对被黏表面的浸润作用越完全彻底，所获得的黏结强度就越高。因为无论在黏结界面上发生何种物理的、化学的或机械的作用，如果表面浸润不完全，未接触到的界面处就会出现许多空缺，在这些空缺处显然无法实现吸附、扩散或渗透作用，甚至在这些空缺周围产生应力集中，从而大大降低黏结强度。

(三) 土木工程常用的胶黏剂

1. 环氧树脂胶黏剂

环氧树脂胶黏剂是以环氧树脂为主要原料，掺加适量固化剂、增塑剂、填料和稀释剂等配制而成的。这类胶黏剂具有黏结力强、收缩性小、稳定性高以及耐化学腐蚀、耐热、耐久等优点，对金属、木材、玻璃、硬塑料和混凝土等均有很强的黏附力。随着配方的变化，可以得到各种不同品种和用途的胶黏剂，而且通用于水中作业和耐酸碱等场合。其广泛用于黏结金属和非金属材料及建筑物的修补，俗称为万能胶。

2. 聚乙烯醇和聚乙烯醇缩醛胶黏剂

聚乙烯醇是由聚乙烯醇和甲醛为主要原料，加入少量盐酸、氢氧化钠和水，在一定条件下缩聚而得的无色透明胶体。它的水溶液适合胶结木材、纸张和织物等。聚乙烯醇在酸催化剂存在下与醛类反应，生成聚乙烯醇缩醛。低聚醛度的聚乙烯醇缩甲醛是市售107胶的主要成分。采用尿素对107胶进行氯基化处理，可有效地降低游离甲醛的含量，改善使用条件，且性能与107胶相同，通常将其称为改性107胶或801建筑胶。

3. 聚醋酸乙烯胶黏剂

聚醋酸乙烯胶黏剂俗称为白乳胶，是由醋酸乙烯单体聚合而成。该胶黏剂是一种使用方便、价格便宜、使用普遍的非结构胶黏剂。它能在常温下固化，且速度快、胶黏强度高，既可湿粘，也可干粘，胶膜韧性好。但其耐热温度较低（40℃以下），对溶剂作用的稳定性及耐水性也较差，而且有较大的徐变，所以只能作为在室温下使用的非结构胶。它对于各种极性材料有较好的黏附力，以黏结各种非金属材料为主，如玻璃、陶瓷、混凝土、纤维织物和木材等。此外，可以将其加入涂料中，作为主要成膜物质，也可加入水泥浆中组成聚合物水泥。

思　考　题

7-1　高分子化合物有哪些特征？这些特征与高分子化合物的性质有何联系？

7-2　聚合树脂与缩合树脂在合成时的化学反应有何不同？

7-3　热塑性树脂和热固性树脂的主要不同之处有哪些？

7-4　试述塑料的组成成分及其作用有哪些？

7-5　塑料地面材料的要求有哪些？

7-6　试述玻璃钢的性能及其影响因素有哪些？

7-7　试述涂料的组成成分及其作用有哪些？

7-8　简述内墙涂料与外墙涂料在功能与性能要求之间的区别。

7-9　形成多彩内墙涂料的基本原理是什么？

7 - 10　对胶黏剂有哪些基本要求？试举两种建筑常用胶黏剂，并说明它们的特性与用途是什么？

7 - 11　试分别为家庭居室的地面、墙面及顶棚各选择一种既美观大方，又经济实用的饰面材料，并简述选用理由？

第八章

沥青与沥青混合料

【本章要点】

- *石油沥青的组成、结构特点与技术性质。*
- *石油沥青的技术标准及选用。*
- *改性石油沥青的种类及其特点。*
- *沥青混合料的分类与应用。*
- *沥青混合料的组成结构与技术性质。*
- *沥青混合料的配合比设计。*

沥青是由高分子碳氢化合物及氧、氮、硫等非金属衍生物所组成的混合物。在常温下，沥青随其组成不同而呈黑色或黑褐色的固体、半固体或黏稠液体状态。

沥青是一种有机胶凝材料，具有憎水性，完全不溶于水且不吸水，与无机矿质混合料的黏结能力较强，并具有良好的防腐能力。

沥青可用于生产防水材料、防腐材料和沥青混合料等，在土木工程中的应用较广泛。沥青包括地沥青和焦油沥青，其中地沥青包括天然沥青和石油沥青。

本章主要讨论石油沥青与沥青混合料。

第一节　石　油　沥　青

石油沥青是石油原油经蒸馏提炼出各种轻质油及润滑油后的剩余油品。其经过加工可得各种石油沥青产品。

一、石油沥青的组成与结构

(一) 石油沥青的组成

由于石油沥青化学组成及元素分析与石油沥青的工程性能之间关系的规律性较难找

到，详细的元素分析对工程应用没有必要。在工程中，将石油沥青中化学及物理性质相近，而且其工程性能有共同特点的部分分为一组，称为组分。对沥青的组分进行化学分析时，通常采用我国现行《公路工程沥青及沥青混合料试验规程》(JTJ 052—2000) 中规定的三组分和四组分两种分析法。这里我们介绍三组分分析法的结果。

石油沥青的三组分分析法是将石油沥青分离为油分、树脂和地沥青质三个主要组分。各个组分对石油沥青性能产生的作用是不同的。

油分为淡黄色至红褐色的油状液体，是沥青中分子量最小和密度最小的组分，密度介于 0.7～1.0g/cm³ 之间。在 170℃较长时间加热，油分可以挥发。油分能溶于石油醚、二硫化碳、三氯甲烷、苯、四氧化碳和丙酮等有机溶剂中，但不溶于酒精。油分的多少决定了沥青的流动性。

树脂为红褐色黏稠半固体，温度敏感性高，其含量多少将影响到石油沥青的塑性、流动性和黏结性，当含量增加时，石油沥青的黏结力和延伸性都会增加。

地沥青质为深褐色固体微粒，加热不熔化而碳化，影响到沥青的黏结力、黏度和温度稳定性，其含量越多，软化点越高，黏性越大，越硬脆。

(二) 石油沥青的结构

在石油沥青中油分与树脂互溶，这种互溶物浸润沥青质。在石油沥青结构中是以沥青质为核心，周围吸附、浸润部分树脂和油分的互溶物，构成胶团，这种胶团分散在油分中形成胶体结构。当沥青质含量相对较少时，油分和树脂含量相对较高，胶团的树脂外膜较厚。胶团之间相对运动阻力小，这时的石油沥青黏性小、流动性大、温度稳定性较差，一般将这样的胶体结构称为溶胶结构。

当沥青含量逐步增加，油分和树脂相对减少时，胶团外膜渐渐变薄，胶团渐渐靠近。若沥青质含量的增加在一种适当数量，沥青质有较多的树脂作为保护层，胶团之间保持一定的吸引力，一般将这样的胶体结构称为流胶-凝胶结构。

当沥青质再增加时，胶团外膜较薄，胶团靠近聚集、移动比较困难，这时沥青的胶体结构称为凝胶结构。

二、石油沥青的主要技术性质

(一) 黏滞性 (黏性)

石油沥青的黏滞性是沥青材料内部阻碍其流动的一种特性。各种石油沥青的黏滞性大小随组分及温度而变化，波动范围很大。当石油沥青中沥青质含量较高，同时树脂含量适量，油分含量较少时，则黏滞性较大，在一定温度范围内，当温度升高时，则黏性降低。在《公路工程沥青及沥青混合料试验规程》(JTJ 052—2000) 中，黏滞性的试验测定和表示方法有多种。工程中常用的测定沥青黏滞性的方法是采用标准黏度计和针入度仪。

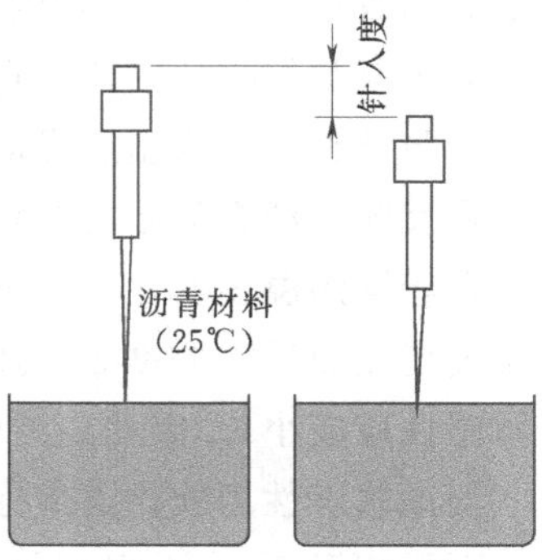

图 8-1　针入度示意图

黏稠石油沥青的黏滞性用针入度仪测定针入度来表示，如图 8-1 所示。针入度是在规定温度 (25℃) 条件下，以规定重量 (100g) 的标准针，经历规定时间 (5s)

贯入式样中的深度，以 1/10mm 为单位表示，符号为 P。液体石油沥青或较稀的石油沥青的黏滞性可用标准黏度计测定的标准黏度表示（即道路沥青标准黏度计法），如图 8－2 所示。黏度应注明温度及流孔孔径，以 $C_t^d T$ 表示。

（二）塑性

塑性是指石油沥青在一定外力作用时产生变形而不破坏，除去外力后仍保持变形后的形状不变的性质。它反映了石油沥青受力时能承受的塑性变形能力。塑性是石油沥青的重要性能指标之一。

石油沥青的塑性以延度来表征，沥青延度值的大小直接反映了工程中沥青在外力作用下，保持内部结构连续或抵抗开裂的能力。沥青的延度值是采用延度仪测定的（见图 8－3)，它是将沥青试样制成 8 字形标准试件（中间最小断面为 $1cm^2$），在规定的拉伸速度（5cm/min）和规定的温度（15℃或 25℃）下，拉断时的长值（以 cm 计），延度值越大，表示沥青塑性越好。

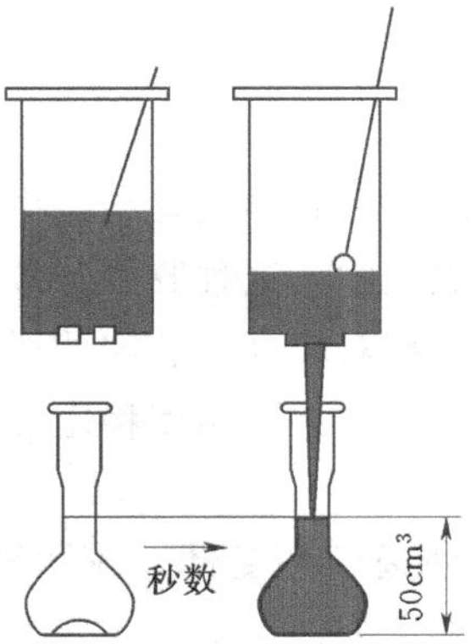

图 8－2 标准黏滞度测定示意图

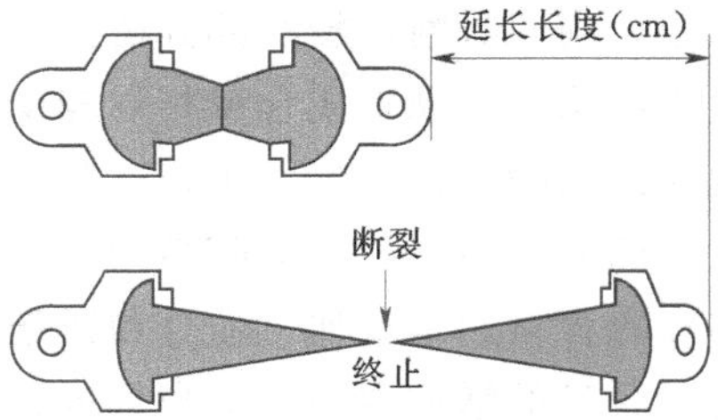

图 8－3 延度测定示意图

影响沥青塑性的因素主要是树脂的含量及温度等。一般来说，沥青中油分和地沥青质适量，树脂含量越高，则其塑性越好，温度升高，沥青的塑性随之增大。

（三）温度敏感性

温度敏感性（又称为温度稳定性）是指石油沥青的黏滞性和塑性随温度升降而变化的性能。沥青是一种组成和结构非常复杂的非晶质高聚物，没有一定的熔点。当温度升高时，处于凝胶结构的固体沥青就会逐渐软化成溶-凝胶结构，使得沥青的抗变形能力逐渐变弱。与此相反，当温度降低时，沥青又逐渐由溶-凝胶结构凝结成固态，甚至变硬变脆。此过程反映了沥青随温度升降其黏滞性和塑性的变化。

在相同的温度变化间隔里，各种沥青黏滞性及塑性变化幅度不会相同，工程要求沥青随温度变化而产生的黏滞性及塑性变化幅度应较小，即沥青对温度的稳定性应较好（即温度敏感性应较小）。因此，温度敏感性是沥青的重要指标之一。

温度敏感性用软化点指标衡量。软化点是沥青由固态转变为具有一定流动性膏体的温度，可采用环球法测定（见图 8－4）。该方法是将沥青试样装入规定尺寸（直径约 16mm，高约 6mm）的铜球中，环上置一标准钢球（重为 3.5g，直径为 9.5mm），浸入水中或甘油中，以规定的加热速度（5℃/min）加热，沥青逐渐软化，当沥青软化下垂量达25.4mm时的温度（℃）称为软化点。软化点越高，表明沥青的耐热性越好，即温度稳定性越好。

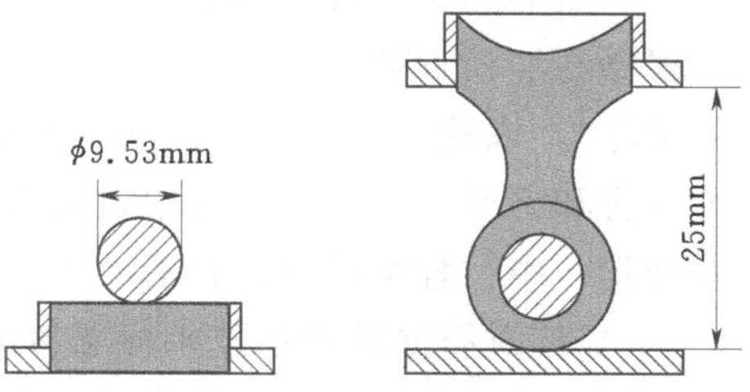

图 8-4 软化点测定示意图

沥青软化点不能太低，否则夏季易触化发软；但也不能太高，否则不易施工，且如果品质太硬，冬季易发生脆裂现象。影响石油沥青敏感性的因素主要有地沥青质含量和蜡含量等。通常，石油沥青中地沥青质含量多，在一定程度上能够减小其温度敏感性，在工程使用时往往加入滑石粉、石灰石粉或其他矿物填料，减小其温度敏感性。沥青中含蜡量多时，则会增大其温度敏感性。多蜡沥青不能用于直接暴露于阳光和空气中的土木工程，因为其温度敏感性大，温度不太高（60℃左右）时就发生流淌，在温度较低时又易变硬开裂。

（四）防水性

石油沥青是一种憎水性材料，几乎完全不溶于水，且构造致密，与矿物材料表面有很好的黏结力，能紧密黏附于矿物材料表面，同时，它还具有一定的塑性，能适应材料或物件的变形，所以石油沥青具有良好的防水性，故广泛用作土木工程的防潮、防水材料。

（五）大气稳定性

大气稳定性是指石油沥青在施工时受高温的作用，以及使用时在热、阳光、氧气和潮湿等因素长期综合作用下抵抗老化的性能。

在大气因素的结合作用下，沥青中的低分子量组分会向高分子量组分转化递变，即油分⟶树脂⟶地沥青质。实验发现，树脂转变为地沥青质比油分变为树脂速度快得多（约50%）。因此，石油沥青会随时间进展而变硬变脆，即“老化”。

《公路工程沥青及沥青混合料试验规程》（JTJ 052—2000）规定，石油沥青的大气稳定性以沥青试样在加热蒸发前后的“蒸发损失百分率”、“蒸发后针入度比”和“老化后的延度”来评定。

其测定方法是：将沥青试样经一定时间（5h）和温度（163℃）加热并冷却后，测定其挥发质量和残留物针入度。计算出蒸发损失质量占原质量的百分数，称为蒸发损失百分率；测得老化后针入度与原针入度的比值，称为针入度比，同时测定老化后的延度。沥青经老化后，质量损失百分率越小、针入度比和延度越大，则表示沥青的大气稳定性越好，即老化越慢。

以上五种性质是石油沥青的主要性质，是鉴定土木工程中常用石油沥青品质的依据。

此外，为全面评定石油沥青质量和保证安全，还需了解石油沥青的溶解度、闪点和燃点等性质。溶解度是指石油沥青在三氯乙烯、四氯乙烯或苯中溶解的百分率，用以限制有害不溶物（如沥青碳化或似碳物）含量，因为不溶物会降低沥青的黏结性。闪点和燃点的高低表明沥青引起火灾或爆炸的可能性的大小，它关系到运输、储存和加热、使用等方面的安全。为安全起见，沥青应与火焰隔离。

三、石油沥青的技术标准及选用

根据石油沥青的不同性能，选择适当的技术标准，将石油沥青划分成不同的种类和等级（标号），以便石油沥青的选用。石油沥青主要划分为三大类，即道路石油沥青、建筑石油沥青和普通石油沥青。其中道路石油沥青是石油沥青的主要类型，又分为重交通道路石油沥青，中、轻交通道路石油沥青，乳化石油沥青，以及液体石油沥青和改性沥青等。

（一）建筑石油沥青的技术标准与选用

建筑石油沥青按其针入度值划分为 40 号、30 号和 10 号三个标号。因其针入度较小、软化点较高、但延度较小，故其主要用于屋面及地下防水、沟槽防水与防腐和管道防腐等工程，还可用于制作油毡、油纸、防水涂料和沥青玛蹄脂等建筑涂料。石油沥青软化点偏低时，沥青在夏季高温易流淌；而软化点过高时，沥青在冬季低温易开裂。因此，应根据气候条件、工程环境及技术要求选用建筑石油沥青材料。对于屋面防水工程，主要应考虑沥青的高温稳定性，选用低软化点的沥青，例如 10 号沥青或 10 号与 30 号的混合沥青。对于地下室防水工程，主要应考虑沥青的耐老化性，选用高软化点的沥青，例如 40 号沥青。建筑石油沥青的技术性能标准如表 8-1 所示。

表 8-1　建筑石油沥青技术标准（GB/T 494—1998）

项　目	质量指标		
	10 号	30 号	40 号
针入度（25℃，100g，5s）　(1/10mm)	10～25	26～35	36～50
延度（25℃，5cm/min）不小于（cm）	1.5	2.5	3.5
软化点（环球法）不低于（℃）	95	75	60
溶解度（三氯乙烷、三氯乙烯、四氯化碳或苯）不小于（%）	99.5		
蒸发损失（163℃，5h）不大于（%）	1		
蒸发后针入度比不小于（%）	65		
闪点（开口）不低于（℃）	230		
脆点（℃）	报告		

（二）道路石油沥青的技术标准与选用

1. 中、轻交通道路石油沥青的技术标准与选用

用于中、轻交通道路石油沥青根据《沥青路面施工及验收规范》（GB 50092—96），按其针入度值可划分为 A-60、A-100、A-140、A-180 和 A-200 等五个标号，其中 A-60 和 A-100 按其延度指标又划分为甲、乙两个标号。该规范主要用于市政工程。中、轻交通石油沥青的技术性能标准如表 8-2 所示。

2. 重交通道路石油沥青的技术标准与选用

重交通道路石油沥青根据《沥青路面施工及验收规范》（GB 50092—96）按其针入度值划分为 AH-50、AH-70、AH-90、AH-110 和 AH-130 等五个标号。这类沥青主要用于高速公路、一级公路及城市快速、主干路铺筑的路面。重交通量路面对沥青的塑性、温度稳定性和耐老化性能要求较高，因此这类路面石油沥青的延度要求在 15℃的温度下试验，大气稳定性的蒸发损失试验采用薄膜烘箱试验，并对含蜡量进行了控制，引入

了密度指标，重交通道路石油沥青的技术性能标准如表 8－3 所示。

表 8－2　　中、轻交通道路石油沥青质量要求

项目		标号						
		A－200	A－180	A－140	A－100 甲	A－100 乙	A－60 甲	A－60 乙
针入度（25℃，100g，5s）（1/10mm）		200～300	160～200	120～160	90～120	80～120	50～80	40～80
延度(25℃，5cm/min)不小于（cm）		—	100	100	90	60	70	40
软化点(环球法)不低于(℃)		30～45	35～45	38～48	42～52	42～52	45～55	45～55
溶解度（三氯乙烯）不小于（%）		99.0	99.0	99.0	99.0	99.0	99.0	99.0
蒸发损失试验（163℃，5h）	质量损失不大于(%)	1	1	1	1	1	1	1
	针入度比不小于(%)	50	60	60	65	65	70	70
闪点不低于（%）		180	200	230	230	230	230	230

表 8－3　　重交通道路石油沥青质量要求

项目		标号				
		A－130	A－110	A－90	A－70	A－50
针入度（25℃，100g，5s）　（1/10mm）		120～140	100～120	80～100	60～80	40～60
延度（15℃，5cm/min）大于（cm）		100	100	100	100	80
软化点（℃）		40～50	41～51	42～52	44～54	45～55
闪点不低于（%）		230				
溶解度（溶剂：三氯乙烯）大于（%）		99.0				
含蜡量（蒸馏法）不大于（%）		3				
密度（15℃）　（g/cm³）		实测记录				
薄膜烘箱加热试验（163℃，5h）	质量损失不大于（%）	1.3	1.2	1.0	0.8	0.6
	加热后针入度比不小于（%）	45	48	50	55	58
	加热后延度（25℃）不小于（cm）	75	75	75	50	40
	加热后延度（15℃）　（cm）	实测记录				

此外，道路石油沥青根据《公路沥青路面施工技术规范》（JTG F40—2004 ）的规定，其质量应符合技术要求，该规范对一些指标参数的划分更为全面。根据《公路沥青路面施工技术规范》（JTG F40—2004），道路石油沥青分为 A、B、C 三个等级：A 级沥青适用于各等级公路；B 级沥青适用于高速公路、一级公路沥青下面层及以下的层次，以及二级及二级以下公路的各个层次；C 级沥青适用于三级及三级以下公路的各个层次。该规范主要适用于公路工程。

第二节　煤焦油简介

煤焦油是生产焦炭和煤气的产物，它大部分用于化工，而小部分用于制作建筑防水材

料和铺筑道路路面。

烟煤在密闭设备中加热干馏，此时烟煤中挥发物质气化逸出，冷却后仍以气体可作煤气，冷凝下来的液体除去氨及苯后，即为煤焦油，因为干馏温度不同，生产出来的煤焦油品质也不同。炼焦及制煤气时干馏温度约为800～1300℃，这样得到的为高温煤焦油。当低温（600℃以下）时，所得到的为低温煤焦油。高温煤焦油含碳较多，密度较大，含有大量的芳香族碳氢化合物，工程性质较好。故多用高温煤焦油制作焦油类建筑防水材料或煤沥青，或作为改性材料。低温煤焦油含碳少，密度较小，含芳香族碳氢化合物少，主要含环烷族及不饱和碳氢化合物，还含较多的酚类，其工程性质较差。

煤沥青是将煤焦油再进行蒸馏，蒸去水分和所有的轻油及部分中油、重油后所得的残渣。与石油沥青相比，由于两者的成分不同，煤沥青具有以下特点：

（1）由固态或黏稠态转变为黏液态（或液态）的温度隔离较小，夏天易软化流淌，而冬天脆裂，即温度敏感性较大。

（2）含挥发性成分和化学稳定性差的成分较多，在大气因素作用下，煤沥青易硬脆，故大气稳定性较差。

（3）因含有较多的游离碳，故塑性较差，容易变形或开裂。

（4）因含有蒽、酚等，故有毒性和臭味，但防腐能力较好，适用于材料的防腐处理。

（5）因含表面活性物质较多，与矿物表面的黏附力较好。

第三节　改性石油沥青

沥青材料无论用作屋面防水材料还是用作路面胶结材料，都是直接暴露于自然环境中的，而沥青的性能又受环境因素较大，同时，现代土木工程不仅要求沥青具有较好的使用性能，还要求其具有较长的寿命，单纯依靠其自身性质，不一定能全面满足这些要求，为此，常用橡胶、树脂和矿物填料等改性。橡胶、树脂和矿物填料等通称为石油沥青的改性材料。

一、橡胶改性沥青

因橡胶与沥青具有较好的混溶性，并能使沥青具有橡胶的很多优点，例如高温变形小，低温柔性好等，所以常用橡胶对沥青进行改性。由于橡胶的品种不同，掺入的方法也有所不同，而各种橡胶沥青的性能也有差异。

（一）氯丁橡胶改性沥青

氯丁橡胶掺入沥青中，会大大改善沥青的气密性、低温柔性和耐化学腐蚀性等。其生产方法有溶剂法和水乳法两种。溶剂法是先将氯丁橡胶溶于一定的溶剂中形成溶液，然后掺入沥青中，混合均匀即可得。水乳法是将氯丁橡胶和沥青分别制成乳液再混合均匀即可。

这类沥青可用于路面的稀浆封层或制作密封材料和涂料等。

（二）丁醛橡胶改性沥青

丁醛橡胶（含量2%～4%）掺入至沥青中，可使沥青具有优异的耐分解性，并可改善其低温抗裂性能和耐热性能。丁醛橡胶改性沥青的生产方法与氯丁橡胶改性沥青相似。

这类沥青多用于道路路面工程及制作密封材料和涂料。

（三）热塑性弹性体改性沥青

热塑性弹性体苯乙烯-丁二烯共聚物（SBS）具有橡胶和树脂的特性，它常温下具有橡胶的弹性，高温下又具有树脂的可塑性。SBS掺入沥青中，可使其具有良好的耐高温性、优异的低温柔性和耐疲劳性，是目前应用最广、最成功的改性沥青之一，其生产方法有胶体磨法和高速剪数法两种。SBS的掺量一般为3%～10%。

这类沥青主要用于制作防水卷材和铺筑高等级公路路面等。

（四）再生橡胶改性沥青

再生橡胶（废旧橡胶）掺入沥青中，可大大提高沥青的气密性、低温柔性、耐候性、耐大气的综合作用等。其生产制造方法是先将废旧橡胶加工成粒径在1.5mm以下的颗粒，再与沥青混合，然后加热搅拌脱硫即可得到。废旧橡胶的掺量一般为3%～15%。

这类沥青可以制成卷材、片材、密封材料、胶黏剂和涂料等。

二、树脂改性沥青

树脂掺入改性沥青中，可以改进沥青的耐寒性、耐热性、黏结性和不透气性；但树脂和石油沥青的相溶性较差，并且可用的树脂品种又不多，常用的树脂改性沥青有以下几种。

（一）古马隆树脂改性沥青

古马隆树脂（又称为香豆桐树脂）呈黏稠液体或固状体，浅黄色至黑色，易溶于氯化烃、酯类和硝醛类等，为热塑性树脂。古马隆树脂改性沥青的生产工艺是先将沥青和古马隆树脂加热熔化成胶水，在150～195℃保持一段时间，使之充分混合均匀即可得到。

（二）聚乙烯树脂改性沥青

聚乙烯树脂改性沥青，可改善沥青的耐高温性、耐疲劳性和低温柔性。其生产工艺较简单，在沥青中掺入5%～10%的低密度聚乙烯，采用胶体磨法或高速剪数法即可制得。

此外，乙烯-乙酸、乙烯共聚物（EVA）和无规聚丙烯（APP）也常用来改善沥青性能，可提高其弹性塑性、耐高温性和抗老化性等，多用于防水卷材、密封材料和涂料等。

三、橡胶和树脂改性沥青

因橡胶和树脂具有较好的混溶性，两者同时用于改性沥青，使沥青同时具有橡胶和树脂的特性，且树脂比橡胶便宜，故此法较实用。橡胶和树脂改性沥青的生产过程是橡胶、树脂和沥青在加热熔融状态下，沥青与高分子聚合物相互侵入和扩散，形成凝聚的网状混合机物，即为橡胶和树脂改性沥青。

四、矿物填充料改性沥青

矿物填充料改性沥青可以提高沥青的黏结性和耐热性，降低沥青的温度敏感性。

常用的改性矿物填充料大多是粉状和纤维状的，主要有滑石粉、石灰石粉和石棉等。滑石粉的主要化学成分是含水硅酸镁（$3MgO \cdot SiO_2 \cdot H_2O$），属果油性矿物，易被沥青润湿，是很好的矿物填充料。石灰石粉的主要成分为碳酸钙（$CaCO_3$），属亲水性矿物，它与沥青中的酸性树脂有较强的物理吸附力和化学吸附力，所以它与沥青也可形成稳定的化合物。石棉的主要成分为钠、钙、镁、铁的硅酸盐，呈纤维状，有弹性，内部有很多微孔，吸收沥青量大，所以可大大提高沥青的抗拉强度和热稳定性。

矿物填充料之所以能改性沥青，是由于沥青和矿物填充料的湿润和吸附作用，沥青呈单分子状排列在矿物颗粒（或纤维）表面，形成结合牢固的沥青薄膜，这部分沥青称为“结构沥青”，具有较高的黏性和耐热性。为形成恰当的结构沥青薄膜，掺入的矿物填充料视需要一般不宜少于15%。

第四节 沥青混合料的组成和性质

一、沥青混合料的应用与分类

沥青混合料是将粗集料、细集料和填料经人工合理选择级配组成的矿物混合料与沥青材料经拌和而成的均匀混合料。它是一种黏弹塑性材料，具有一定的高温稳定性、低温柔性和良好的力学性能，修筑路面时不需设置接缝，行车较舒适；而且，其施工方便，不需要较长的养护期，能及时开放交通，并可再生利用，因此，被广泛用于修建高等级公路、干线公路和城市道路路面。

沥青混合料通常包括沥青混凝土混合料和沥青碎石混合料两大类。沥青碎石混合料按集料的最大粒径，分为粗粒式、中粒式、细粒式和砂粒式沥青混合料；按矿料级配组成及空隙率大小，分为密级配、半开级配和开级配沥青混合料；按施工条件，分为热拌热铺沥青混合料、热拌冷铺沥青混合料和冷拌冷铺沥青混合料。

二、沥青混合料的组成结构

沥青混合料是由粗细集料、矿粉和沥青等组成的，这些组成成分性质的差别或其相对比例的不同就决定了混合料的内部结构，根据其矿料骨架的结构状况，可有以下三个典型的结构。

（一）悬浮密实结构

当采用连续密级配矿质混合料与沥青形成的沥青混合料时，矿料中的大颗粒之间被次级及更小颗粒所隔开，大颗粒间不能相应靠拢而形成在骨架结构中，这些大颗粒犹如悬浮于细小集料、矿粉及沥青之间的分散相。尽管按此形式形成的沥青混合料可以获得较密实的结构，但是不能发挥大颗粒间相互嵌挤的骨架作用，其结构组成如图8－5（*a*）所示，这种结构的沥青混合料虽然密实度和强度较高，但高温稳定性较差。

（二）骨架空隙结构

当采用开级配矿质混合料与沥青形成的沥青混合料时，其中粗集料所占比例过高，细集料很少。尽管混合料中粗集料可以互相靠拢形成骨架，但由于细料过少，使粗集料之间的空隙过多，需填充过多的沥青及粉料，其结构组成如图8－5（*b*）所示，这种结构的沥青混合料具有较高的内摩擦角，但黏聚力较小，空隙率大，抗变形能力也就较差。

（三）骨架密实结构

当采用间断型密级配矿质混合料与沥青形成的混合料时，是综合以上两种结构之长的一种结构。它既有一定数量的粗集料形成骨架，又根据粗集料空隙的多少加入细集料，使之添满骨架空隙，形成较高密实度的结构，间断级配即按此原理构成的，其组成结构如图8－5（*c*）所示。这种结构的沥青混合料不仅只有较高的黏聚力，而且密实度和稳定性都较好，是一种理想的结构类型。

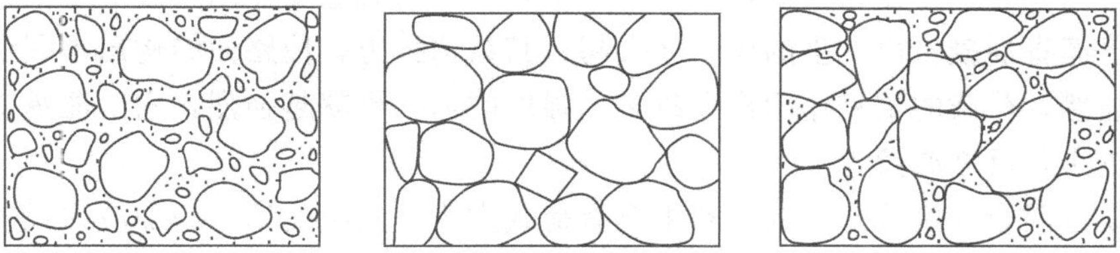

(a) (b) (c)

图 8-5 沥青混合料组成结构示意图

(a) 悬浮密实结构；(b) 骨架空隙结构；(c) 骨架密实结构

三、沥青混合料的技术性质

沥青混合料作为沥青路面的面层材料，直接承受着在车辆行驶中反复荷载和大气因素的影响，同时沥青混合料的物理、力学性质受气候因素与时间因素影响较大。因此，为了能使路面给车辆提供稳定、耐用的服务，必须要求沥青路面具有一定的高温稳定性、低温抗裂性、表面抗滑性、耐用性、施工和易性以及水稳定性。

(一) 高温稳定性

沥青混合料的高温稳定性是指在夏季高温条件下，承受多次重高荷载作用而不发生过大的承受变形的能力。沥青混合料受到外力作用时，将产生变形，这种变形包括弹性变形和塑性变形，其中沥青混合料的塑性变形，会造成路面产生车辙、波浪及拥包等现象。

目前，我们衡量沥青混合料的高温稳定性，主要有高温强度与稳定性两个技术指标，常用的测试评定方法有马歇尔试验法、车辙试验法等。

根据有关规定，工程中应采用马歇尔试验来评定各种路面混合料的高温稳定性。对于高速公路、一级公路和城市快速路及主干路沥青路面的上面层和中面层的沥青混凝土混合料，还应通过车辙试验来检验其抗车辙能力。

马歇尔试验通常测定的是马歇尔稳定度和流值。马歇尔稳定度是指标准尺寸试件在规定温度和加荷速度下，在马歇尔仪中的最大破坏荷载（kW）。流值是达到最大破坏荷载时，试件中的垂直变形（0.1mm）。车辙试验测定的是动稳定度。沥青混合料的动稳定度是指标准试件在规定温度下，一定荷载的试验车轮在同一轨迹上，在一定时间内往返行走（形成一定的车辙深度）产生 1mm 变形所需的行走次数（次/mm）。用于高速公路、一级公路上面层或中面层的沥青混凝土混合料的动稳定度不宜小于 800 次/mm，用于城市主干道的沥青混合料的动稳定度不宜小于 600 次/mm。

(二) 低温抗裂性

低温抗裂性是指在冬季环境等较低温度下，沥青混合料路面抵抗低温收缩，并防止开裂的能力，影响低温开裂的因素主要是沥青的性质，采用含有低温柔性高分子的改性沥青或在沥青中掺加某些纤维可以显著改善沥青混合料的低温抗裂性。

工程实际中常根据试件的低温劈裂试验来间接评定沥青混合料的抗低温能力。工程设计中可以通过测定沥青混合料试件低温的温度收缩，计算低温收缩时在路面中所出现的温度应力与沥青混合料的抗拉强度对比，来估算沥青路面的开裂温度。

(三) 疲劳特性

随着公路交通量日益增长，路面沥青混凝土经受车轮荷载的反变作用，长期处于应力应变交替变化状态，致使路面结构强度逐渐下降。当荷载重复作用超过一定次数以后，在荷载作用下沥青混凝土内产生的应力就会超过其结构抗力，使路面结构出现裂纹，产生疲劳破坏。显然，荷载的重复作用次数越多，强度的损伤也就越强烈，它所能承受的应力或应变值就越小，反之亦然。

影响沥青混合料疲劳寿命的因素主要有荷载大小，加载速率，施加应力或应变波谱的形式，荷载间歇时间，试验的方法和试件成型，混合料的沥青用量，以及混合料的空隙率、温度和湿度等。

(四) 耐久性

沥青混合料的耐久性是指其在外界各种因素（如阳光、空气、水和车辆荷载等）的长期作用下，仍能基本保持原有的性能。

影响沥青混合料耐久性的主要因素有沥青与骨料的性质、沥青的用量、沥青混合料的压实度与空隙率等。从材料的性质来看，优质的沥青，不易老化，坚硬的骨料，不易风化、破碎，骨料中碱性成分含量多，与沥青的黏结性好，沥青混合料的寿命则长。从沥青的用量来看，适当增加沥青的用量，可以有效地减少路面裂缝的产生。从沥青混合料的压实度和空隙率来看，压实度越大，路面承受车辆荷载的能力越强；空隙率越小，可以越有效地防止水分的渗入以及阳光对沥青的老化作用，同时，对路面也有一定的保护作用，但空隙率也不能过小，以利于沥青混合料的夏季膨胀。因此，《公路沥青路面施工技术规范》(JTG F40—2004) 中规定密级配沥青混凝土混合料的空隙率应在 3%～5%（夏炎热区、中轻交通）或 4%～6%（夏炎热区、重载交通）。

目前，沥青混合料耐久性常用浸水马歇尔试验评价，其试验方法见《公路工程沥青及沥青混合料试验规程》(JTJ 052—2000)。

(五) 表面抗滑性

随着车辆行驶速度的增加，路面的抗滑性显得尤为重要。沥青路面的抗滑性能与集料表面的结构（粗糙度）、级配组成和沥青等因素有关。为了提高路面的抗滑性，必须增加路面的粗糙度，因而对于面层集料，应选用质地坚硬具有棱角的碎石，通常采用玄武石。此外，采用适当增大集料粒径、减少沥青用量及控制沥青的含蜡量等措施，均可提高路面的抗滑性。

(六) 水稳定性

沥青路面的水损害与两种过程有关；首先，水能浸入沥青中使沥青黏附性减小，从而导致混合料的强度和劲度减小；其次，水能进入沥青薄膜和集料之间，阻断沥青与集料表面的接触，结果沥青从集料表面剥落。

影响沥青路面水稳定性的因素主要包括沥青混合料的性质、沥青混合料类型、施工期的气候条件、施工后的环境条件和路面排水等方面。为提高沥青路面的水稳定性，必须从以上几个方面采取综合措施。

(七) 施工和易性

沥青混合料除了具备上述技术性质外，还应具备施工和易性才能顺利地进行施工作业，影响施工和易性的因素很多，例如，矿料集配、沥青用量、气温和施工机械条件。合理的矿料级配，使沥青混合料之间拌和均匀，不致产生离析现象。适量的沥青用量，可以避免混合料疏松或结团现象，方便摊铺。

目前，评价施工和易性只能凭经验来目估，尚未形成一定量的指标。

第五节　沥青混合料的配合比设计

沥青混合料配合比设计的主要任务是依据沥青混合料的技术要求，选择沥青混合料的各组成材料，并确定各组成材料相互配合的最佳组成比例，使其满足技术要求（适用），又符合经济的要求。

一、沥青混合料组成材料的技术要求

(一) 对沥青的要求

沥青材料型号不同，其技术指标和适用路面情况也不同，在选择沥青材料的时候，要考虑气候条件、交通性质条件等情况，炎热气候地区、繁重的交通及细粒式或砂粒式的混合料，应选用稠度较高的沥青；反之，则采用稠度较低的沥青。一般路面的上层宜采用较稠的沥青，下层和联结层宜采用较稀的沥青。

(二) 对粗集料的要求

沥青混合料的粗集料要求洁净、干燥、无风化、无杂质，并只具有足够的强度和耐磨性，一般选用碎石、破碎砾石和慢冷矿渣等。

沥青混合料对粗集料的级配不单独提高要求，只要求它与细集料、矿粉组成的矿质混合料能符合相应的沥青混合料的矿料级配范围。每种混合料按空隙率分为Ⅰ型（空隙率为3%～6%）和Ⅱ型（空隙率为6%～10%）两种。当一种粗集料不满足要求时，可用两种以上不同级配的粗集料掺合使用。

(三) 对细集料的要求

用于拌制沥青混合料的细集料是指粒径小于2.36mm的天然砂、人工砂或石屑。

细集料应洁净、干燥、无风化、不含杂质，并有适当的级配，对细集料质量的技术要求，如表8-4所示。

表8-4　　沥青面层用细集料技术要求

指　　标	高速公路、一级公路	其他某级公路
视密度（t/m^3）	≥2.5	≥2.45
坚固性（大于0.3mm部分；%）	≤12	—
砂当量	≥60	≥50

注　砂当量是通过测定砂中所含黏性土或杂质的含量，以评定砂粒、洁净程度。

(四) 对填料的要求

沥青混合料的填料指粒径小于0.075mm的矿质粉末，宜采用石灰岩或岩浆岩中的强碱性岩石（憎水性石料）磨细的矿粉。矿粉要求干燥、不含泥土杂质，含水量应不大于1%，矿粉视密度应不小于2.50g/cm^3，通过0.075mm筛的应大于75%，亲水系数（即矿粉在水中体积与煤油中的体积之比）应小于1。

二、沥青混合料的配合比设计

当沥青混合料配合比设计要求比较高时，应在调查以往同类材料的配合比设计经验和使用效果的基础上进行设计，通常分三个阶段进行，即目标配合比设计、生产配合比设计和生产配合比验证。

（1）沥青混合料的目标配合比设计阶段。用工程实际使用的材料根据《公路沥青路面施工技术规范》（JTG F40—2004）按有关附录的方法，优选矿料级配、确定最佳沥青用量，使其符合配合比设计技术标准和配合比设计检验要求，以此作为目标配合比，供拌和机确定各冷饮仓的供料比例、进料速度及试拌使用。

（2）生产配合比设计阶段。生产配合比设计是在目标配合比的基础上，抽取热料仓的材料再次用马歇尔试验等方法进行试配，得出生产配合比。对间歇式拌和机，应按规定方法取样测试各热料仓的材料级配，确定各热料仓的配合比，供拌和机控制室使用。同时，选择适宜的筛孔尺寸和安装角度，尽量使各热料仓的供料大体平衡，并取目标配合比设计的最佳沥青用量 OAC、OAC±0.3%等三个沥青用量进行马歇尔试验和试拌，通过室内试验及从拌和机取样试验综合确定生产配合比的最佳沥青用量，由此确定的最佳沥青用量与目标配合比设计的结果的差值不宜大于±0.2%。对连续式拌和机可省略生产配合比设计步骤。

（3）生产配合比验证阶段。生产配合比验证一般是使用生产配合比进行试拌，并进行试验路段的摊铺，对试验路段的质量进行检验，如果符合设计要求方能进行正常生产。拌和机按生产配合比结果进行试拌、铺筑试验段，并取样进行马歇尔试验，同时从路上钻取芯样观察空隙率的大小，由此确定生产用的标准配合比。标准配合比的矿料合成级配中，至少应包括 0.075mm、2.36mm、4.75mm 及公称最大粒径筛孔的通过率接近优选的工程设计级配范围的中值，并避免在 0.3～0.6mm 处出现“驼峰”。对确定的标准配合比，宜再次进行车辙试验和水稳定性检验。

最后根据标准配合比以及相关质量管理要求中的各筛孔的允许波动范围来制定施工用的级配控制范围，以此检查沥青混合料的生产质量。此外，对于某些等级公路热拌沥青混合料的配合比设计可按上述步骤进行。当材料与同类道路完全相同时，也可直接引用成功的经验。

思　考　题

8-1　试简述沥青混合料的定义以及其应具备的主要技术性能。

8-2　沥青混凝土混合料与沥青碎石混凝土有何区别？

8-3　如何改善石油沥青的稠度、黏结力、变形和耐热性等性质？并说明改善措施的原因。

8-4　配置沥青混合料时，各种原材料的选用要求是什么？

8-5　试分析沥青混合料强度的影响因素。

8-6　试述沥青混合料高温稳定性的评定方法。

8-7　华南某二级公路沥青混凝土路面使用一年后就出现较多网状裂缝，其中施工厚度较薄及下凹处裂缝更为明显。据了解当时对下卧层已作认真检查，已处理好软弱层，而所用的沥青延度较低。请分析原因。

8-8　土木工程中选用石油沥青牌号的原则是什么？在地下防潮工程中，如何选择石油沥青的牌号？

8-9　高速公路的沥青混凝土面层及抗滑表层可否使用石屑作热拌沥青混合料的细集料？

8-10　矿粉填料在沥青混凝土中起到什么作用？试述其作用机理。

8-11　在热拌沥青混合料配合比设计时，沥青最佳用量是怎样确定的？

第九章

木　　材

【本章要点】

- 木材的分类和构造。
- 木材的技术性质。
- 木材的应用。
- 木材的干燥、防腐和防火。

木材是人类使用最早的土木工程材料之一，具有轻质高强，弹性和韧性好，耐冲击振动，对声、热和电的传导性低，纹理美观，以及易于加工等优点。因而历来与水泥、钢材并列为土木工程中的三大材料，被广泛应用于土木工程中。但木材也存在一些缺点，例如，内部构造不均匀，各向异性，易吸水吸湿从而导致形状、尺寸和强度等物理、力学性能变化，长期处于干湿交替环境中耐久性差，以及易燃、易腐和天然疵病较多等。

第一节　木材的分类与构造

一、木材的分类

木材的树种很多，从树叶的外观形状可将其分为针叶树和阔叶树两大类。

二、木材的构造

由于树种和树木的生长环境不同，木材具有不同的构造。木材的构造决定了木材的性质。

(一) 木材的宏观构造

木材的宏观构造是指用肉眼或借助放大镜能观察到的构造特征。通常从树干的三个不同切面上进行观察，即横切面（垂直于树轴的切面）、径切面（通过树轴的纵切面）和弦切面（平行于树轴的纵切面）。

(1) 木质部：是树皮和髓心之间的部分，是木材的主体。木质部的颜色不均匀，靠近髓心的部分颜色较深，称为心材；靠近树皮的部分颜色较浅，称为边材。心材比边材的使用价值大。

在横切面上所显示的深浅相同的同心圈称为年轮。同一年轮内，春天生长的木质，色浅、质软、强度底，称为春材（早材）；夏秋两季生长的木质，色深、质硬、强度高，称为夏材（晚材）。相同树种，年轮越密而均匀，材质越好；夏材越多，木材的强度越高。通常用横切面上沿半径方向一定长度内，所含夏材的百分率（即夏材率）来衡量木材的质量。

（2）髓心：为树干中心的松软部分，也称为树心。它是最早生成的木质部分，质松软、强度低、易腐朽。

（3）髓线：是由髓心沿放射状横向分布的纤维。髓线的细胞壁很薄，质软，与周围细胞的结合力弱，木材在干燥时易沿髓线开裂。阔叶数的髓线较针叶树发达。

（二）木材的微观构造

在显微镜下所见到的木材组织结构称为微观结构。木材由无数管状细胞结合而成。每个细胞有细胞壁和细胞腔。细胞壁由若干层细小纤维组成，其间的空隙能吸收和渗透水分。木材纤维在纵向上的连接较横向牢固。木材的细胞壁越厚，腔越小，木材越密实，表观密度和强度越大，其胀缩变形也越大。与春材相比，夏材的细胞壁较厚，腔较小。

木材细胞按功能可分为管胞、导管、木纤维和髓线等。针叶树与阔叶树在微观构造上有较大差异。针叶树主要由管胞和髓线组成。管胞起支撑和输送养分的作用；髓线细小不明显。在某些针叶树中，在管胞间尚有树脂道，例如松树。阔叶树主要由导管、木纤维和髓线组成。导管是由壁薄腔大的细胞组成，起输送养分的作用。按导管分布的不同，阔叶材又有散孔材和环孔材之分。木纤维是由壁厚腔小的细胞组成，起支撑作用。在微观构造上，有无导管和髓线粗细是鉴别阔叶树和针叶树的重要特征。

第二节　木材的主要性能

一、化学性质

木材的化学组成主要是一些天然高分子化合物。木材细胞壁主要由纤维素、半纤维素和木质素组成。其中纤维素作为骨架物质，使木材整体具有很高的抗拉强度；半纤维素在纤维表面和纤丝的间隙形成凝胶，使纤维保持柔韧；木质素的作用是使树木变得刚硬，能保持直立生长，并使木材耐久。此外，木材中还有少量的油脂、树脂、果胶质、蛋白质和无机物等浸提成分。

木材的化学性质取决于木材的化学组成。木材各部分之间的化学组成差异明显，因此各部分性质差异较大。在常温下木材对稀酸、弱碱和稀的盐溶液有一定的抵抗能力，但随着温度升高，木材的抵抗能力显著降低。而强氧化性的酸、强碱在常温下也会使木材发生变色、湿胀、水解、氧化和降解交联等反应。在高温下即使是中性水也能使木材发生水解等反应。

木材的上述化学性质是对木材进行处理、改性以及综合利用的工艺基础。

二、物理性质

（一）密度与表观密度

木材的密度各树种相差不大，一般为1.48～1.56g/cm^3。

木材的表观密度随树种的类型、空隙率的变化而变化，同时还与含水率密切相关。一般根据含水率可分为气干表观密度、绝干表观密度和饱水表观密度。木材的表观密度越大，其湿胀变形越大。

（二）吸湿率与含水率

木材是吸湿性材料，干燥的木材可以从周围环境中吸收水分。木材中所含的水分按存在形式分为自由水、吸附水和化合水三类。

自由水是存在于细胞腔和细胞间隙中的水。木材干燥时自由水首先蒸发。自由水的存在影响木材的表观密度、抗腐蚀性等。

吸附水是存在于细胞壁中的水。吸附水直接影响木材的强度和湿胀干缩变形。

化合水是木材化学组成中的结构水。它在常温下不变化，对木材的性能无影响。

木材吸湿时，首先是细胞壁吸水，细胞壁吸水饱和后，其余的水进入细胞腔和细胞间隙成为自由水。当细胞腔和细胞间隙中无自由水，而细胞壁吸附水达到饱和时的含水率，称为木材的纤维饱和点。纤维饱和点随树种而异，一般在25%～35%，平均约为30%。纤维饱和点是木材物理力学性质变化的转折点。

木材的含水率随环境温度、湿度的改变而变化。当木材长期处于一定温度和湿度的空气中时，会达到相对稳定的含水率，即水分的蒸发和吸收达到平衡，此时的含水率称为平衡含水率。

（三）湿胀干缩

木材的含水率在纤维饱和点以上时，含水率的变化仅仅是自由水的蒸发和吸收，对木材的体积和尺寸几乎无影响。木材的含水率低于纤维饱和点时，含水率降低（即干燥），会产生长度和体积的收缩，称为干缩；含水率增大（即受潮），会产生长度和体积的膨胀，称为湿胀。

木材各方向的变形性能不同。同一木材，弦向的干缩湿胀最大，径向次之，顺纤维方向的纵向最小。

木材的湿胀干缩影响木材的使用，干缩会使木结构连接处产生缝隙而松动，湿胀则会使木材凸起。因此，潮湿的木材在加工或使用前，应预先进行干燥，将含水率控制在平衡含水率，使木材内的含水率与使用环境的湿度相适应。

三、力学性质

（一）木材的强度

木材构造的各向异性决定了木材的强度具有明显的方向性。木材的抗拉、抗压、抗弯、抗剪强度都有顺纹（作用力与木材纵向纤维平行的方向）和横纹（作用力与木材纵向纤维垂直的方向）之分。一般说来，木材的顺纹抗拉强度最大，其次是顺纹抗弯强度和顺纹抗压强度。因此，在工程应用上应充分注意到木材强度的各向异性特征，合理利用木材以充分发挥各个方向上的强度。

影响木材强度的主要因素主要包括以下几类。

1. 含水率的影响

木材的含水率是影响强度的重要因素。当木材的含水率在纤维饱和点以下变化时，含水率降低，细胞壁趋于紧密，木材强度增大；反之，则强度减小。当木材的含水率在纤维饱和点以上变化时，木材的强度则不改变。

《木材物理力学试验方法总则》（GB/T 1928—2009）规定，木材强度以含水率为12%时的强度为标准值，其他含水率时的强度，可按下式换算：

$$\sigma_{12}=\sigma_W[1+\alpha(W-12)]$$

式中：σ_{12}为含水率为12%时木材的强度；σ_W为含水率为W%时木材的强度；W为试验时木材的含水率，在9%～15%之间；α为校正系数，随荷载种类和力的作用方式而异。

2. 负荷时间的影响

木材抵抗长期荷载的能力低于抵抗短期荷载的能力。因为木材纤维在长期荷载作用下会发生蠕滑，导致木材承载能力下降。

木材在长期荷载作用下不发生破坏所能承受的最大应力称为木材的持久强度。一般情况下，木材的持久强度仅为短期荷载强度的50%～60%。木材作为结构材料使用时，都将长期承受荷载，因此其设计取值应充分考虑负荷时间对木材强度的影响。

3. 温度的影响

温度升高，木材中的纤维素及半纤维素会发生软化，从而引起木材强度的降低。温度对各种强度性质影响的强弱顺序依次为抗压强度、抗弯强度、抗剪强度、抗拉强度。以木材含水率为0时常温下的强度为100%计，则当温度升至50℃时，抗拉强度降为85%～88%，抗剪强度降为80%～85%，抗压强度降为60%～80%；当温度升至100℃，木质中部分挥发物开始分解，强度进一步下降；当温度超过140℃，木材中的纤维素发生热裂解，导致木材开裂，强度急剧下降；当温度升至275℃，木材开始燃烧。因此，长期处于高温（50℃以上）环境下的结构，不宜使用木材。当温度下降至0℃以下时，木材中的水分结冰，强度增大，脆性也增大，解冻后各项强度指标降低。

4. 疵病的影响

木材在生长、采伐及保存过程中产生的内部和外部的缺陷，统称为疵病。木材的天然疵病主要有木节、斜纹、环裂、应力木、夹皮、腐朽及虫害等，在保存、加工过程中还会产生开裂、翘曲等疵病。

木材的疵病将影响木材的力学性质，但同一疵病对木材不同强度的影响不尽相同。木节分为活节、死节、松软节和腐朽节等几种，活节影响较小。木材疵病对强度的影响与受力情况有关。木节使木材顺纹抗拉强度显著降低，对顺纹抗压影响较小。在木材受横纹抗压和剪切时，木节反而增加其强度。斜纹为木纤维与树轴成一定夹角，斜纹木材严重降低其顺纹抗拉强度，抗弯次之，对顺纹抗压影响较小。裂纹、腐朽和虫害等疵病，会造成木材构造的不连续性或破坏其组织，因此严重影响木材的力学性质，有时甚至能使木材完全失去使用价值。

（二）木材的韧性

木材的韧性较好，因而木结构具有良好的抗震性。影响木材韧性的因素有木材的密度、含水率、纹理角度、疵病以及环境温度等。一般而言，木材的密度越大，冲击韧性越好；含水率增大，韧性增强；纹理倾斜会显著降低木材韧性，纹理倾斜 5°，韧性降低 10%；纹理倾斜 10°，韧性降低近一半；高温会使木材变脆，韧性降低。负温则会使湿木材变脆，韧性降低；木材的各种疵病会严重降低木材的冲击韧性。

（三）木材的硬度和耐磨性

木材的硬度和耐磨性主要取决于木材的密度以及切面的位置。通常木材的硬度与密度大致呈正比关系。木材横截面的硬度和耐磨性要高于径切面和弦切面。木髓线发达的木材其弦切面的硬度和耐磨性比径切面高。

第三节 木材的干燥、防腐和防火

一、木材的干燥

木材干燥是指在热力作用下以蒸发或沸腾的汽化方式排除木材水分的处理过程。木材经干燥处理可以防止木材受虫、细菌的侵蚀，减少木材在使用中发生收缩裂缝，提高木材的强度和耐久性。

木材的干燥方式有自然干燥（如大气干燥或气干）和人工干燥（如窑干、太阳能干燥等）两种方法。

二、木材的防腐

（一）木材的腐朽原因及条件

木材是一种天然有机材料，在自然条件下易受真菌、昆虫侵害而腐朽变质。木材中常见的真菌有三种，即霉菌、变色菌和腐朽菌。霉菌只寄生在木材表面，通常称为发霉，对木材不起破坏作用。变色菌是以木材细胞腔内含物（如淀粉、糖类等）为养料，不破坏细胞壁，所以对木材破坏作用也很小。而腐朽菌是以细胞壁的木质素为养料，它能分泌出一种酵，将细胞壁物质分解成简单的养料，供自身生长繁殖，这就使细胞壁遭到完全破坏，从而使木材腐朽。

真菌在木材中的生存和繁殖，必须同时具备三个条件，即要有适量的水分、足够的空气和适宜的温度。当木材的含水率在 35% ～50% ，温度在 25～30℃ ，在木材中又存在一定量空气时，最适宜腐朽菌的繁殖，因而木材最易腐朽。设法破坏其中一个条件，就能防止木材腐朽。当温度大于 60℃或小于 5℃时，真菌就不能生长；使木材含水率处于 20% 以下时，真菌也不易繁殖；将木材完全浸入水中或深埋地下，则因缺氧而不易腐朽。因此，打在地下或水中的木桩不易腐烂，但受到反复干湿作用时，则会加速木材腐朽进程。

木材除受到真菌腐蚀外，还会受到各种钻蛀性昆虫的蛀蚀，如白蚁、天牛等，它们在树皮或木质部内生成、繁衍，导致木材强度降低，甚至结构崩溃。

（二）木材的防腐

根据木材产生腐朽的原因，通常防止木材腐朽的措施有以下两种：

（1）破坏真菌生存的条件。破坏真菌生存条件最常用的办法是使木结构、木制品和储存的木材处于经常保持通风干燥的状态，并对木结构和木制品表面进行油漆处理。油漆涂层既使木材隔绝了空气，又隔绝了水分。由此可知，木材油漆首先是为了防腐，其次才是为了美观。

(2) 将木材变成有毒的物质。其方法是将化学防腐剂注入木材中，使真菌无法寄生。木材防腐剂种类很多，常用的有水溶性防腐剂、油质防腐剂和复合防腐剂三类。木材注入防腐剂的方法通常有表面涂刷或喷涂法、常压浸渍法、冷热槽浸透法和压力渗透法等。

三、木材的防火

木材是一种易燃的土木工程材料。在火的作用下，木材的表层发生碳化，结构疏松；内部因温度升高，强度也降低。当环境温度超过260℃时，木材在无火源的情况下也会发生自燃。因此，对木材必须进行防火处理，以提高木材的耐火性，使之不易燃烧；当木材着火后，火焰不会沿材料表面很快蔓延；当火焰离开后，木材表面的火焰能自灭。

木材的防火处理主要是通过在木材表面涂刷或覆盖难燃材料，也可采用防火剂浸注木材的方法来阻止木材燃烧，起到防火的作用。常用的防火剂有水泥、耐火涂料（用于涂刷），各种金属材料（用于覆盖），以及硼酸、磷酸氨和碳酸氨等（用于浸注）。

思　考　题

9-1　木材为什么是各向异性材料？

9-2　解释下列名词：

(1) 纤维饱和点。

(2) 平衡含水率。

(3) 标准含水率。

并说明它们在工程应用中有何意义。

9-3　影响木材强度的因素有哪些？如何影响？

9-4　居室里的木地板使用一段时间后常会出现接缝不严或起拱现象，试分析其原因。

9-5　木材含水量变化对木材哪些性质有影响？有什么影响？

9-6　测得一松木试件，其含水率为11%，此时其顺纹抗压强度为64.8MPa，试问：

(1) 标准含水量状态下其抗压强度为多少？

(2) 当松木含水率分别为20%、30%、40%时，其强度各为多少？（该松木的纤维饱和点为30%，松木的α为0.05）

9-7　对于木材的使用，我国民间有一句谚语：“湿千年，干千年，干干湿湿两三年”。试分析其中的道理。木材腐朽的原因有哪些？如何防止木材腐朽？

第十章

功能材料

【本章要点】

- 防水卷材的组成、分类及选用。
- 防水涂料的性能及其分类。
- 建筑密封材料的分类和应用。
- 传热的基本知识。
- 保温隔热材料的性能。
- 常用保温隔热材料及其性能。
- 吸声材料的类型及其结构形式。
- 隔声材料的特点。

功能材料是指用于土木工程中有明确特殊功能的材料，例如防水材料、保温隔热材料和吸声隔声材料等。

第一节　防　水　材　料

一、防水卷材

防水卷材是建筑工程防水材料的重要品种之一。目前的防水卷材主要包括沥青防水卷材、高聚物改性沥青防水卷材和合成高分子防水卷材等三大类（见图10－1）。第一类是传统的防水卷材，但其胎体材料已有很大的发展，目前在我国仍被广泛应用于防水工程中；后两类防水卷材由于其性能优异，是新型防水卷材的发展方向。防水卷材的具体分类如下。

（一）防水卷材的性能

防水卷材具有以下性能：

（1）耐水性：在水的作用和被水浸润后，防水卷材的性能基本不变，在压力水作用下具有不透水性，常以不透水性、吸水性等指标表示。

- 防水卷材
  - 沥青防水卷材
    - 纸胎沥青油毡、玻璃布沥青油毡、玻纤沥青油毡
    - 黄麻织物沥青油毡、铝箔胎沥青油毡
  - 高聚物改性沥青防水卷材
    - SBS 改性沥青防水卷材
    - APP 改性沥青防水卷材
    - 再生胶改性沥青防水卷材
    - PVC 改性焦油沥青防水卷材
    - 废胶粉改性沥青防水卷材
    - 其他改性沥青防水卷材
  - 合成高分子防水卷材
    - 橡胶类
      - 三元乙丙橡胶防水卷材
      - 丁基橡胶防水卷材
      - 再生橡胶防水卷材
    - 树脂类
      - 氯化聚乙烯防水卷材
      - 聚氯乙烯防水卷材
      - 聚乙烯防水卷材
      - 氯磺化聚乙烯防水卷材
    - 橡塑共混类
      - 氯化聚乙烯-橡胶共混防水卷材
      - 三元乙丙橡胶-聚乙烯共混防水卷材

图 10－1　防水卷材的分类

（2）温度稳定性：指在高温下不流淌、不起泡、不滑动，低温下不脆裂的特性，即在一定温度变化下保持原有性能的能力，常以耐热度、耐热性等指标表示。

（3）机械强度、延伸性和抗断裂性：指防水卷材承受荷载、应力或在一定变形条件下不断裂的性能，常以拉力、拉伸强度和断裂伸长率等指标表示。

（4）柔韧性：指在低温条件下保持柔韧性的性能。它对保证易于施工、不脆裂非常重要。其常以柔度、低温弯折性等指标表示。

（5）大气稳定性：指在阳光、热、臭氧及其他化学侵蚀介质的长期综合作用下抵抗侵蚀的能力，常以耐老化性、热老化保持率等指标表示。

各类防水卷材的选用应充分考虑建（构）筑物的特点、地区环境条件及使用条件等多种因素，结合材料的特性和性能指标来选择。

（二）防水卷材的分类选择

1. 沥青防水卷材

沥青防水卷材是以沥青浸渍原纸、纤维织物和纤维毡制成的卷材。其常用品种有纸胎沥青油毡、玻璃布沥青油毡、玻纤沥青油毡、黄麻织物沥青油毡和铝箔胎沥青油毡等。

纸胎沥青油毡是用低软化点的石油沥青浸渍原纸，然后用高软化点的石油沥青涂盖油纸的两面，再涂撒隔离材料制成的一种防水卷材。由于沥青具有良好的防水性能，而且资源丰富、价格低廉，所以沥青防水卷材的应用在我国占主导地位。但是由于沥青材料的低温柔性差、温度敏感性强，在大气作用下易老化，因而属于低档的防水卷材，最终将被其他高性能的防水材料所取代。

按照每平方米原纸（纸胎）的质量克数将油毡划分为 200、350 和 500 三个标号；而卷材划分为 200、350 两个标号，卷材的幅宽分为 915 和 1000 两种规格，每卷面积为 $20m^2$。在国际标准中对卷材的石油沥青油毡的物理力学性能、外观质量等都有相应的要求。

近年来，通过对油毡胎体材料加以改进、开发，已由最初的纸胎油毡发展成为玻璃布胎沥青油毡等一大类沥青防水卷材，材料的性能也不断地得到了改善，广泛用于地下、水利工程、工业与民用建筑，尤其是屋面防水工程。

2. 高聚物改性沥青防水卷材

沥青防水卷材由于其温度稳定性差、延伸率小，很难适应基层开裂及伸缩变形的要求。而高聚物改性沥青防水卷材则克服了传统沥青防水卷材的不足，具有高温不流淌、低温不胀裂、拉伸强度较高、延伸率较大等优异性能。

(1) SBS 改性沥青柔性油毡。SBS 改性沥青柔性油毡是以聚酯纤维无纺布为胎体，以 SBS 改性石油沥青为浸渍涂盖层，以塑料薄膜为防粘隔离层，经过选材、配料、共熔、浸质、复合成型和卷曲等工序加工而成的一种柔性防水卷材。

SBS 改性沥青柔性油毡耐高低温性能有较明显的提高，同时还提高了卷材的弹性和耐疲劳性。它的价格较低，施工方便，可以冷作铺贴，也可以热熔铺贴，具有较好的温度适应性和耐老化性能，是一种技术经济效果较好的防水材料，可用于屋面及地下室的防潮。

(2) APP 改性沥青柔性油毡。APP 改性沥青柔性油毡用无规则聚丙烯（APP）对石油沥青改性做涂层材料，用聚酯无纺布和玻璃纤维做基胎，则可制成具有良好的弹塑性、耐高温性、抗老化性、单层防水且施工方便的 APP 改性沥青卷材。其使用寿命在 15 年以上，适用于各类屋面、地下防水、水池、隧道和水利工程。

3. 合成高分子防水卷材

(1) 聚氯乙烯（PVC）防水卷材。聚氯乙烯防水卷材是以聚氯乙烯树脂为主要原料，掺加填充料和适量的改性剂、增塑剂、抗氧化剂和紫外线吸收剂等，经过混炼、造粒、挤出或压延、冷却、卷取等工序加工制成的防水卷材。

聚氯乙烯防水卷材根据其基料的组成与特性，分为 S 型和 P 型，S 型是以煤焦油与聚氯乙烯树脂混合料为基料的防水卷材；P 型是以增塑聚氯乙烯为基料的防水卷材。

聚氯乙烯防水卷材尺度稳定性、耐热性、耐腐蚀性、耐细菌性均较好，适用于新建和翻修工程的屋面防水，也适用于水池、堤坝等防水抗渗工程。

(2) 三元乙丙（EPDM）橡胶防水卷材。三元乙丙橡胶防水卷材是以三元乙丙橡胶为主体，掺入适量的硫化剂、促进剂、软化剂和填充料等，经过密炼、拉片、过滤、压延或挤出成型、硫化等工序而制成的。该防水卷材它可广泛适用于防水要求高、耐用年限长的工业与民用建筑的防水工程。三元乙丙橡胶防水卷材具有耐老化性能好、使用寿命长（估计 20 年以上）、拉伸强度高、伸长率大、对基层伸缩或开裂变形的适应性强以及耐高低温性能好等显著特点。

(3) 氯化聚乙烯-橡胶共混防水卷材。氯化聚乙烯-橡胶共混防水卷材是以氯化聚乙烯树脂和合成橡胶为主体，加入适量的硫化剂、促进剂、稳定剂、软化剂和填充料等，经过素炼、混炼、过滤、压延成型、硫化等工序而成的防水卷材。

氯化聚乙烯-橡胶共混防水卷材兼有橡胶和塑料的特点，即不仅具有氯化聚乙烯所特有的高强度和优异的耐臭氧、耐老化性能，而且具有橡胶类材料所特有的高弹性、高延伸性以及良好的低温柔性。该防水卷材适用于屋面工程作单层外露防水。

二、防水涂料

防水涂料是以高分子合成材料、沥青为主体，将在常温下呈黏稠胶状态的物质涂布在基层表面，经溶剂或水分挥发或各组分间的化学反应，形成具有一定弹性的连续薄膜，使基层表面与水隔绝，起到防水和防潮作用。防水涂料广泛适用于工业与民用建筑的屋面防水工程、地下混凝土工程的防潮、防渗等。

（一）防水涂料的性能

防水涂料具有以下性能：

(1) 固体含量：指防水涂料中所含的固体比例。由于涂料涂刷后其中的固体成分形成涂膜，因此，固体含量的多少与成膜厚度、涂膜质量密切相关。

(2) 耐热度：指防水涂料成膜后的防水薄膜在高温下不发生软化变形、不流淌的性能。

(3) 柔性：指防水涂料成膜后的膜层在低温下保持柔韧的性能。它反映防水材料在低温下的施工和使用性能。

(4) 不透水性：指防水涂料在一定水压和一定时间内不出现渗漏的性能，是防水涂料满足防水功能要求的主要质量指标。

(5) 延伸性：指防水涂膜适应基层变形的能力。防水涂膜成膜后必须具有一定的延伸性，以适应由于温差、干湿等因素造成的基层变形，保证防水效果。

防水涂料的使用应考虑建筑物的特点、环境条件和使用条件等因素，结合防水涂料的特点和性能指标来选择。

（二）防水涂料的分类

防水涂料按成膜物质的主要成分可分为沥青基防水涂料、高聚物改性沥青防水涂料和合成高分子防水涂料（见图 10 - 2），按涂料的介质类型又可分为溶剂型、乳液型和反应型三类。

- 防水涂料
  - 沥青基防水涂料
    - 沥青涂料、水性石棉沥青防水涂料
    - （石灰膏乳化）沥青、膨润土防水涂料
  - 高聚物改性沥青防水涂料
    - 橡胶改性沥青
      - 氯丁胶沥青涂料
      - 丁基橡胶沥青涂料
      - 再生胶沥青涂料
    - 树脂改性沥青
      - SBS 改性沥青涂料
      - APP 改性沥青涂料
      - 聚氨酯改性沥青涂料
      - 聚氯乙烯改性沥青涂料
  - 合成高分子防水涂料
    - 橡胶类
      - 单组分型
        - 氯丁橡胶类
        - 氯磺化聚乙烯橡胶类
        - 再生胶类
        - 丁苯橡胶类
      - 双组分型
        - 硅橡胶类
        - 聚硫橡胶类
    - 合成树脂类
      - 单组分型
        - 丙烯酸酯类
        - 聚氨酯类（反应型）
      - 双组分型
        - 聚氨酯类（反应型）
        - 环氧树脂类（反应型）

图 10 - 2　防水涂料的分类

(1) 沥青基防水涂料：以沥青为基料配制成的水乳型或溶剂型防水涂料。这类涂料对沥青基本没有改性或改性作用不大，主要有石灰膏乳化沥青、膨润土乳化沥青和水性石棉沥青防水涂料等。

该沥青主要适用于预制、现浇混凝土结构的屋面，也可用于地下各种钢筋混凝土构筑物的迎水面防水，尤其适用于维修年久渗漏的老油毡屋面。

（2）高聚物改性沥青防水涂料：以沥青为基料，用合成高分子聚合物进行改性，制成的水乳型或溶剂型防水涂料。这类涂料在柔韧性、抗裂性、拉伸强度、耐高低温性能和使用寿命等方面比沥青基涂料有很大改善。其品种有再生橡胶改性沥青防水涂料、水乳型氯丁橡胶沥青防水涂料、SBS改性沥青防水涂料等。其适用于Ⅱ、Ⅲ、Ⅳ级防水等级的防水屋面、地面、混凝土地下室和卫生间等。

（3）合成高分子防水涂料：指以合成橡胶或合成树脂为主要成膜物质制成的单组分或多组分的防水涂料。这类涂料具有高弹性、高耐久性及优良的耐高低温性能，品种有聚氨酯防水涂料、丙烯酸酯防水涂料、环氧树脂防水涂料和有机硅防水涂料等。其适用于Ⅰ、Ⅱ、Ⅲ级防水等级的屋面、地下室、水池及卫生间的防水工程。

（三）常用防水涂料介绍

1. 石油乳化沥青

石油乳化沥青涂料是以石油沥青为基料、石灰膏为乳化剂，在机械强制搅拌下将沥青乳化制成厚质防水涂料。

石油乳化沥青涂料为水性、单组分涂料，具有无毒、不燃、可在潮湿基层施工等特点。

2. 乳液型氯丁橡胶沥青防水涂料

乳液型氯丁橡胶沥青防水涂料是以阳离子氯丁胶乳与阳离子型石油沥青乳液混合，稳定分散在水中而制成的一种乳液型防水涂料。

由于用氯丁橡胶对其进行改性，与沥青基防水涂料相比，乳液型氯丁橡胶沥青防水涂料无论在柔韧性、抗裂性、强度，还是耐高低温性能、使用寿命等方面都有了很大的改善，具有成膜快、强度高、耐候性好、抗裂性好及难燃、无毒等特点。它已成为我国防水涂料中的主要品种之一。

3. 聚氨酯防水涂料

聚氨酯防水涂料属双组分反应型涂料。甲组分是含有异氰酸基的预聚体，乙组分是含有多羟基的固化剂与增塑剂、填充料和稀释剂等，甲乙两组分混合后，经固化反应，即形成均匀、富有弹性的防水涂膜。

由于这类涂料是借组分间发生化学反应直接由液态变为固态，几乎不产生体积收缩，故易于形成较厚的防水薄膜。此外，它还具有优异的耐候、耐油、抗撕裂等性能，属于高档的防水涂料。

三、建筑密封材料

密封材料是一些能使工程结构上的各种接缝或裂缝、变形缝（沉降缝、伸缩缝和抗震缝）保持水密、气密性能，并具有一定强度、能连接构件的填充材料。具有弹性的密封材料有时亦称为弹性密封胶，或简称为密封胶。

密封材料有良好的黏结性、耐老化性和对高、低温度的适应性，能长期经受被黏构件的收缩与振动而不破坏。

（一）密封材料的分类

密封材料主要分为定型密封材料和不定型密封材料，如图 10－3 所示。

- 密封材料
  - 不定型密封材料
    - 非弹性：沥青油膏、改性沥青油膏、聚氯乙烯胶泥
    - 弹性
      - 聚氯乙烯防水密封材料
      - 丙烯酸酯建筑密封膏
      - 聚氨酯建筑密封膏
      - 聚硫建筑密封膏
      - 硅酮建筑密封膏
  - 定型密封材料
    - 非弹性
    - 弹性

图 10－3　密封材料的分类

（二）土木工程中常用的密封材料

1. 沥青嵌缝油膏

沥青嵌缝油膏也称为嵌缝密封膏，它是以石油沥青为基料，加入改性材料、稀释剂及填充料混合制成的一种胶泥状物质，具有很好的黏结性和延伸性，用来密封建筑物中各种接缝。传统的嵌缝油膏是油性及沥青基的，属于塑性油膏，缺乏弹性。用高分子材料制得的嵌缝油膏则为弹性油膏，延伸大，耐低温性能突出。将嵌缝油膏用溶剂稀释也可以作为防水涂料使用。

沥青嵌缝油膏主要用作屋面、墙面、沟和槽的防水嵌缝材料。

2. 聚氨酯密封膏

聚氨酯密封膏是一种双组分反应固化型的建筑密封材料。甲组分含有异氰酸基的预聚体，乙组分含有多羟基的固化剂与其他辅料。使用时，将甲乙两组分按比例混合，经固化反应成为弹性体。聚氨酯密封膏是一种中高档的密封材料。它的弹性、黏结性、耐疲劳性和耐候性优良，并且耐水、耐油，广泛应用于屋面、墙板、地下室、门窗、管道、卫生间、蓄水池、游泳池、机场跑道、公路和桥梁的接缝密封防水。聚氨酯密封膏施工时不需要打底，但要求接缝干净（无油污等）和干燥。

3. 聚氯乙烯防水密封材料

聚氯乙烯防水密封材料是以煤焦油和聚氯乙烯树脂粉为基料，按一定比例加入增塑剂及填充料等，在 140℃温度下塑化而成的膏状密封材料，简称为 PVC 接缝膏。

聚氯乙烯防水密封材料有良好的黏结性、防水性、弹塑性、耐热性、耐寒性、耐腐蚀性和抗老化性能。这种密封材料适用于各种屋面嵌缝或表面涂布作为防水层，也可用于水渠、管道接缝以及工业厂房自防水屋面嵌缝、大型墙板嵌缝等。

4. 丙烯酸酯密封膏

丙烯酸酯密封膏通常为水乳型，以丙烯酸酯乳液为基料，掺入表面活性剂、增塑剂等化学助剂在高速搅拌下均匀地分散开，然后在低速高剪切力的强拌机中将粉状填充剂掺入到混合乳液中混合均匀，最后在三辊机中研磨成均匀、细腻的稠状膏体。

丙烯酸酯密封膏的特点是黏结性很好，嵌缝时不必打底；充分固化后，它的耐老化性、耐化学腐蚀性以及防水性都很好；它的弹性和延伸性较小，不宜用在伸缩较大的接缝中。其耐高温性能好，在－20℃～100℃情况下，能长期保持柔韧性。其适用于混凝土、

金属、木材、天然石料、砖、瓦和玻璃之间的密封防水。

5. 聚硫密封膏

聚硫密封膏为双组分型密封材料。它以液态性聚硫胶为主剂，在常温下反应形成弹性体。聚硫密封膏属高档密封材料。聚硫橡胶是一种饱和聚合物，所以其耐候性优异。它的低温柔性良好，对金属和非金属材料都具有很好的黏结力。它还耐水、耐湿热、耐油，广泛应用于建筑物上部结构、地下结构、水下结构以及门窗玻璃、管道的接缝密封。聚硫密封膏还可用于制造中空玻璃的周边密封材料。聚硫密封膏施工时，黏结面应清洁干燥，对混凝土等多孔材质表面要进行打底。

6. 硅酮密封膏

硅酮密封膏是以聚硅氧烷为主要成分的单组分或双组分室温固化剂密封材料。单组分型硅酮密封膏以聚硅氧烷为主剂，加入硫化剂、硫化促进剂和填料等制成。目前多为单组分型。硅酮密封膏属高档密封膏，近年来，随着高层建筑的兴起发展很快。它具有优异的耐热耐寒性以及很好的耐候性、耐疲劳性、耐水性，与各种金属、非金属的黏结良好。硅酮密封膏按性能又可分为高模量、中模量和低模量。高模量硅酮密封膏主要用于建筑构的结构型密封部位，如高层建筑的玻璃幕墙、隔热玻璃粘结密封，以及建筑门、窗密封等；中模量的硅酮密封膏采用醇酸型硫化体系，它除了不能在大伸缩缝中使用外，在其他部位都可使用；低模量的硅酮密封膏采用酰胺硫化体系，它只能用于建筑物的非结构型密封部位，如预制混凝土墙板、水泥板、大理石板的外墙接缝，混凝土和金属框架的粘结，以及卫生间和高速公路接缝防水密封等。硅酮密封膏施工时，表面必须清洁干燥、无霜和稳固，金属与玻璃表面应用干净的布沾上酒精酮之类的溶剂揩抹干净。粘结表面为混凝土时需要打底。

第二节 保温隔热材料

一、传热的基本知识

热量的传递方式有三种，即导热、对流和热辐射。

“导热”是指由于物体各部分直接接触的物质质点（分子、原子和自由电子）作热运动而引起的热能传递过程。“对流”是指较热的液体或气体因退热膨胀而密度减小从而上升，冷的液体或气体就补充过来，形成分子的循环流动，这样，热量就从高温的地方通过分子的相对位移传向低温的地方。“热辐射”是一种靠电磁波来传递能量的过程。

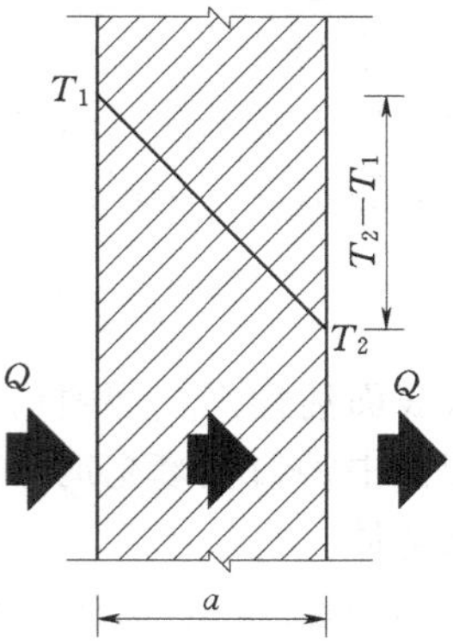

图 10-4 热量通过围护结构传导过程

在每一实际的传热过程中，往往都同时存在着两种或三种传热方式。例如，通过实体结构本身的透热过程，主要是靠导热，但一般建筑材料内部或多或少地有些孔隙，在孔隙内除存在气体的导热外，同时还有对流和热辐射存在。

热量通过围护结构的传热过程如图 10-4 所示。实践证明，在稳定导热的情况下，通过壁体的传热量 Q 与壁体材料的导热能力、壁面之间的温差、传热面积和传热时间成正比，与壁体的厚度成反比，即

$$Q=\frac{\lambda}{a}(T_1-T_2)Ft$$

式中：Q为总的传热量，J；λ为材料的导热系数，W/（m·K）；a为壁体的厚度，m；T_1、T_2为壁体内外表面的温度，K或℃；F为传热面积，m^2；t为传热时间，s或h。

将上式改写为

$$\lambda=\frac{Qa}{(T_1-T_2)}Ft$$

由此式可以说明导热系数λ的物理意义，即在稳定传热条件下，当材料层单位厚度内的温差为1K时，在1h内通过$1m^2$表面积的热量。绝大多数土木工程材料的导热系数介于0.029～33.49W/（m·K）之间。λ值越小说明该材料越不易导热，工程中，一般将λ值小于0.23W/（m·K）的材料称为绝热材料。应当指出，即使同一种材料，其导热系数也并不是常数，它与材料的湿度和温度等因素有关。

二、保温隔热材料的性能

（一）导热系数

导热系数是通过材料本身热量传导能力大小的量度，它受材料本身物质构成、孔隙率和材料所处环境的温湿度及热流方向的影响。化学组成和分子结构比较简单的物质的导热系数比结构复杂的物质大。此外，导热系数的大小与孔隙的大小和特征有关。在孔隙率相同的情况下，孔隙尺寸大，导热系数就大；孔隙相互连通比封闭而不相互连通者的导热系数大。对于纤维状的材料，当堆积密度低于某一极限时，其导热系数反而增大。这是由于孔隙增大且互相连通的孔隙增多，使热对流作用加强所致。材料受潮后，其导热系数增大，在多孔材料中最为明显。这是由于在材料的孔隙中有了水分后，水的导热能力比无水的空气泡更大，因此导热系数增大。当热流方向与纤维排列方向垂直时材料表现出导热系数要小于平行时的导热系数。这是因为前者可对空气的对流等作用起有效的阻止作用所致。

（二）温度稳定性

材料在受热作用下保持其原有性能不变的能力称为保温隔热材料的温度稳定性。通常以其不致丧失绝热性能的极限温度来表示。

（三）吸湿性

保温隔热材料由潮湿环境中吸收水分的能力称为其吸湿性。一般其吸湿性越大，对绝热效果越不利。

（四）强度

保温隔热材料的机械强度与其他工程材料一样是以强度极限来表示的，通常采用抗压强度和抗折强度。由于保温隔热材料含有大量孔隙，故其强度一般均不大，因此不宜将保温隔热材料用于承受外界荷载部位。对于某些纤维材料等有时常用材料达到某一变形时的承载能力作为其强度代表值。

三、常用保温隔热材料及其性能

（一）矿渣棉和岩棉

矿渣棉和岩棉均可称为矿棉，是以利用矿渣或岩石为主的材料，经熔融喷吹制成。其堆积密度为45～150kg/m^3，导热系数约为0.044～0.049W/（m·K），最高使用温度为

600℃。用有机胶黏结后可以制成各种规格的毡、管、板凳制品，另外还可制成粒状棉用作填充材料，其缺点是吸水性大、弹性小。

(二) 膨胀蛭石

蛭石是一种复杂的铁、镁含水硅酸铝酸盐类矿物，是水铝云母类矿物中的一种矿石。膨胀蛭石是由蛭石在850～1000℃的温度下煅烧时产生大体积膨胀（20倍左右）所形成的一种松散多孔的颗粒。膨胀蛭石是具有质轻、导热性差，且耐火、耐腐蚀性好的无机保温隔热材料。

利用膨胀蛭石与水泥及水玻璃胶结材料，可以制得水泥膨胀蛭石和水玻璃膨胀蛭石绝热材料。它们是工业与民用建筑上良好的保温隔热材料，分别可用于夹壁、楼板和屋面等围护结构作绝热材料。

(三) 膨胀珍珠岩

珍珠岩是一种酸性火山玻璃质岩石，因它具有珍珠的裂隙结构而得名。膨胀珍珠岩则是珍珠岩矿石在高温（1260℃）中悬浮瞬间焙烧，体积骤然膨胀而成的一种白色或灰白色的多孔隙结构的颗粒。它的颗粒结构是蜂窝泡沫状，具有表观密度小、导热系数低、吸湿性小、低温绝热性好、不燃、耐腐蚀、抗菌、施工方便等特点，是一种高效能保温隔热材料。

膨胀珍珠岩在建筑上用途很广，目前国内主要制品有水泥膨胀珍珠岩制品、水玻璃膨胀珍珠岩制品、磷酸盐膨胀珍珠岩制品及沥青膨胀珍珠岩制品等，它们被广泛应用在围护结构的绝热、管道保温及屋面工程的保温隔热。

(四) 多孔混凝土

属于多孔混凝土的材料主要有加气混凝土和泡沫混凝土。其特性是孔隙率大，表观密度小，又有一定的强度，所以常用作围护结构墙体的保温隔热材料。

(五) 泡沫塑料

泡沫塑料是以各种树脂为基料，加入一定量的发泡剂、催发剂和稳定剂等辅助材料，经加热发泡而制成的一种新型轻质保温材料。泡沫塑料的种类很多，均以所用树脂来取名。

泡沫塑料具有表观密度小、绝热性能好、加工方便等优点。我国目前应用得最多的是聚苯乙烯泡沫塑料、聚氨酯泡沫塑料、聚氯乙烯泡沫塑料和脲醛泡沫塑料等。其可用于屋面、墙面保温及冷藏库绝热，常填充在围护结构中或夹在两层其他材料中间作夹心扳。

(六) 泡沫玻璃

按碎玻璃100份、发泡剂（石灰石或炭黑）1～2份配料，经粉磨、混合、装模、烧成（800℃左右）最后形成大量封闭、不连通气泡，气泡直径为0.1～5mm。泡沫玻璃的气孔率达80%～90%，具有导热系数小、抗压强度高和抗冻耐久性好等优点，是一种高级的保温隔热材料，可以制成块状或板状砌筑墙体，或者用于冷藏库绝热。

(七) 钙塑保温板

钙塑保温板是由轻质碳酸钙和高压聚乙烯树脂加入适量的发泡剂、交联剂和润滑剂等经热加工而成。这是一种封闭结构的泡沫材料。其特点是质轻、保温性能好、吸水性小。钙塑保温板的最高使用温度为80℃，具有保温、绝热兼有防水功能，是一种有前途的保温隔热材料。

（八）蜂窝板

蜂窝板是由两块较薄的面板，牢固地黏结在一层较厚的蜂窝状芯材两面而成的板材，亦称为蜂窝夹层结构。蜂窝状芯材通常用浸渍过合成树脂（酚醛、聚酯等）的牛皮纸、玻璃布或铝片，经过加工粘合成六角形空腹（蜂窝状）的整块芯材。芯材的厚度在1.5～450mm范围内，空腔的尺寸在10mm左右。常用的面板为浸渍过的牛皮纸、玻璃布或不经树脂浸渍的胶合板、纤维石膏板等。面板必须与适当的胶黏剂与芯材牢固地结合在一起，才能显示出蜂窝板的优异性能，即强度大、导热系数低和抗震性好等多种功能。

选用不同面板和芯材时，既可制得轻质高强的结构用板材，也可制成保温隔热性能良好的非结构板材。结构用的蜂窝板已普遍用作飞机的机身和机翼。非结构用板材在房屋建筑，特别是高层建筑中有着广阔的前途。

（九）软木板

软木俗称为栓皮，也称为栓木，即栓皮栋或黄菠萝树皮，利用皮胶、沥青或合成树脂等胶黏剂粘制成软木。软木板质轻且富有弹性，耐腐蚀性、耐水性均好，又能阻燃，不起火焰，是一种优良的保温隔热、防震、吸声材料。此外，近几年出现的甘蔗板、麻秆板和稻壳板等新型绝热材料都具有表观密度小、保温性能好等特点，是一种价廉的保温隔热材料。

第三节 吸声隔声材料

声音起源于物体的振动，例如，我们说话时喉间声带的振动和打鼓时鼓皮的振动，都能产生声音，声带和鼓皮就被称为声源。声源的振动迫使邻近的空气跟着振动而成为声波，并在空气介质中向四周传播。

声音在传播过程中，一部分由于声能随着距离的增大而扩散，另一部分则因空气分子的吸收而减弱。声能的这种减弱现象，在室外空旷处颇为明显，但在室内如果房间的体积并不太大，上述的这种声能减弱就不起主要作用，而重要的是室内墙壁、顶棚和地板等材料表面对声能的吸收。

当声波遇到材料表面时，一部分被反射，另一部分穿透材料，其余的部分则传递给材料，在材料的孔隙中引起空气分子与孔壁的摩擦和黏滞阻力，其间相当一部分声能转化为热能而被吸收掉。这些被吸收的能量包括部分穿透材料的声能在内（E），与原先传递给材料的全部能量（E_0）之比，是评定材料吸声性能好坏的主要指标，称为吸声系数（α），用公式表示为

$$\alpha = \frac{E}{E_0} \times 100\%$$

式中：α为材料的吸声音系数；E_0为传递给材料的全部入射声能；E为被材料吸收（包括透过）的声能。

当入射能的60%被吸收，其余的40%被反射，则该材料的吸声系数α就等于0.6，当入射声能100%被吸收，无反射时，吸收系数等于1；当门窗开启时，吸收系数相当于1。一般材料的吸声系数在0～1之间。

材料的吸声特性除与声波方向有关外，尚与声波的频率有关。同一材料，对于高、

中、低不同频率的吸声系数不同。为了全面反应材料的吸声性能，规定取 125Hz、250Hz、500Hz、1000Hz、2000Hz、4000Hz 六个频率的吸声系数来表示材料吸声的频率特性。凡六个频率的平均吸声系数大于 0.2 的材料称为吸声材料。材料的吸声系数越高，吸声效果越好。

一、吸声材料的类型及其结构形式

（一）多孔性吸声材料

多孔性吸声材料是比较常用的一种吸声材料，它具有良好的中高频吸声性能。多孔性吸声材料具有大量内外连通的微孔和连续的气泡，通气性良好。当声波入射到材料表面时，声波很快地顺着微孔进入材料内部，引起孔隙内的空气振动，由于摩擦、空气黏滞阻力和材料内部的热传导作用，使相当一部分声能转化为热能而被吸收。多孔材料吸声的先决条件是声波易于进入微孔，不仅在材料内部，在材料表面上也应当是多孔的。

材料的吸声性能与材料的表观密度和内部构造有关。在建筑装修中，吸声材料的厚度、材料背后的空气层以及材料的表面状况，对吸声性能都有影响。

1. 材料表观密度和构造的影响

多孔材料表观密度增加，意味着微孔减少，能使低频吸声效果有所提高，但高频吸声性能却下降。材料孔隙率高、孔隙细小、吸声性能就较好；但孔隙过大，效果反而较差。过多的封闭微孔，对吸声并不一定有利。

2. 材料厚度的影响

多孔材料的低频吸声系数一般随着厚度的增加而提高，但厚度对高频影响不显著。材料的厚度增加到一定程度后，吸声效果的变化就不明显。因此，为提高材料吸声性能而无限制地增加厚度是不适宜的。

3. 背后空气层的影响

大部分吸声材料都是周边固定在龙骨上，安装在距墙面 5～15mm 处。材料背后空气层的作用相当于增加了材料的厚度，吸声效能一般随空气层厚度增加而提高。当材料距墙面的安装距离（即空气层厚度）等于 1/4 波长的奇数倍时，可获得最大的吸声系数。根据这个原理，借调整材料背后空气层厚度的办法，可达到提高吸声效果的目的。

4. 表面特征的影响

吸声材料表面的空洞和开口孔隙，对吸声是有利的。当材料吸湿或表面喷涂油漆、孔口充水或堵塞，会大大降低吸声材料的吸声效果。

多孔性吸声材料的名称与绝热材料相同，都是多孔性材料，但在材料孔隙特征要求上有着很大差别：绝热材料要求具有封闭的互不连通的气孔，这种气孔越多，则保温绝热效果越好；而对于吸声材料，则要求具有开放的互相连通的气孔，这种气孔越多，则其吸声性能越好。至于如何使名称相同的材料具有不同的气孔特征，主要决定于原料组分中的某些差别和生产工艺中的某些参数的不同。

（二）薄板振动吸声结构

薄板振动吸声结构的特点是具有低频吸声特性，同时还有助声波的扩散。建筑中常用胶合板、薄木板、硬质纤维板、石膏板、石棉水泥板或金属板等，将它们周边固定在墙或顶棚的龙骨上，并在背后留有空气层，即薄板振动吸声结构。

薄板振动吸声结构是在声波作用下发生振动，板振动时由于板内部和龙骨间出现摩擦损耗，使声能转变为机械振动，而起吸声作用。由于低频声波比高频声波容易激起薄板产生振动，所以具有低频吸声特性。建筑中常用的薄板振动吸声结构的共振频率约在 80～300Hz 之间，在此共振频率附近的吸声系数最大，约为 0.2～0.5，而在其他频率附近的吸声系数就较低。

（三）穿孔板组合共振吸声结构

穿孔板组合共振吸声结构具有适合中频的吸声特性。这种吸声结构与单独的共振吸声器相似，可看作是多个单独共振器并联而成。穿孔板厚度、穿孔率、孔径、孔距、背后空气层厚度以及是否填充多孔吸声材料等，都直接影响吸声结构的吸声性能。这种吸声结构由穿孔的胶合板、硬质纤维板、石膏板、石棉水泥板、铝合板和薄钢板等，将周边固定在龙骨上，并在背后设置空气层而构成。这种吸声结构在建筑中使用比较普遍。

（四）柔性吸声材料

具有密闭气孔和一定弹性的材料，例如聚氯乙烯泡沫塑料，表面仍为多孔材料，但因具有密闭气孔，声波引起的空气振动不易直接传递至材料内部，只能相应地产生振动，在振动过程中由于克服材料内部的摩擦而消耗了声能，引起声波衰减。这种材料的吸声特性是在一定的频率范围内出现一个或多个吸收频率。

（五）悬挂空间吸声体

悬挂于空间的吸声体，由于声波与吸声材料的两个或两个以上的表面接触，增加了有效的吸声面积，产生边缘效应，加上声波的衍射作用，大大提高了实际的吸声效果。实际使用时，可根据不同的使用地点和要求，设计成各种形式的悬挂在顶棚下的空间吸声体。空间吸声体有平板形、球形、圆锥形和棱锥形等多种形式。

（六）帘幕吸声体

帘幕吸声体是用具有通气性能的纺织品，安装在距墙面或窗洞一定距离处，背后设置空气层。这种吸声体对中、高频都具有一定的吸声效果。帘幕的吸声效果尚与材料种类和褶裥有关。帘幕吸声体安装、拆卸方便，兼具装饰作用，应用价值较高。

二、隔声材料

人们要隔绝的声音按其传播途径可分为空气声（由于空气的振动）和固体声（由于固体撞击或振动）两种。对空气声，根据声学中的“质量定律”，墙或板传声的大小主要取决于其单位面积质量，质量越大，越不易振动，则隔声效果越好，因此应选择密实、沉重的（如黏土砖、钢板和钢筋混凝土等）材料作为隔声材料。而吸声性能好的材料，一般为轻质、疏松、多孔的材料，不能简单地就把它们作为隔声材料来使用。对固体声隔声有效的措施是采用不连续的结构处理，即在墙壁和承重梁之间、房屋的框架和楼板之间加弹性衬垫如毛毡、软木、橡皮等材料，或在楼板上加弹性地毯。

由此可见，材料的隔声原理与材料的吸声原理（吸收或消耗声能）不同，因此，吸声效果好的疏松多孔材料（有开口而不穿透或穿透的孔型）隔声效果不一定好。

思 考 题

10－1 与传统沥青防水材料相比较，高分子防水材料有什么突出的优点？

10-2 有了沥青防水卷材，为什么还要防水涂料？

10-3 请说明在建筑密封施工中，为获得良好的密封效果，一般应考虑哪些因素？

10-4 何谓绝热材料？其绝热机理是怎样的？

10-5 影响绝热材料绝热性能的因素有哪些？

10-6 选用绝热材料时应主要考虑哪些方面的性能要求？

10-7 何谓吸声材料？其与绝热材料在结构上的主要区别是什么？

10-8 影响多孔性吸声材料吸声效果的因素有哪些？

10-9 为什么不能简单地将一些吸声材料作为隔声材料来使用？

10-10 吸声材料与绝热材料的气孔特征有何差别？

土木工程材料试验

试验Ⅰ 水　　泥

一、试验内容

水泥细度检验、水泥标准稠度用水量测定、水泥凝结时间测定、水泥安定性检验、水泥胶砂强度检验。

二、采用标准

(1)《水泥取样方法》(GB 12573—2008)。

(2)《水泥细度检验方法筛析法》(GB 1345—2005)。

(3)《水泥标准稠度用水量、凝结时间、安定性检验方法》(GB/T 1346—2001)。

(4)《水泥胶砂强度检验方法（ISO 法)》(GB 17671—1999)。

三、一般规定

(1) 水泥取样以同一水泥厂、同期同批、同品种、同强度等级的水泥为一个取样单位取样，散装水泥一批的总数量不得超过 500t，袋装水泥一批的总数量不得超过 200t。取样应具有代表性，可连续取样，也可从 20 个以上不同部位取等量样品，取样数量为 20kg，缩分为两等份，一份用于水泥质量检验；另一份保存 40d，用于水泥质量检验结果有争议时由省级或省级以上国家认可的水泥质量监督检验机构进行仲裁检验。

(2) 试样应充分搅拌均匀，通过 0.9mm 方孔筛，并记录筛余物百分数及其性质。

(3) 实验室用水应是洁净淡水。

(4) 实验室温度应为 (20±2)℃，相对湿度不低于 50%。养护箱温度为 (20±1)℃，相对湿度不低于 90%。

(5) 水泥试样、标准砂、拌和用水、仪器和用具等的温度均应与实验室温度相同。

四、水泥细度检验（负压筛法)

水泥细度检验有负压筛法、水筛法和手工干筛法三种方法，当测定结果有争议时以负压筛法为准。

图 1 负压筛析仪

(一) 主要仪器设备

(1) 负压筛：由圆形筛框和筛网组成，筛框直径为 142mm，高为 25mm；筛孔为方孔，边长为 0.08mm。

(2) 负压筛析仪：由筛座、负压筛、负压源及收尘器组成，如图 1 所示。

(3) 天平：最大分度值不大于 0.01g。

(二) 检验方法

(1) 筛析前，将负压筛放在筛座上，盖上筛盖，接通电源，调节负压为 4000～6000Pa 范围内。

(2) 称取试样 25g，放进负压筛中，盖上筛盖，放在筛座上，开动筛析仪连续筛析 2min。在筛析过程中，若有试样附着在筛盖上，可轻轻敲击，使试样落下。筛毕，用天平称量筛余物，精确至 0.01g。

(三) 结果评定

按式 (1) 计算水泥试样筛余百分数 (精确至 0.1%)，即

$$F = \frac{m}{25} \times 100\% \tag{1}$$

五、水泥标准稠度用水量测定

测定水泥净浆达到标准稠度时的用水量，以便制作标准稠度的水泥净浆用于测定水泥的凝结时间和安定性。测定方法有代用法和标准法。

(一) 主要仪器设备

(1) 维卡仪：由支架、滑杆、试针、试锥、试模和玻璃板等组成，如图 2 所示。

(2) 水泥净浆搅拌机，如图 3 所示。

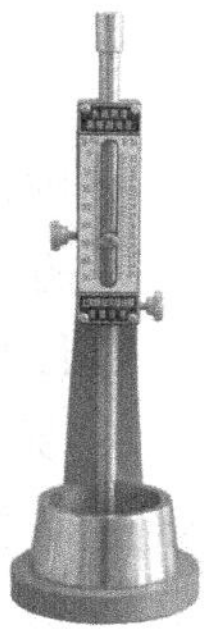

图 2 维卡仪

图 3 水泥净浆搅拌机

(3) 量水器：最小刻度为 0.1mL，精度为 1%。

(4) 天平：称量不小于 1000g，分度值不大于 1g。

(二) 测定方法

1. *代用法*

代用法测定水泥标准稠度用水量分为调整水量和不变水量两种方法。

试验前须检查仪器金属棒应能自由滑动；试锥降至模顶面位置时，指针应对准标尺零

点；以及搅拌机运转正常等。搅拌锅和搅拌叶片先用湿棉布擦过。将拌合水倒入搅拌锅中，然后在5～10s内小心将称好的500g水泥试样倒入搅拌锅内防止水和水泥溅出。拌和时，先将锅放到搅拌机锅座上，升至搅拌位置，开动机器（同时徐徐加入拌合水）慢速搅拌120s，停拌15s，同时将叶片和锅壁上的水泥浆刮入锅中间，接着高速搅拌120s后停机。

采用调整水量方法时拌合水量按经验找水；采用不变水量方法时拌合水用量为142.5mL，水量准确至0.5mL。

拌和结束后，立即将拌好的净浆装放锥模内，如图4所示。用小刀插捣，振动数次，刮去多余净浆；抹平后迅速放到试锥下面固定位置上，将试锥降至净浆表面拧紧螺丝，然后突然放松，让试锥自由沉入净浆中，到试锥停止下沉时记录试锥下沉深度。整个操作应在搅拌后1.5min内完成。

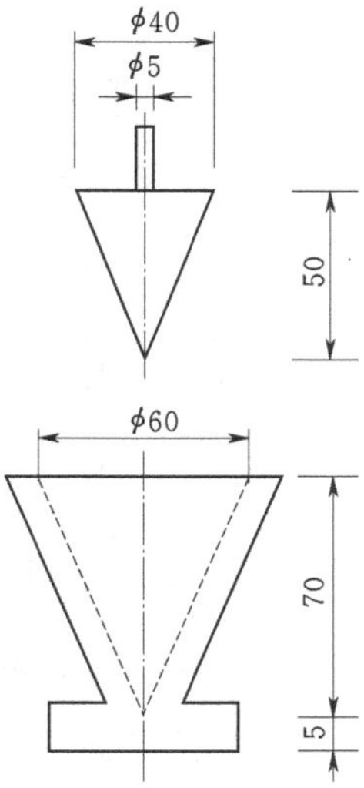

图4 代用法试锥和试模

用调整水量方法测定时，以试锥下沉深度（28±2）mm时的净浆为标准稠度净浆。其拌合水量为该水泥的标准稠度用水量P，按水泥质量的百分比计。若下沉深度超出范围，须另称试样，调整水量，重新试验，直至达到（28±2）mm时为止。

用不变水量方法测定时，根据拌合水用量为142.5mL时测得的试锥下沉深度S（mm）按式（2）计算（或按仪器上对应标尺计算）得到标准稠度用水量P（%），即

$$P = 33.4 - 0.185S \tag{2}$$

当试锥下沉深度小于13mm时，应改用调整水量方法重新测定。

2. 标准法

将试锥换成直径为10mm、长度为50mm的标准试杆，锥模改成圆模，如图5所示。圆模置于玻璃板上，试杆降至玻璃板表面位置时，指针应对准标尺零点。按调整水量法拌制水泥净浆，拌和结束后，立即将拌好的净浆装入圆模内，用小刀插捣，振动数次，刮去多余净浆；抹平后迅速放到维卡仪下面固定位置上，将试杆降至净浆表面拧紧螺丝，然后突然放松，让试杆自由沉入净浆中，到试杆停止下沉或释放试杆30s时记录试杆与玻璃板之间的距离。整个过程在1.5min内完成。

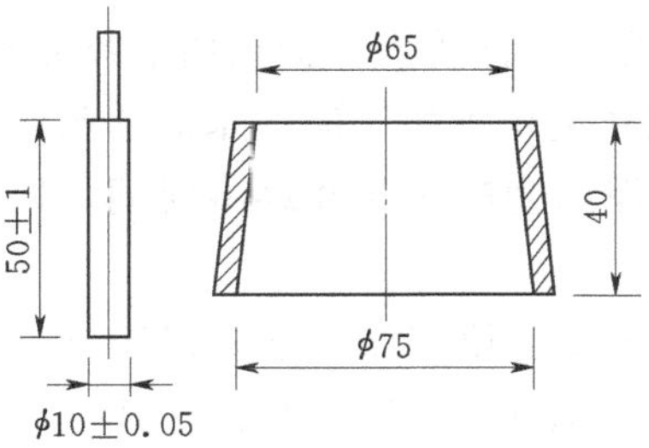

图5 标准法试杆和试模

试杆沉入净浆与玻璃板距（6±1）mm的水泥净浆为标准稠度净浆。其拌和用水量为该水泥的标准稠度用水量P，按水泥质量的百分比计。

六、水泥凝结时间的测定

（一）主要仪器设备

（1）维卡仪：此时该仪器试棒下端应改装为试针，如图6所示。

（2）水泥净浆搅拌机。

（3）标准养护箱，如图7所示。

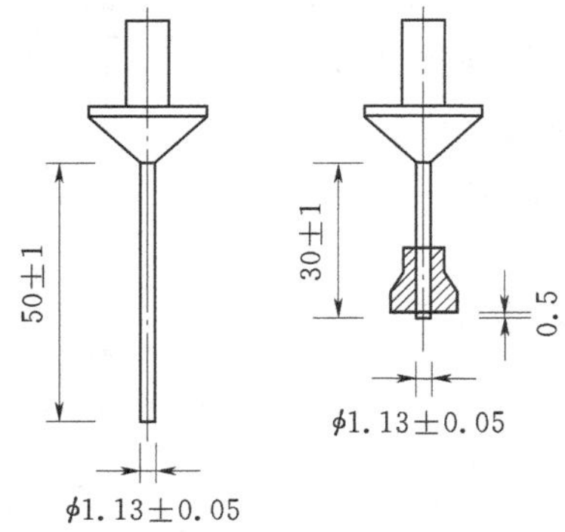

图 6 测定水泥凝结时间应使用试针

图 7 养护箱

（二）测定方法

1. 测定前的准备工作

将圆模放在玻璃板上，在内侧稍稍涂上一层机油，调整维卡仪的试针接触玻璃板时，指针应对准标尺零点。

2. 试件的制备

以标准稠度用水量加水按前述操作方法制成标准稠度净浆后，立即一次装入圆模振动数次刮平，然后放入湿汽养护箱内。记录水泥全部加入水中的时间作为凝结时间的起始时间。

3. 凝结时间的测定

试件在湿汽养护箱中养护至加水后 30min 时进行第一次测定。测定时，从湿汽养护箱中取出圆模放到试针下，使试针与净浆面接触，拧紧螺丝 1～2s 后突然放松，试针垂直自由沉入净浆，观察试针停止下沉时指针读数。当试针沉至距底板（4±1）mm 时，即为水泥达到初凝状态。

在完成初凝时间测定后，换上终凝用试针，将试模连同浆体以平移的方式从玻璃板上取下，翻转 180°，直径大端向上，小端向下，放在玻璃板上，再放入养护箱内继续养护，当试针下沉不超过 0.5mm 时，即环形附件开始不能在浆体上留下痕迹时，水泥达到终凝状态。由开始加水至初凝、终凝状态的时间分别为该水泥的初凝时间和终凝时间，以分（min）和小时（h）来表示。

测定时应注意，在最初测定的操作时应轻轻扶持金属棒，使其徐徐下降以防试针撞弯，但结果以自由下落为准；在整个测试过程中试针贯入的位置至少要距圆模内壁 10mm。临近初凝时，每隔 5min 测定一次，临近终凝时每隔 15min 测定一次，到达初凝或终凝状态时应立即重复测定一次，当两次结论相同时才能定为到达初凝或终凝状态。每次测定不得让试针落入原针孔，每次测试完毕须将试针擦净并将圆模放回湿汽养护箱内，整个测定过程中要防止圆模受振。

七、水泥安定性的测定

水泥安定性反映了水泥硬化时体积变化的均匀性。安定性的测定方法可以用饼法，也可以用雷氏法，有争议时以雷氏法为准。饼法是观察水泥净浆试饼沸煮后的外形变化来检验水泥的体积安定性。雷氏法是测定水泥净浆在雷氏夹中沸煮后的膨胀值。

(一) 主要仪器设备

(1) 沸煮箱，如图 8 所示。

(2) 雷氏夹膨胀值测定仪、雷氏夹，如图 9 所示。

(3) 水泥净浆搅拌机、天平、量水器和养护箱。

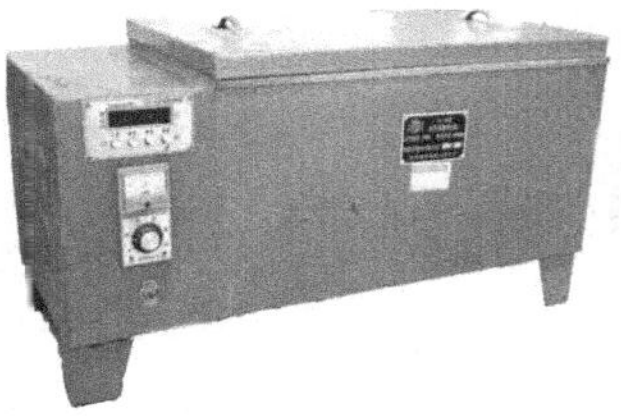

图 8　沸煮箱

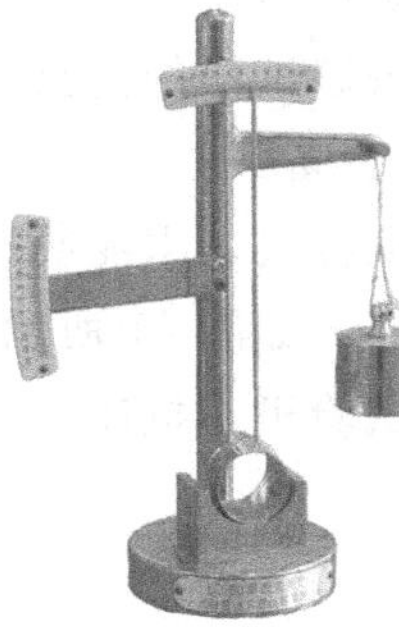

图 9　雷氏夹膨胀值测定仪

(二) 测定方法

若采用雷氏法时，每个雷氏夹需配备质量约 75～80g 的玻璃板两块；若采用饼法时，一个样品需准备两块约 100mm×100mm 的玻璃板。每种方法每个试样需成型两个试件。凡与水泥净浆接触的玻璃板和雷氏夹表面都要稍稍涂上一层油。

以标准稠度用水量加水按前述操作方法制成标准稠度水泥净浆。

1. 饼法

(1) 操作过程。将制好的净浆取出一部分分成两等份，使之呈球形，放在预先准备好的玻璃板上，轻轻振动玻璃板并用湿布擦过的小刀由边缘向中央抹动，做成直径为 70～80mm、中心厚约为 10mm、边缘渐薄、表面光滑的试饼，接着将试饼放入湿汽养护箱内养护 (24±2) h。

调整好沸煮箱内的水位，使之能保证在整个沸煮过程中都没过试件，不需中途添补试验用水，同时又保证能在 (30±5) min 内升至沸腾。

脱去玻璃板取下试饼，先检查试饼是否完整（如已开裂翘曲要检查原因，确证无外因时，该试饼已属不合格不必沸煮），在试饼无缺陷的情况下将试饼放在沸煮箱的水中篦板上，然后在 (30±5) min 内加热至沸，并恒沸 3h±5min。

(2) 结果评定。沸煮结束，即放掉箱中的热水，打开箱盖，待箱体冷却至室温，取出试件进行判别。目测未发现裂缝，用直尺检查也没有弯曲的试饼为安定性合格，反之为不合格。当两个试饼判别结果有矛盾时，该水泥的安定性为不合格。

2. 雷氏法

(1) 操作过程。将预先准备好的雷氏夹放在已稍擦油的玻璃板上，并立刻将已制好的标准稠度净浆装满试模，装模时一只手轻轻扶持试模，另一只手用宽约 10mm 的小刀插捣数次，然后抹平，盖上稍涂油的玻璃板，接着立刻将试模移至湿汽养护箱内养护 (24±2) h。

先测量试件指针尖端间的距离 A，精确到 0.5mm，接着将试件放入水中篦板上，指针朝上，试件之间互不交叉，然后在（30±5）min 内加热至沸并恒沸 3h±5min。

（2）结果评定。沸煮结束，即放掉箱中的热水，打开箱盖，待箱体冷却至室温，取出试件，测量试件指针尖端间的距离 C，精确至 0.5mm。当两个试件煮后增加距离($C-A$)的平均值不大于 5.0mm 时，即认为该水泥安定性合格；当两个试件的（$C-A$）值相差超过 4.0mm 时，应用同一样品立即重做一次试验，若再如此，则认为该水泥安定性不合格。

八、水泥胶砂强度检验

通过测定水泥胶砂试样的抗折与抗压强度，确定水泥的强度等级。

（一）主要仪器设备

（1）水泥胶砂搅拌机、水泥胶砂试模，如图 10 所示。

（2）胶砂振实台，如图 11 所示。

（3）水泥抗折试验机、抗压夹具和抗压试验机，如图 12～图 14 所示。

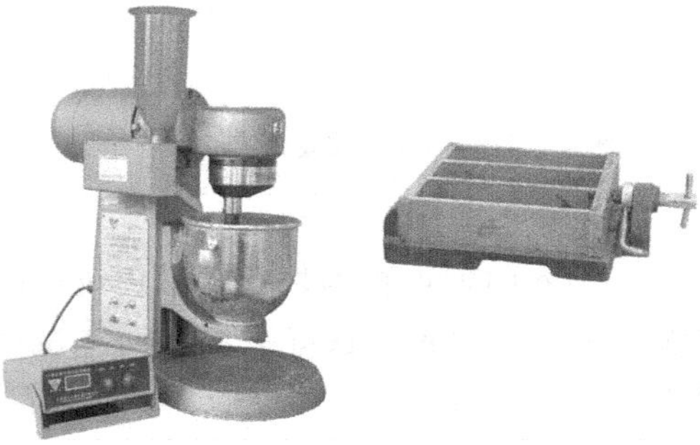

图 10 水泥胶砂搅拌机和水泥胶砂试模

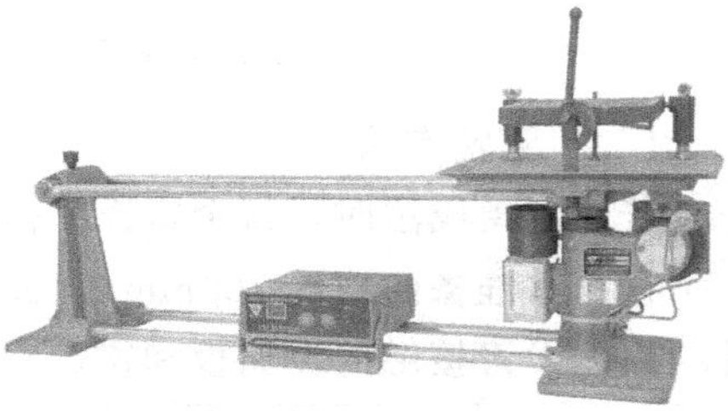

图 11 水泥胶砂振实台

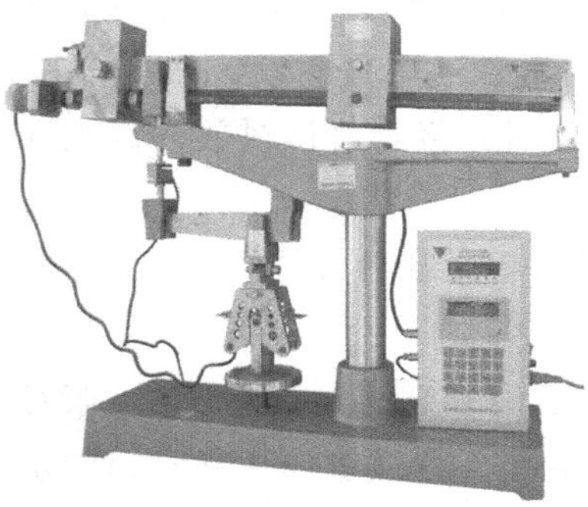

图 12 水泥抗折试验机

图 13 抗压夹具

（二）试验方法

1. 试样成型

成型前将试模擦净，四周的模板与底座的接触面上应涂黄油，紧密装配，防止漏浆，内壁均匀刷一层机油。水泥试样应充分拌匀，通过 0.9mm 方孔筛并记录筛余物。水泥与标准砂的重量比为 1∶3，水胶比为 0.5。每成型三条试体需称量水泥（450±2）g、标准砂（1350±5）g、拌合水（225±1）mL。

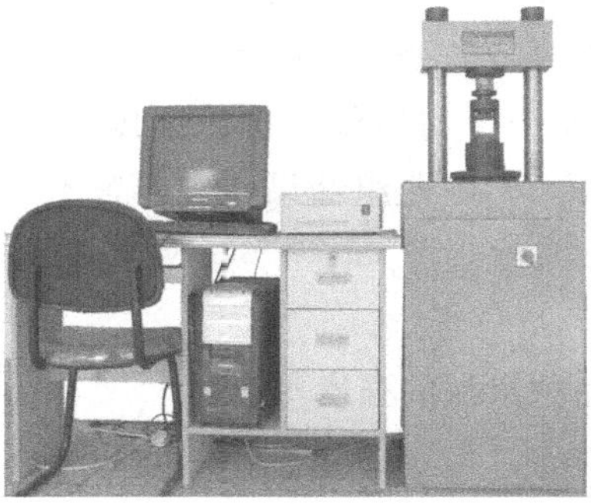

图14 水泥压力试验机

先将拌合水加入搅拌锅内，再加入水泥，将锅放在固定架上，上升至固定位置，开动搅拌机，低速搅拌30s后，在第二个30s开始的同时均匀地加入标准砂。再高速搅拌30s，停拌90s，在第一个15s内，用一胶皮刮具将叶片和锅壁上的胶砂刮入锅内，在高速下继续搅拌60s。

将试模及模套固定在振动台上。用料勺从搅拌锅里将胶砂分两层装入试模。装第一层时，每个槽里约放300g胶砂，用大播料器来回将料层播平，接着振实60次。再装第二层胶砂，用小播料器播平，再振实60次。振动完毕，将试模从振实台上取下，用刮平刀轻轻刮去高出试模的胶砂并抹平。在试模上作标记，标明试件编号、成型时间等。

2. 试件养护

将试模放入养护箱养护。20～24h后取出脱模。脱模前应用防水墨汁或颜料笔对试件进行编号或标记，两个以上龄期的试件在编号时应将同一试模内的试件分在不同龄期内。试件脱模后即放入（20±1)℃的水槽中养护，试件之间应留有间隙，水面至少高出试件2cm，养护水每两周更换一次。

3. 强度试验

各龄期的试体必须在下列时间24h±15min、48h±30min、72h±45min、7d±2h和大于28d±8h内进行强度试验。试件从水中取出后，在强度试验前应用湿布覆盖。

（1）抗折强度试验。每龄期取出三条试体先做抗折强度试验。试验前须擦去试体表面的附着水分和砂粒，清除夹具上圆柱表面黏着的杂物，试体放入抗折夹具内，应使侧面与圆柱接触。采用杠杆式抗折试验机试验时，试体放入前，应使杠杆成平衡状态。试体放入后调整夹具，使杠杆在试体折断时尽可能地接近平衡位置。抗折试验加荷速度为（50±10）N/s。

抗折强度 R_f（MPa）按式（3）计算（精确至0.1MPa），即

$$R_f = \frac{3F_f L}{2bh^2} \tag{3}$$

式中：R_f 为破坏荷载，N；L 为支撑圆柱中心距，100mm；b、h 分别为试体断面的宽、高，均为40mm。

抗折强度结果以三块试体平均并取整数。当三个强度值中有超过平均值±10%时，应剔除后再平均作为抗折强度试验结果。

（2）抗压强度试验。抗折试验后的6个断块应立即进行抗压试验。抗压试验须用抗压夹具进行，试件受压面为40mm×40mm。试验时以试件侧面为受压面，试件的底面靠紧夹具定位销，并使夹具对准压力机压板中心。压力机加荷速度应控制在（2400±200）N/s的范围内均匀加荷直至破坏。抗压强度 R_c（MPa）按式（4）计算（精确至0.1MPa），即

$$R_c = \frac{F_c}{A} \tag{4}$$

式中：R_c 为抗压强度，MPa；F_c 为破坏荷载，N；A 为受压面积（40mm×40mm），mm^2。

以每组 6 个抗压强度测定值的算术平均值为试验结果。若 6 个抗压强度测定值中有 1 个超出平均值的±10%，就应剔除这个测定值，以剩下 5 个平均值作为抗压强度试验结果。若 5 个抗压强度测定值中再有 1 个超出平均值的±10%，则此组结果作废。若不足 6 个时，取平均值。

（三）结果评定

根据水泥胶砂试件的抗折、抗压强度值查表判定该品种水泥的强度等级。

试验Ⅱ　砂　　石

一、试验内容

砂的颗粒级配试验、表观密度试验、堆积密度试验；石子的颗粒级配、表观密度试验、堆积密度试验、含水率试验。

二、采用标准

(1)《建筑用砂》(GB/T 14684—2001)。

(2)《建筑用卵石、碎石》(GB/T 14685—2001)。

三、一般规定

(1) 砂石取样应按同产地、同批次、同规格分批取样检验。用大型工具运输的，以 $400m^3$ 或 600t 为一批次；用小型工具运输的，以 $200m^3$ 或 300t 为一批次取样验收。

(2) 在料堆上取样时，取样部分应均匀分布，先将取样部分表层铲除。取砂样时，由各部位抽取大致相等的 8 份组成一组样品；取石子样时，由各部位抽取大致相等的 15 份组成一组样品。

(3) 砂石各单项试验的取样数量如表 1 和表 2 所示。若能保证样品经一项试验后不致影响另一项试验的结果，可用同组样品进行几项不同的试验。

表 1　　各单项砂试验的最小取样量　　单位：g

试验项目	颗粒级配	表观密度	堆积密度	含泥量	泥块含量
最少取样量	4400	2600	5000	4400	20000

表 2　　各单项石子试验的最小取样量　　单位：kg

试验项目	最大粒径（mm）							
	10	16	20	25	31.5	40	63	80
颗粒级配	10	15	20	20	30	40	60	80
表观密度	8	8	8	8	12	16	24	24
含水率	2	2	2	2	3	3	4	6
堆积密度	40	40	40	40	80	80	120	120
含泥量	8	8	24	24	40	40	80	80
泥块含量	8	8	24	24	40	40	80	80

(4) 试验应在15～30℃的环境中进行。

(5) 砂样缩分可采用分料器或人工的四分法进行。四分法缩分的步骤如下：将样品放在平整洁净的平板上拌和均匀，摊成厚度约20mm的圆饼，在圆饼上划两条正交的直径将样本分成大致相等的四份，取其对角的两份按上述方法继续缩分，直至缩分后的样品数量略多于进行试验所需的量为止。石子样采用四分法进行缩分。

四、砂的颗粒级配试验

测定砂的颗粒级配和粗细程度。

(一) 主要仪器设备

(1) 试验用筛：应满足《金属丝编织网试验筛》(GB/T 6003.1—1997) 和《金属穿孔板试验筛》(GB/T 6003.2—1997) 中对方孔试验筛的规定，筛孔大于4.00mm的试验筛采用穿孔板试验筛。方孔筛孔径为150μm、300μm、600μm、1.18mm、2.36mm、4.75mm及9.50mm的筛各一只，并附有筛底和筛盖，如图15所示。

(2) 天平：称量为1kg，感量为1g。

(3) 摇筛机，如图16所示。

(4) 烘箱：能使温度控制在(105±5)℃。

图15 砂石标准筛

图16 摇筛机

(二) 试验方法

(1) 将缩分后的砂样筛除大于9.50mm的颗粒，并计算出筛余百分率。若砂样含泥量超过5%，应先水洗烘干至恒重再进行筛分。取每份不少于550g的砂样两份，分别倒入两个浅盘中置于烘箱中烘至恒重，并在干燥器内冷却至室温备用。

(2) 将试验筛由上至下按孔径大小顺序叠置，加底盘。称取烘干砂样500g倒入上层4.75mm筛内，加盖后，置于摇筛机上摇筛约10min。若无摇筛机也可手筛。

(3) 将整套筛自摇筛机上取下，按孔径大小顺序在洁净浅盘上逐个进行手筛，至每分钟的筛出量不超过砂样总量的0.1%，通过的颗粒并入下一号筛中依次筛完。若砂样为特细砂，在筛分时应增加0.075mm的方孔筛一只。

(4) 称量各号筛上的筛余试样(精确至1g)。所有各筛的筛余量和底盘中剩余量的总和与筛分前砂样质量的差值不得超过砂样总量的1%，否则应重做试验。

(三) 结果评定

(1) 计算分计筛余百分率α，即各号筛的筛余量与试样总量之比(精确至0.1%)。

(2) 计算累计筛余百分率 A，即该号筛的筛余百分率加上该号以上各筛的筛余百分率之和（精确至0.1%）。

(3) 根据各累计筛余百分率 A，查表或绘制筛分曲线，评定该试样的颗粒级配分布情况。

(4) 按式（5）计算砂的细度模数 M_x（精确至0.01），即

$$M_x = \frac{(A_2 + A_3 + A_4 + A_5 + A_6) - 5A_1}{100 - A_1} \tag{5}$$

式中：A_1、A_2、A_3、A_4、A_5、A_6 分别为4.75mm、2.36mm、1.18mm、0.60mm、0.30mm、0.15mm筛上的累计筛余百分率。

筛分试验采用两份砂样进行平行试验，以其试验结果的算术平均值作为测定值。若两次试验所得细度模数之差大于0.20，应重新取样试验。

五、砂的表观密度试验（标准法）

测定砂的表观密度，作为评定砂的质量和混凝土用砂的技术依据。

（一）主要仪器设备

(1) 天平：称量为10kg或1kg；感量为1g。

(2) 容量瓶：容积为500mL。烧杯：容积为500mL。

(3) 鼓风烘箱：能使温度控制在（105±5)℃。

(4) 干燥器、搪瓷盘、滴管和毛刷等。

（二）试验方法

(1) 将缩分至约660g的试样，置于烘箱中烘至恒重，并在干燥器内冷却至室温备用。

(2) 称取烘干试样300g（m_0），装入盛有半瓶冷开水的容量瓶中，摇动容量瓶，使试样充分搅动，排除气泡。塞紧瓶塞静置约24h，再用滴管添水，使水与瓶颈刻度线平齐，再塞紧瓶塞，并擦干瓶外水分，称其质量（m_1），精确至1g。

(3) 倒出瓶中的水和试样，将瓶内外清洗干净，再注入与上项水温相差不超过2℃的冷开水至瓶颈刻度线，塞紧瓶塞，并擦干瓶外水分，称其质量（m_2），精确至1g。

（三）结果评定

砂的表观密度 $\rho_{a,s}$（g/cm^3）按式（6）计算（精确至10kg/m^3），即

$$\rho_{a,s} = \frac{m_0}{m_0 + m_2 - m_1}\rho_{水} \tag{6}$$

式中：m_0 为烘干试件质量，g；m_1 为试样、水及容量瓶总质量，g；m_2 为水及容量瓶总质量，g；$\rho_{水}$ 为1000kg/m^3。

砂的表观密度试验以两次试验测定的算术平均值作为测定值。若两次试验所得结果之差大于0.02g/cm^3，应重新取样试验。

六、砂的堆积密度试验

测定砂的堆积密度，作为施工用砂的技术依据。

（一）主要仪器设备

(1) 鼓风烘箱：能使温度控制在（105±5)℃。

(2) 天平：称量为10kg，感量为1g。

(3) 容量筒：圆柱形金属筒，内径为108mm，净高为109mm，壁厚为2mm，筒底厚约5mm，容积为1L。

(4) 方孔筛：孔径为4.75mm的筛一只。

(5) 垫棒：直径10mm，长500mm的圆钢。

(6) 直尺、漏斗或料勺、搪瓷盘和毛刷等。

(二) 试验方法

(1) 用搪瓷盘装取试样约3L，放在烘箱中于(105±5)℃下烘干至恒量，待冷却至室温后，筛除大于4.75mm的颗粒，分为大致相等的两份备用。

(2) 松散堆积密度：取试样一份，用漏斗或料勺将试样从容量筒中心上方50mm处徐徐倒入，让试样以自由落体落下，当容量筒上部试样呈锥体，且容量筒四周溢满时，即停止加料。然后用直尺沿筒口中心线向两边刮平（试验过程应防止触动容量筒），称出试样和容量筒总质量，精确至1g。

(3) 紧密堆积密度：取试样一份分两次装入容量筒。装完第一层后，在筒底垫放一根直径为10mm的圆钢，将筒按住，左右交替击地面各25次；然后装入第二层，第二层装满后用同样方法颠实（但筒底所垫钢筋的方向与第一层时的方向垂直）后，再加试样直至超过筒口，用直尺沿筒口中心线向两边刮平，称出试样和容量筒总质量，精确至1g。

(三) 结果计算与评定

松散或紧密堆积密度按式(7)计算，精确至10kg/m^3，即

$$\rho_i = \left(\frac{m_2 - m_1}{V_0}\right) \times 1000 \tag{7}$$

式中：ρ_i为松散堆积密度或紧密堆积密度，kg/m^3；m_1为容量筒和试样总质量，g；m_2为容量筒质量，g；V_0为容量筒的容积，L。

七、碎石或卵石的颗粒级配试验

本方法适用于测定普通混凝土用碎石或卵石的颗粒级配、粒级规格，作为混凝土配合比设计和一般使用的依据。

(一) 主要仪器设备

(1) 试验筛：孔径为90.0mm、75.0mm、63.0mm、53.0mm、37.5mm、31.5mm、26.5mm、19.0mm、16.0mm、9.50mm、4.75mm和2.36mm的方孔筛，以及筛底盘、筛盖各一只，筛框内径约300mm。

(2) 天平或案秤：称量随试样质量而定，精确至试样用量的0.1%左右。

(3) 烘箱：能使温度控制在(105±5)℃。

(4) 浅盘、料铲等。

(二) 试验方法

(1) 从取回试样中用四分法缩分至不少于表2规定的需用量，经烘干或风干后备用。

(2) 称量并记录烘干或风干试样质量(kg)。

(3) 按试样粒径选取需要的一套筛；再按筛孔大小顺序由上至下叠置于平整、干净的地面或铁板上。将称量完毕的试样倒入最上层筛中，手工或机械摇动过筛。

当某孔径筛上的筛余量层厚大于试样最大粒径时，应将该筛上的筛余分成两份后再进

行筛分，直至各孔径筛中的试样每分钟的通过量不超过试样总量的0.1%。并以两份筛余量之和作为该号筛的筛余量。当筛余颗粒的粒径大于19.0mm时，筛分过程中允许用手指拨动。

（4）称量各孔径筛上的筛余试样，精确至1g。各筛上的所有分计筛余量和底盘中剩余量的总和与筛分前测定的试样总量相比，其差值不得超过1%。

（三）结果评定

（1）计算分计筛余百分率（精确至0.1%），计算方法同砂。

（2）计算累计筛余百分率（精确至1%），计算方法同砂。

（3）根据各筛的累计筛余百分率，查表该试样的颗粒级配。

八、碎石或卵石的表观密度试验

本方法不宜用于最大粒径大于37.5mm的碎石或卵石。测定石子的表观密度，作为评定石子的质量和混凝土用石的技术依据。

（一）主要仪器设备

（1）天平：称量为2kg，感量为1g。

（2）广口瓶：容积为1000mL，磨口并带玻璃片。

（3）试验筛：孔径为4.75mm的方孔筛一只。

（4）烘箱：能使温度控制在（105±5）℃。

（5）毛巾、刷子和浅盘等。

（二）试验方法

（1）将样品筛去4.75mm以下的颗粒，用四分法缩分至不少于表2规定的用量，洗刷干净，分成两份备用。

（2）按表2的规定称量并记录试样质量（kg）。

（3）将试样浸水饱和后装入广口瓶中，然后注入饮用水并用玻璃片覆盖瓶口，上下左右摇晃以排除气泡，待气泡排尽，向瓶中添加饮用水直至水面凸出瓶口边缘，用玻璃片沿瓶口迅速滑行，使其紧贴瓶口水面。擦干瓶外水分称取试样、水、瓶和玻璃片的质量（m_1）。

（4）将瓶中试样倒入浅盘中，置于烘箱中烘至恒重后取出，放在带盖的容器中冷却至室温后，称其质量（m_0）。

（5）将瓶洗净，重新注入饮用水，用玻璃片紧贴瓶口水面，在擦干瓶外水分后称其质量（m_2）。

（三）结果评定

石子的表观密度 $\rho_{a,G}$（g/cm^3）按式（8）计算（精确至10kg/m^3），即

$$\rho_{a,G}=\frac{m_0}{m_0+m_2-m_1}\rho_{水} \tag{8}$$

式中：m_0 为烘干后试样质量，g；m_1 为试样、水、瓶和玻璃片的质量，g；m_2 为水、瓶和玻璃片的质量，g；$\rho_{水}$ 为1000kg/m^3。

石子的表观密度试验以两份试验测定结果的算术平均值作为测定值，两次试验结果值之差应小于20kg/m^3，否则，应重新取样试验。对颗粒材质不均匀的试样，若两次试验结

果之差值超过 20kg/m³，可取四次测定结果的算术平均值作为测定值。

九、碎石或卵石的堆积密度试验

测定石子的堆积密度，作为混凝土配合比设计和一般使用的依据。

(一) 主要仪器设备

(1) 案秤：称量为 50kg、感量为 50g 或称量为 100kg、感量为 50g 一台（根据试样质量确定)。

(2) 容量筒：金属制，其规格如表 3 所示。容量筒应先校正其容积，校正方法同砂的堆积密度试验。

(3) 烘箱：能使温度控制在 (105±5)℃。

(4) 平头铁锹、浅盘等。

表 3　　石子堆积密度试验用容量筒规格要求

石子最大粒径 (mm)	容量筒容积 (L)	容量筒规格 (mm)		筒壁厚 (mm)
		内径	净高	
9.5、16.0、19.0、26.5	10	208	294	2
31.5、37.5	20	294	294	3
53.0、63.0、75.0	30	360	294	4

(二) 试验方法

(1) 按表 2 规定用量取样，置于烘箱中烘干，也可摊在清洁地面上风干拌匀后备用。

(2) 称量容量筒质量 (m_1)。

(3) 松散堆积密度：取一份试样置于平整、干净的地面上或铁板上，用铁锹将试样铲起，保持石子自由落入容量筒的高度约为 50mm。装满容量筒并除去凸出筒口表面的颗粒，再用合适的颗粒填入凹陷部分使其表面大致平整 ，称取试样和容量筒的总量 (m_2)。

(4) 紧密堆积密度：取试样一份分为三次装入容量筒。装完第一层在筒底垫放一根直径为 16mm 的圆筋，将筒按住，左右交替颠击地面各 25 次，再装入第二次、第三次。用同样的方法颠实，用钢板尺刮去高山的试样，并用适合的石子填平凹处，使表面稍凸的部分与凹陷部分的体积大致相等。称取试样和容量筒的总质量，精确至 10g。

(三) 结果评定

石子堆积密度 $\rho_{L,G}$ (kg/m³) 按式 (9) 计算 (精确至 10kg/m³)，即

$$\rho_{L,G} = \frac{m_2 - m_1}{V_0} \tag{9}$$

式中：m_1 为容量筒质量，g；m_2 为试样和容量筒质量，g；V_0 为容量筒容积，L。

石子的堆积密度试验以两次试验测定结果的算术平均值作为测定值。

十、碎石或卵石的含水率试验

测定石子的含水率，作为调整混凝土配合比和施工称料的依据。

(一) 主要仪器设备

(1) 天平：称量为 20kg，感量为 20g。

(2) 烘箱：能使温度控制在 (105±5)℃。

(3) 容器：如浅盘等。

(二) 试验方法

(1) 取质量约等于表2所要求的试样，分成两份备用。

(2) 称量容器，如浅盘的质量（m_1）。

(3) 将一份试样倒入浅盘中，称取试样和容器的总量（m_2）。

(4) 将已装试样的容器置于烘箱中烘干至恒重，取出冷却至室温，称试样和容器的总量（m_3）。

(三) 结果评定

石子的含水率 $W_{含}$ 按式（10）计算（精确至0.1%），即

$$W_{含} = \frac{m_2 - m_3}{m_3 - m_1} \times 100\% \tag{10}$$

式中：m_1 为容器质量，g；m_2 为烘干前试样、容器质量，g；m_3 为烘干后试样、容器质量，g。

石子的含水量以两份试验测定结果的算术平均值作为测定值。

试验Ⅲ 混 凝 土

一、试验内容

混凝土拌合物和易性试验、堆积密度测定和立方体抗压强度试验。

二、采用标准

(1)《普通混凝土拌合物性能试验方法标准》(GB/T 50080—2002)。

(2)《普通混凝土力学性能试验方法标准》(GB/T 50081—2002)。

三、一般规定

(1) 所用原材料和实验室的温度应保持在（20±5)℃。

(2) 材料用量以质量计。称量精度：骨料为±1%，水、水泥和混合材料为±0.5%。

(3) 人工搅拌时，最小搅拌量为15L（骨料最大粒径不大于31.5mm)、25L（骨料最大粒径等于40mm)。机械搅拌时，搅拌量不应小于搅拌机额定搅拌量的1/4。

四、混凝土拌合物和易性试验

通过测定拌合物流动性，观察其黏聚性和保水性，综合评定混凝土的和易性，作为调整配合比和控制混凝土质量依据。

(一) 坍落度法

坍落度法适用于测定骨料最大粒径不大于40mm，坍落度不小于10mm的混凝土拌合物。

1. 主要仪器设备

(1) 案秤：称量为50kg，感量为50g。

(2) 天平：称量为5kg，感量为1g。

(3) 混凝土搅拌机或拌板（1.5m×2.0m左右)。

(4) 量筒：容积为200mL或1000mL。

（5）标准坍落度筒：金属制圆锥体形，底部内径为 200mm，顶部内径为 100mm，高为 300mm，壁厚大于或等于 1.5mm，如图 17 所示。

（6）捣棒：ϕ16×600mm。

（7）直尺、抹刀、小铲、拌铲、盛器和抹布等。

2. 试验方法

（1）根据所设计的计算配合比，称取规定拌和数量的混凝土拌合物所需各材料。

（2）采用机械搅拌时，先用同一配合比的少量水泥砂浆搅拌一次，倒出水泥砂浆，先倒入石子，再加砂和水泥，在机内干拌约 1min，再徐徐倒入水搅拌约 2min。当采用人工搅拌时，应用湿布将拌板、拌铲和坍落度筒等擦净并润湿，先将砂和水泥在拌板上干拌均匀，再加石子干拌成均匀的干混合物，将干混合物堆成堆，其中间做一凹槽，将已称量好的水倒入一半左右于凹槽内（不能让水流淌掉），仔细翻拌、铲切，并徐徐加入另一半剩余的水，继续翻拌直至拌和均匀。

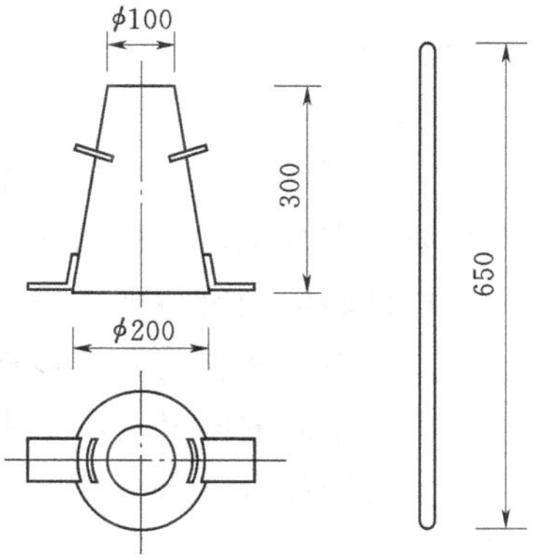

图 17 坍落度桶和捣棒

（3）将润湿后的坍落度筒放在不吸水的刚性水平底板上，然后用脚踩住两边的脚踏板，使坍落度筒在装料时保持位置固定。将已拌匀的混凝土试样用小铲每层装入筒内，数量控制在经插捣后层厚为筒高的 1/3 左右。每层用捣棒插捣 25 次。插捣应沿螺旋方向由外向中心进行，各次插捣点在截面上均匀分布，插捣筒边混凝土时，捣棒可以稍稍倾斜。插捣底层时，捣棒应贯穿整个深度，插捣第二层和顶层时，捣棒应插透本层至下一层的表面以下。插捣顶层前，应将混凝土灌满高出坍落度筒，如果插捣使拌合物沉落到低于筒口，应随时添加使之高于坍落度筒顶。插捣完毕，用捣棒将筒顶搓平，刮去多余的混凝土。

（4）清理筒周围的散落物，小心地垂直提起坍落度筒，特别需要注意平稳，不让混凝土试体受到碰撞或震动，筒体的提离过程应在 5～10s 内完成。从开始装料于筒内到提起坍落度筒的操作不得间断，并应在 150s 内完成。将筒安放在拌合物试体一侧（注意：整个操作基面要保持一水平面），立即测量筒顶与坍落后拌合物试体最高点之间的高度差，以 mm 表示，即为该混凝土拌合物的坍落度值。

（5）保水性目测。坍落度筒提起后，若有较多稀浆从底部析出，试体则因失浆使骨料外露，表示该混凝土拌合物保水性能不好。若无此现象，或仅只少量稀浆自底部析出，而锥体部分混凝土试体含浆饱满，则表示保水良好，并作记录。

（6）黏聚性目测。用捣棒在已坍落的混凝土锥体一侧轻轻敲打，锥体渐渐下沉表示黏聚性良好；反之，锥体突然倒塌，部分崩裂或发生石子离析，表示黏聚性不好，并作记录。

（7）和易性调整。按计算备料的同时，另外还需备好两份为调整坍落度所需的材料量，该数量应是计算试拌材料用量的 5%或 10%。

当测得的坍落度小于施工要求的坍落度值，可在保持水胶比 W/B 不变的同时，增加 5%或 10%的水泥、水的用量。当测得的坍落度大于施工要求的坍落度值，可在保持砂率

S_p 不变的同时，增加5%或10%（或更多）的砂、石用量。若黏聚性或保水性不好，则需适当调整砂率，并尽快拌和均匀，重新测定，直到和易性符合要求为止。

当坍落度筒提起后，若发现拌合物崩坍或一边剪坏，应立即重新拌和重复试验测定，第二次试验又出现上述现象，则表示该混凝土拌合物和易性不好，应予记录备查。

3. 结果评定

(1) 混凝土拌合物和易性评定，应按试验测定值和试验目测情况综合评议。其中坍落度至少要测定两次，并以两次测定值之差不大于20mm的测定值为依据，求算术平均值作为本次试验的测定结果（精确至5mm）。

(2) 记录下调整前后拌合物的坍落度、保水性、黏聚性以及各材料实际用量，并以和易性符合要求后的各材料用量为依据，对混凝土配合比进行调整，求基准配合比。

(3) 所测拌合物坍落度值若小于10mm，说明该拌合物稠度过小，宜采用其他方法测定。

(二) 维勃稠度法

维勃稠度法适用于测定骨料最大粒径小于或等于40mm、维勃稠度在5～30s间的混凝土拌合物稠度测定。

1. 主要仪器设备

(1) 维勃稠度仪：由以下部分组成：

1) 振动台：台面长380mm、宽260mm，支承在4个减震器上。台面底部安有频率为(50±3)Hz的震动器，空载振幅为(0.5±0.1)mm。

2) 容器：钢板制成，内径为(240±5)mm，高为(200±2)mm，筒壁厚为3mm，筒底厚为7.5mm。

3) 坍落度筒：同坍落度法的要求和构造，但应去掉两侧的踏板。

4) 旋转架：与测杆及喂料斗相连。测杆下部安装有透明而水平的圆盘，并用测杆螺丝将测杆固定在套管中。旋转架安装在支柱上，通过十字凹槽来转换方向，并用定位螺丝来固定其位置。就位后，测杆或喂料斗的轴线均应与容器的轴线重合。

透明圆盘直径为(230±2)mm，厚度为(10±2)mm。荷重直接放在圆盘上。由测杆、圆盘及荷重组成的滑动部分总质量应调至(2750±50)g。测杆上标有刻度以便读出混凝土的数据。

(2) 秒表：精度0.5s。

(3) 其他：同坍落度试验。

2. 试验方法

(1) 配制混凝土拌合物约15L，计算、配制方法等同坍落度试验。

(2) 将维勃稠度仪水平放在坚实的基面上，用湿布将容器、坍落度筒及喂料斗内壁湿润。将喂料斗提到坍落度筒上方扣紧，校正容器位置，其中心与喂料斗中心重合，然后拧紧固定螺丝。

(3) 装料、插捣方法同坍落度法。

(4) 将圆盘喂料斗转离坍落度筒，垂直地提起坍落度筒，此时注意不要使混凝土试体受到碰撞或振动。将透明圆盘转到锥体顶面，放松螺丝，降下圆盘，使其轻轻接触到混凝土顶面，防止坍落的混凝土倒下与容器壁相碰。拧紧定位螺丝，并检查测杆螺丝是否已经放松。

(5) 开启振动台，同时以秒表计时。在振动的作用下，透明圆盘的底面被水泥浆布满的瞬时停表计时，并关闭振动台。

3. 结果评定

(1) 记录秒表上的时间（精确至 1s）。由秒表读出的时间数表示该混凝土拌合物的维勃稠度值。

(2) 如果维勃稠度值小于 5s 或大于 30s，说明此种混凝土所具有的稠度已超出本试验仪器的适用范围。

五、混凝土拌合物堆积密度（湿）试验

本方法适用于测定最大骨料小于或等于 40mm 的混凝土拌合物。测定拌合物捣实后单位体积的质量，作为调整混凝土配合比的依据。

（一）主要仪器设备

(1) 容量筒：容积为 5L，金属制带底圆筒，内径和高均为 (186±2)mm，筒壁厚为 3mm。容量筒使用前应给予校正，方法同砂堆积密度试验。

(2) 磅秤：称量为 100kg，感量为 50g；

(3) 振动台：频率为 (50±3)Hz，空载振幅为 (0.5±0.1)mm（见图 18)。

(4) 捣棒：$\phi16\times600$mm。

(5) 小铲、抹刀和金属直尺等。

图 18 振动台

（二）试验方法

(1) 从满足混凝土和易性要求的拌合物中取样，及时连续试验。

(2) 用湿布将容量筒内外擦净，称其质量 m_1 (kg)。

(3) 将拌合物一次装入容量筒，稍加插捣，并稍高于筒口，再移至振动台上振实至拌合物表面出现水泥浆为止。

(4) 用金属直尺沿筒口将捣实后多余的拌合物刮去，仔细擦净筒外壁。再称出容量筒和筒内拌合物的总质量 m_2 (kg)。

（三）结果评定

混凝土拌合物的实测堆积密度 $\rho_{b,c}$ (kg/m^3) 按式 (11) 计算（精确至 10kg/m^3)，即

$$\rho_{b,c}=\frac{m_2-m_1}{V_0}\times1000 \tag{11}$$

式中：m_1 为容量筒质量，kg；m_2 为容量筒和筒内拌合物的总质量，kg；V_0 为容量筒的容积，L。

注意：混凝土拌合物的堆积密度（湿）一般允许利用制备混凝土抗压强度试件时，称量试模及称量试模连同拌合物的总质量（精确至 0.1kg）的方法来测定。以一组 3 个试件堆积密度的平均值作为拌合物的堆积密度。

六、混凝土立方体抗压强度试验

测定混凝土立方体抗压强度，作为确定混凝土强度等级和调整配合比的依据。

（一）主要仪器设备

（1）压力试验机或万能试验机：其精度示值的相对误差应在±1%以内（见图 19）。

（2）试模：由铸铁或钢制成的立方体（见图 20），规格视骨料最大粒径选用（见表 4）。

图 19　万能试验机

图 20　混凝土试模

表 4　试模尺寸与骨料最大粒径、插捣次数及强度换算系数选用表

试模内净尺寸（mm×mm×mm）	骨料最大粒径（mm）	每层插捣次数（次）	每组约需混凝土量（kg）	强度换算系数
100×100×100	30	12	9	0.95
150×150×150	40	27	30	1.00
200×200×200	60	50	65	1.05

（3）标准养护室：温度为（20±2）℃、相对湿度大于 95%。

（4）振动台：频率为（50±3）Hz，空载振幅为 0.5mm（见图 18）。

（5）捣棒、小铁铲、金用直尺和镘刀等。

（二）试验方法

（1）按表 5 选择同规格的试模 3 只组成一组。将试模拧紧螺栓并清刷干净，内壁涂一薄层矿物油，编号待用。

（2）试模内装的混凝土应是同一次拌和的拌合物。坍落度小于或等于 70mm 的混凝土，试件成型宜采用振动台振实；坍落度大于 70mm 的混凝土，试件成型宜采用捣棒人工捣实。

1）振动台成型试件。将拌合物一次装入试模并稍高出模口，用镘刀沿试模内壁略加插捣后，移至振动台上，开动振动台，振动至表面呈现水泥浆为止，刮去多余拌合物并用镘刀沿模口抹平。

2）捣棒人工捣实成型试件。将拌合物分两层装入试模，每层厚度大致相等。插捣按螺旋方向从边缘向中心均匀进行。插捣底层时，捣棒应贯穿整个深度，插捣上层时，捣棒应插入下层深度 20～30mm。插捣时捣棒应保持垂直不得倾斜，并用抹刀沿试模内壁插入数次，以防止试件产生麻面。每层插捣次数如表 4 所示，然后刮去多余拌合物，并用镘刀抹平。

(3) 成型后的试件应覆盖，防止水分蒸发，并在室温 (20±5)℃环境中静置 1～2 昼夜 (不得超过两昼夜)，拆模编号。拆模后的试件立即放在标准养护室内养护。试件在养护室内置于架上，试件间距离应保持 10～20mm，并避免用水直接冲刷。

(4) 混凝土试件抗压强度测定。试件从养护地点取出后，应尽快进行试验，以免试件内部的温湿度发生显著变化。

1) 将试件擦拭干净，测量尺寸，并检查外观。试件尺寸测量精确至 1mm，据此计算试件的承压面积。若实测尺寸与公称尺寸之差不超过 1mm，可按公称尺寸进行计算。

2) 将试件安放在试验机的下压板上，试件的承压面应与成型时的顶面垂直。试件的中心应与试验机下压板中心对准，开动试验机，当上压板与试件接近时，调整球座，使之接触均衡。

3) 连续而均匀地加荷，预计混凝土强度等级小于 C30 时，加荷速度每秒 0.3～0.5MPa；混凝土强度等级大于或等于 C30 时，加荷速度每秒 0.5～0.8MPa。当试件接近破坏而开始迅速变形时，停止调整试验机油门，直至试件破坏，然后记录破坏荷载。

(三) 结果评定

试件的抗压强度 f_{cu} (MPa) 按式 (12) 计算 (精确至 0.1MPa)，即

$$f_{cu} = \frac{P}{A} \tag{12}$$

式中：P 为破坏载荷，N；A 为试件承压面积，mm^2。

一组试件的立方体强度代表值，取 3 个试件测值的算术平均值。如果 3 个测值中的最大值或最小值中有一个与中间值的差异超过中间值的 15%，则将最大值和最小值一并舍去，取中间值作为该组试件的抗压强度代表值；如果最大值或最小值与中间值的差异均超过 15%，则该组试验结果无效。

抗压强度试验的标准立方体尺寸为 150mm×150mm×150mm，用其他尺寸试件测得的抗压强度值均应乘以相应的换算系数，如表 4 所示。

试验Ⅳ 钢　　材

一、试验内容

钢材拉伸试验、钢材弯曲试验。

二、采用标准

(1)《金属材料　室温拉伸试验方法》(GB/T 228—2002)。

(2)《金属材料　线材　反复弯曲试验方法》(GB/T 238—2002)。

三、一般规定

(1) 钢筋混凝土用热轧钢筋，应有出厂证明书或试验报告单。

(2) 同一炉号、牌号、尺寸和交货状态的钢筋应分批检验和验收，每批质量不大于 60t。

每批钢筋中任取两根拉力试件、两根弯曲试件。若其中有一根拉伸试验或弯曲试验中的任一指标不合格，再从同一批钢筋中任取双倍数量的试件，再进行复检。复检时若有一个指标不合格，则整批不予验收。此外，还要检验钢筋的尺寸、表面状态等。当使用过程中有脆断、焊接不良以及机械性能明显不正常时，应进行化学检验。

（3）钢筋拉伸和弯曲试件不允许车削加工，试验时温度为（20±10）℃。若温度不在此范围内，应在报告中注明。

四、拉伸试验

测定钢材在拉伸过程中应力和应变的关系曲线，以及屈服强度、抗拉强度、弹性模量和断后伸长率等物理力学性能指标，评定钢材的质量。

(一) 主要仪器设备

（1）万能试验机：示值误差小于1%，试验时所有荷载的范围应在最大荷载的20%～80%，如图19所示。

（2）钢筋划线机、游标卡尺（精确度0.1mm）和天平等。

(二) 试验方法

（1）量出标距长度 l_0（精确度为0.1mm）。在 l_0 范围内，按十等分划线、分格、定标距，如图21所示。

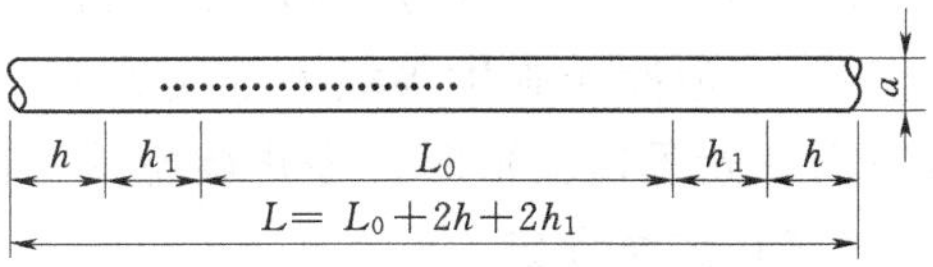

图21 钢筋拉伸试样

a—试件直径；h—夹头长度；h_1—0.5～1a；L_0—标距长度；L—试样总长度

（2）测量试件的质量和长度。

（3）不经车削的试件按质量和长度计算截面面积 A_0（mm^2），即

$$A_0 = \frac{m}{7.85L} \tag{13}$$

式中：m 为试件质量，g；L 为试件长度，m；7.85为钢材密度，g/cm^3。

计算钢筋强度时，截面面积采用公称横截面积，钢筋的公称直径、截面面积和理论重量如表5所示。

（4）拉伸试验。

1）将试件两端固定在试验机夹具内。

2）开动试验机进行试验，屈服前应力施加速度为10MPa/s；屈服后试验机活动夹头在荷载下移动速度每分钟不大于 $0.5l_c$（不经车削试件 $l_c=l_0+2h_1$），至试件拉断。

表5 钢筋的公称直径、截面面积和理论重量

直径（mm）	截面面积（mm^2）	理论重量（kg/m）	直径（mm）	截面面积（mm^2）	理论重量（kg/m）	直径（mm）	截面面积（mm^2）	理论重量（kg/m）
6	28.27	0.222	16	201.1	1.58	28	615.8	4.83
8	50.27	0.395	18	254.5	2.00	32	804.2	6.31
10	78.54	0.617	20	314.2	2.47	36	1018	7.99
12	113.1	0.888	22	380.1	2.98	40	1257	9.87
14	153.9	1.21	25	490.9	3.85	50	1964	15.42

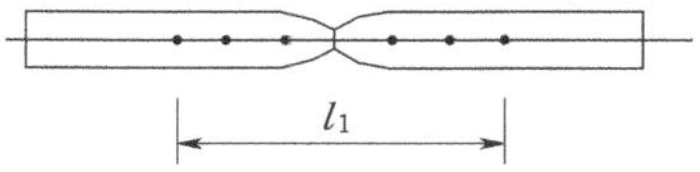

图 22 钢筋拉断后标距测量

3）拉伸过程中，由荷载变形曲线读出屈服荷载 F_S（N）与最大极限荷载 F_b（N）。

4）将已拉断的试件在断裂处对齐，尽量使轴线位于一条直线上，量出拉伸后的标距长度 l_1，如图 22 所示。

（三）结果评定

（1）屈服强度（精确至 5MPa），其计算式为

$$\sigma_s = F_s/A_0 \tag{14}$$

（2）抗拉强度（精确至 5MPa），其计算式为

$$\sigma_b = F_b/A_0 \tag{15}$$

（3）伸长率 δ（精确至 1%），其计算式为

$$\delta_{10}(\delta_5) = \frac{l_1 - l_0}{l_0} \times 100(\%) \tag{16}$$

式中：δ_{10}、δ_5 分别为 $l_0 = 10a$、$l_0 = 5a$ 时的伸长率。

若拉断处位于标距之外，伸长率无效，应重做试验。

五、弯曲试验

检验钢材在规定的弯曲条件下的弯曲变形的性能。

（一）主要仪器设备

（1）压力机或万能试验机。

（2）弯曲装置，如图 23 所示。

图 23 钢筋弯曲试验

（二）试验方法

（1）按图 24 调整两支辊之间的距离，使 $l = (d + 3a) \pm 0.5a$。

（2）选用弯心直径 d。

（3）将试件按图 24 装置好后，平衡缓慢地加荷。在荷载作用下，钢筋贴着冷弯压头，弯曲到要求的角度。

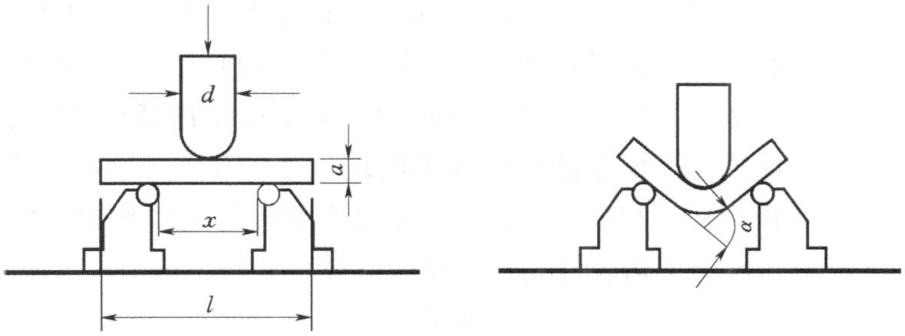

图 24 冷弯试验示意图

l—试件长度；a—试件直径；α—弯曲角度；x—两支辊间的距离

（三）结果评定

检查试件弯曲的外缘和侧面，若无裂纹、裂断或起层，则评定为冷弯试验合格。

试验Ⅴ 沥　　青

一、试验内容

沥青的针入度、软化点和延度测定。

二、采用标准

(1)《沥青取样法》(GB/T 11147—2010)。

(2)《沥青软化点测定法(环球法)》(GB/T 4507—1999)。

(3)《沥青延度测定法》(GB/T 4508—2010)。

(4)《沥青针入度测定法》(GB/T 4509—2010)。

三、一般规定

从桶、袋、箱中取样应在样品表面以下及容器侧面以内至少75cm处采取。若沥青是能够打碎的，则用干净的锤头打碎后取样；若沥青是软的，则用干净的适当工具切割取样。取样应从5个不同部位取样，每处取样数量大致相等。进行沥青性质常规检验的取样数量：黏稠或固体沥青不少于1～2kg；液体沥青1L(乳化沥青4L)。从贮罐中取样为4L，从桶中取样为1L。

四、针入度测定

通过针入度的测定可以确定沥青的稠度，为划分沥青的牌号提供技术指标。本方法适用于测定针入度范围从(0～500) 1/10mm的固体和半固体沥青材料的针入度。

石油沥青的针入度以标准针在一定的载荷、时间及温度条件下垂直穿入沥青试样的深度来表示，单位为1/10mm。除非另行规定，标准针、针连杆与附加砝码的总质量为(100±0.05)g，温度为(25±0.1)℃，时间为5s。特定试验可采用的其他条件，如表6所示。

(一)主要仪器设备

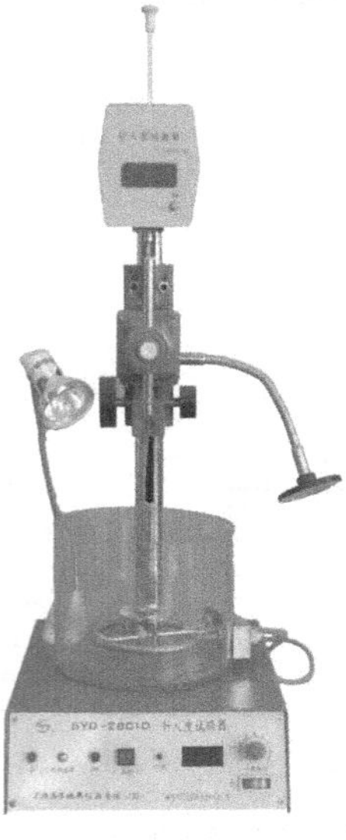

图25 针入度仪

(1)针入度仪：针入度仪(见图25)能使针连杆在无明显摩擦下垂直运动。能指示穿入深度精确到0.1mm的仪器均可使用。针连杆质量为(47.5±0.05)g，针和针连杆的总质量为(50±0.05)g。此外，仪器附有(50±0.05)g和(100±0.05)g的砝码各一个，可以组成(100±0.05)g和(200±0.05)g的载荷以满足试验所需的载荷条件。仪器设有放置平底玻璃皿的平台，并有可调水平的机构，针连杆应与平台垂直。仪器设有针连杆制动按钮，紧压按钮针连杆可自由下落。针连杆要易于拆卸，以便定期检查其质量。

(2)标准针：针长约50mm，直径为1.00～1.02mm。针的一端必须磨成8.7°～9.7°的锥体，锥体必须与针体同轴。针应装在一个黄铜或不锈钢的金属箍中，金属箍的直径为(3.20±0.05)mm，长度为(38±1)mm，针应牢固地装在箍里，针尖及针的任何其余部分均不得偏离箍轴1mm以上。针箍及其附件总质量为(2.50±0.05)g。每个针箍上打印单独的标志号码。

（3）试样皿：金属或玻璃的圆柱形平底皿，尺寸如表 7 所示。

表 6　针入度特定试验条件规定

温度（℃）	荷重（g）	时间（s）
0	200	60
4	200	60
46	50	5

注　特定试验报告中应注明试验条件。

表 7　试样皿尺寸　单位：mm

沥青针入度	直径	深度
针入度小于 40 时	33～55	8～16
针对度小于 200 时	55	35
针入度 200～350 时	55～75	45～75
针入度 350～500 时	55	70

（4）恒温水浴：容量不小于 10L，能保持温度在试验温度的±0.1℃范围内。

（5）温度计：液体玻璃温度针，刻度范围为 0～50℃，分度值为 0.1℃。

（6）平底玻璃皿：容量不小于 350mL，深度要浸过最大的样品皿。内设一个不锈钢三角支架，以保证试样皿稳定。

（二）试验方法

（1）小心加热样品，不断搅拌以防局部过热，加热到使样品能够流动。食油、焦油沥青的加热温度不超过软化点 60℃，石油沥青不超过软化点 90℃。加热时间在保证样品充分流动的基础上尽量少。加热、搅拌过程中避免试样中进入气泡。

（2）同时将试样倒入两个预先选好的试样皿中，试样深度应至少是预计锥入深度的 120%。盖住试样皿以防灰尘落入。在 15～30℃的室温下，冷却 45min～1.5h（小试样皿）、1h～1.5h（中试样皿）或 1.5～2h（大试样皿），然后将两个试样皿和平底玻璃皿一起放入恒温水浴中，水面应没过试样表面 10mm 以上。在规定的试验温度下冷却，小皿恒温 45min～1.5h，中皿恒温 1～1.5h，大皿恒温 1.5 ～2h。

（3）调节针入度仪的水平，检查针连杆和导轨，确保上面没有水和其他物质。首先用合适溶剂将针擦干净，再用干净的布擦干，然后将针插入针连杆中固定，按试验条件放好砝码。将已恒温到试验温度的试样皿和平底玻璃皿取出，放置在针入度仪的平台上慢慢放下针连杆，使针尖刚刚接触到试样的表面，拉下活杆，使其与针连杆顶端相接触，调节针入度仪上的表盘读数指零或归零。手紧压按钮，同时启动秒表，使标准针自由下落穿入沥青试样，到规定时间停压按钮，使标准针停止移动。拉下活杆，再使其与针连杆顶端相接触，此时表盘读针的读数即为试样的针入度，以 1/10mm 表示。

（4）同一试样至少重复测定三次。每一试验点的距离和试验点与试样皿边缘的距离都不得小于 10mm。每次试验前都应将试样和平底玻璃皿放入恒温水浴中，每次测定都要用干净的针。当针入度超过 200 时，至少用三根针，每次试验用的针留在试样中，直到三根针扎完时再将针从试样中取出。针入度小于 200 时可将针取下用合适的溶剂擦净后继续使用。

（三）结果评定

三次测定针入度的平均值，取至整数，作为试验结果。其中两次测定的针入度值相差不应大于表 8 中的数值。若差值超过允许值，利用第二个样品重复试验。如果结果再次超过允许值，则取消所有的试验结果，重新进行试验。

表 8　　针入度测定允许最大差值

针入度	0～49	50～149	150～249	250～350	350～500
最大差值	2	4	6	8	20

五、延度测定

本方法适用于测定石油沥青的延度，也适用于测定煤焦油沥青的延度。未经特殊说明，试验温度为（25±0.5)℃，拉伸速度为（5±0.25)cm/min。

（一）主要仪器设备

（1）延度仪：凡能将试件持续浸没于水中，按照（5±0.25)cm/min 的速度拉伸试件的仪器均可使用。该仪器在开动时应无明显的振动（见图 26)。

（2）试件模具：由黄铜制造，由两价目弧形端模和两个侧模组成，组装模具的尺寸变化范围如图 27 所示。

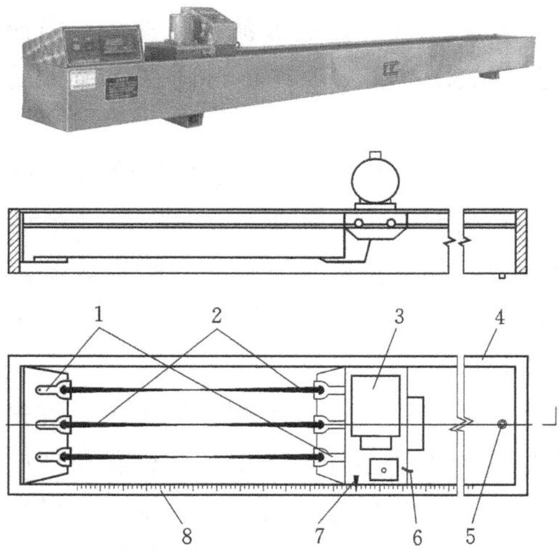

图 26　沥青延度仪

1—试模；2—试样；3—电机；4—水槽；5—泻水孔；6—开关手柄；7—指针；8—标尺

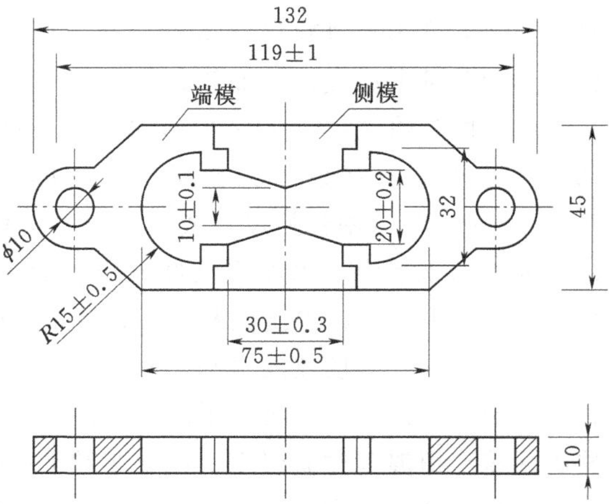

图 27　沥青延度仪试模

（3）水浴：容量至少为 10L，能保持试验温度变化不大于 0.1℃，试件浸入水中深度不得小于 10cm，水浴中设置带孔搁架以支撑试件，搁架距浴底部不得小于 5cm。

（4）温度计：刻度范围为 0～50℃，分度为 0.1℃和 0.5℃的温度计各一支。

（5）金属网：筛孔为 0.3～0.5mm。

（6）隔离剂：以质量计，由两份甘油和一份滑石粉调制而成。

（7）支撑板：黄铜，一面必须磨光至表面粗糙度为 R_a0.63。

（二）试验方法

（1）将隔离剂拌和均匀，涂于支撑板表面和铜模侧模的内表面，将模具组装在支撑板上。

（2）小心加热样品，以防局部过热，直到样品容易倾倒。石油沥青加热温度不超过预计石油沥青软化点 90℃；煤焦油沥青加热温度不超过预计煤焦油沥青软化点 60℃。将熔化了的样品充分搅拌之后倒入模具中，在倒样时使试样呈细流状，自模的一端至另一端往返倒入，使试样略高出模具，将试件在空气中冷却 30～40min，然后放在规定温度的水浴中保持 30min 取出，用热的直刀或铲将高出模具的沥青刮出，使试样与模具齐平。

（3）将支撑板、模具和试件一起放入水浴中，并在试验温度下保持 85～95min，然后从板上取下试件，拆掉侧模，立即进行拉伸试验。

（4）将模具两端的孔分别套在实验仪器的柱上，然后以一定的速度拉伸，直到试件拉伸断裂。拉伸速度允许误差±5%，测量试件从拉伸到断裂所经过的距离（cm）。试验时，试件距水面和水底的距离不小于 2.5cm，并且要使温度保持在规定温度的±0.5℃的范围内。

如果沥青浮于水面或沉入槽底时，则试验不正常，应使用乙醇或氯化钠调整水的密度，使沥青材料既不浮于水面，又不沉入槽底。

正常的试验应将试样拉成锥形或成型呈柱形，直至在断裂时实际横断面面积接近于零或一均匀断面。如果三次试验得不到正常结果，则报告在该条件下延度无法测定。

（三）结果评定

若三个试件测定值在其平均值的 5%内，取平行测定三个结果的平均值作为测定结果。若三个试件测定值不在其平均值的 5%以内，但其中两个较高值在平均值的 5%之内，则弃去最低测定值，取两个较高值的平均值作为测定结果，否则重新测定。

六、软化点试验（环球法）

环球法适用于测定软化点范围在 30～157℃的石油沥青和煤焦油沥青试样。软化点在 30～80℃范围内，用蒸馏水作加热介质；软化点在 80～157℃范围内，用甘油作加热介质。

（一）主要仪器设备

（1）沥青软化点测定仪：由钢球、试样环、钢球定位器、金属支架、耐热玻璃烧杯和温度计组成。温度计应符合《石油产品试验用液体温度计技术条件》（GB/T 514—2005）中沥青软化点专用温度计的规格技术要求，即测温范围在 30～180℃，最小分度值为 0.5℃的全浸式温度计，不允许使用其他温度计代替（见图 28）。

（2）恒温水槽。

（3）带振荡搅拌器的电炉。

（4）环夹、试样底板、平直刮刀、隔离剂、石棉网和蒸馏水等。

（二）试验方法

（1）小心加热试样，方法同延度试验。若估计软化点在 120℃以上，应将黄铜环与支撑板预热至 80～100℃，然后将铜环放到涂有隔离剂的支撑板上，否则会出现沥青试样从铜环中完全脱落的现象。

图 28 沥青软化点，测定仪

(2) 向每个环中倒入略过量的石油沥青试样，让试件在室温下至少冷却30min。对于在室温下较软的样品，应将试件在低于预计软化点10℃以上的环境中冷却30min。从开始倒试样时起至完成试验的时间不得超过249 min。当试样冷却后，用稍加热的小刀或刮刀彻底地刮去多余的沥青，使得每一个圆片饱满且和环的顶部齐平。

(3) 选择加热介质。新沸煮过的蒸馏水适于软化点为30～80℃的沥青，起始加热介质的温度应为(5±1)℃。甘油适于软化点为80～157℃的沥青，起始加热介质的温度应为(30±1)℃。为了进行比较，所有软化点低于80℃的沥青应在水浴中测定，而高于80℃的在甘油浴中测定。

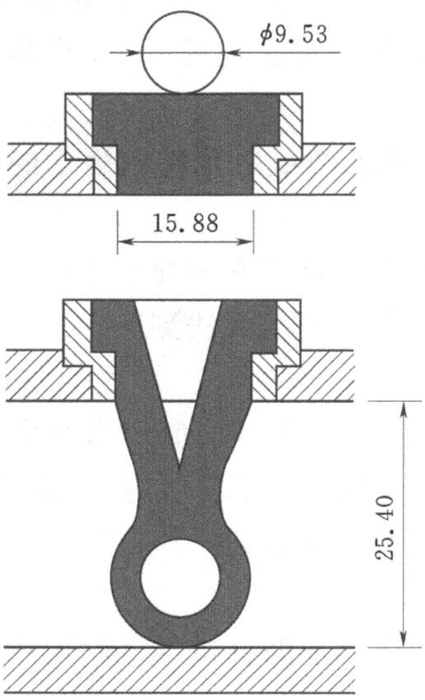

图29 沥青软化点测定

(4) 将仪器放在通风橱内并配置两个样品环、钢球定位器，并将温度计插入合适的位置，浴槽装满加热介质，并使各仪器处于适当位置。用镊子将钢球置于浴槽底部，使其同支架的其他部位达到相同的起始温度。如果有必要，将浴槽置于冰水中，或小心加热并维持适当的起始浴温达15min，并使仪器处于适当位置，注意不要玷污浴液。

(5) 再次用镊子从浴槽底部将钢球夹住并置于定位器中。

(6) 从浴槽底部加热使温度以恒定的速度5℃/min上升。为防止通风的影响，必要时可用保护装置。试验期间不能取加热速率的平均值，但在3min后，升温速度应达到(5±0.5)℃/min，若温度上升速率超过此限定范围，则此次试验失败。

当两个试环的球刚触及下支撑板时(见图29)，分别记录温度计所显示的温度。无需对温度计的浸没部分进行校正。

(三) 结果评定

取两个温度的平均值作为沥青的软化点。如果两个温度的差值超过1℃，则重新试验。

试验Ⅵ 沥青混合料

一、试验内容

沥青混合料的制备和物理指标测定、马歇尔稳定度试验、沥青混合料车辙试验。

二、采用标准

《公路工程沥青及沥青混合料试验规程》(JTJ 052—2000)。

三、一般规定

本方法适用于测定沥青混合料的各项物理力学性质。沥青混合料取样应是随机的，并具有充分的代表性，试样数量不宜少于试验用量的2倍。

四、沥青混合料的制备和试件成型

沥青混合料的制备和试件成型，是按照设计的配合比，应用现场实际材料，在实验室内用小型拌和机按规定的拌制温度制备成沥青混合料，将沥青混合料在规定的成型温度下，用击实法制成直径为101.6mm、高为63.5mm的圆柱体试件，测定其物理常数和力学性能。

（一）主要仪器设备

（1）击实仪、标准击实台（见图30）。

（2）实验室用沥青混合料拌和机。

（3）脱模器：可无破损地推出圆柱体试件。

（4）试模：每组包括内径为（101.6±0.2）mm、高为87mm的圆柱形金属筒，以及底座（直径约120.6mm）和套筒（内径为101.6mm、高为70mm）各一个。

（5）烘箱：大、中型各一台，装有温度调节器。

（6）天平或电子秤：用于称量矿料的，感量不大于0.5g；用于称量沥青的，感量不大于0.1g。

（7）沥青运动黏度测定设备：毛细管黏度计、赛波特重油黏度计或布洛菲尔德黏度计。

（8）温度计：分度为1℃，量程为0～300℃。

（9）电炉或煤气炉、沥青熔化锅。

（10）插刀或大螺丝刀、拌和铲、试验筛、滤纸、胶布、卡尺、秒表、粉笔和棉纱等。

图30 自动击实仪

（二）试验方法

1. 确定制作沥青混合料试件的拌和-压实温度

用毛细管黏度计测定沥青的运动黏度，绘制黏度曲线。当使用石油沥青时，以运动黏度为（170±20）mm^2/s的温度为拌和温度；以（280±30）mm^2/s的温度为压实温度。亦可用赛氏黏度计测定赛波特黏度，以（85±10）s时的温度为拌和温度；以（140±15）s时的温度为压实温度。

当缺乏运动黏度测定条件时，试件的拌和与压实温度可按表9选用，并根据沥青品种和标号作适当调整。针入度小、稠度大的沥青取高限；针入度大、稠度小的沥青取低限；一般的取中值。

表9 沥青混合料拌和及压实温度参考表 单位：℃

沥青种类	拌和温度	压实温度	沥青种类	拌和温度	压实温度
石油沥青	130～160	110～130	煤沥青	90～120	80～110

2. 混合料称量和配制

实验室人工配制沥青混合料时，先将各种规格的矿料置于（105±5）℃的烘箱中烘干至恒重（一般不少于4～6h）。根据需要，将粗、细骨料过筛后，用水冲洗再烘干备用。

分别测定不同粒径粗、细骨料及填料（矿粉）的表观密度，并测定沥青的密度。

将烘干分级的粗、细骨料，按每个试件设计级配成分要求称其质量，在一金属盘中混合均匀，矿粉单独加热，置烘箱中预热至沥青拌和温度以上约15℃（石油沥青通常为163℃）备用，一般按一组试件（每组4～6个）备料，但进行配合比设计时宜对每个试件分别备料；将沥青试样用电热套或恒温箱熔化加热至规定的沥青混合料拌和温度备用；用沾有少许黄油的棉纱擦净试模、套筒及击实座等，并置于100℃左右的烘箱中加热1h备用；将沥青混合料拌和机预热至拌和温度以上10℃左右备用。

将每个试件预热的粗细骨料置于拌和机中，用小铲适当混合，然后再加入需要数量的已预热至拌和温度的沥青，开动拌和机一边搅拌，一边将拌和叶片插入混合料中拌和1～1.5min，然后暂停拌和，加入单独加热的矿粉，继续拌和至均匀为止，并使沥青混合料保持在要求的拌和温度范围内。标准的总拌和时间为3min。

3. 试件成型

将拌好的沥青混合料均匀称取一个试件所需的用量（约1200g），当一次拌和几个试件时，宜将其倒入经预热的金属盘中，用小铲拌和均匀分成几份，分别取用。

从烘箱中取出预热的试模及套筒，用沾有少许黄油的棉纱擦拭套筒、底座及击实锤底面，将试模装在底座上（也可预热一张圆形的吸油性小的纸），按四分法从四个方向用小铲将混合料铲入试模中，用插刀沿周边插捣15次，中间插捣10次。插捣后将沥青混合料表面整平成凸圆弧面。

插入温度针，至混合料中心附近，检查混合料温度。待混合料温度符合要求的压实温度后，将试模连同底座一起放在击实台上固定（也可在装好的混合料上垫一张吸油性小的圆纸），再将装有击实锤及导向棒的压实头插入试模中，然后开启马达（或人工）将击实锤在457mm的高度自由落下击实规定的次数（50次或35次）。

试件击实一面后，取下套筒，将试模掉头，装上套筒，然后以同样的方式和次数击实另一面。

试件击实结束后，如上下面垫有圆纸，应立即用镊子取掉，用卡尺量取试件离试模上口的高度，并由此计算试件高度。若高度不符合要求时，试件应作废，并按式（17）调整试件的混合料数量 q（g），使高度符合（63.5±1.3)mm的要求，即

$$q = q_0 \frac{63.5}{h_0} \tag{17}$$

式中：q_0 为制备试件的沥青混合料实际用量，g；h_0 为制备试件的实际高度，mm。

卸去套筒和底座，将装有试件的试模横向放置冷却至室温后，置脱模机上脱出试件。将试件置于干燥洁净的平面上，在室温下静置过夜（12h以上）供试验用。

五、沥青混合料物理指标测定

按击实法制成的沥青混合料圆柱体，经12h以后，用水中重法测定其表观密度。并按组成材料原始数据计算其空隙率、沥青体积百分率、矿料间隙率和沥青饱和度等物理指标。

（一）主要仪器设备

（1）浸水天平或电子天平：当最大称量在3kg以下时，感量不大于0.1g；当最大称量在3kg以上时，感量不大于0.5g；当最大称量在10kg以下时，感量不大于5g。应有测

量水中重的挂钩。

(2) 网篮、溢流水箱、试件悬吊装置、秒表、电扇或烘箱。

(二) 试验方法

(1) 选择适宜的浸水天平（或电子天平），最大称量应不小于试件质量的 1.25 倍，且不大于试件质量的 5 倍。

(2) 除去试件表面的浮粒，称取干燥试件在空气中的质量（m_a）。

(3) 挂上网篮浸入溢流水箱的水中，调节水位，将天平调平或复零，将试件置于网篮中（注意不要使水晃动，见图 31），待天平稳定后立即读数，称取水中质量（m_w）。

注意：若遇天平读数持续变化，不能在数秒钟内达到稳定，说明试件吸水较严重，不适于用此法测定，应改用表干法或封蜡法测定。

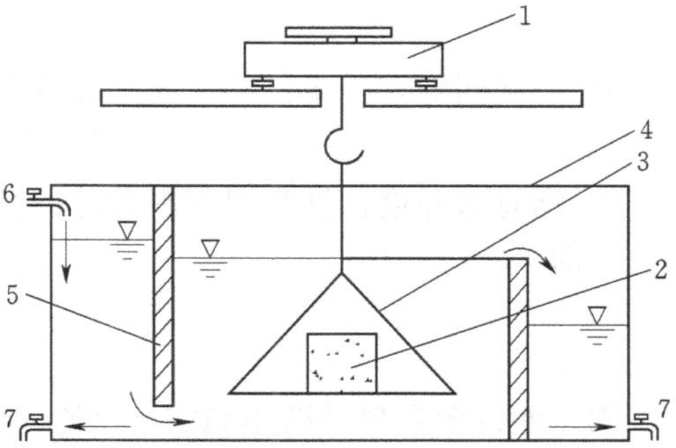

图 31　水中重法称重示意图

1—浸水天平或电子天平；2—试件；3—网篮；4—溢流水箱；5—水位隔板；6—注水口；7—防水闸阀

(4) 计算物理常数。

1) 表观密度。密实的沥青混合料试件的表观密度 ρ_s（g/cm^3）按式（18）计算，取 3 位小数，即

$$\rho_s = \frac{m_a}{m_a - m_w}\rho_w \qquad (18)$$

式中：m_a 为干燥试件在空气中的质量，g；m_w 为试件的水中质量，g；ρ_w 为常温水密度（约等于 1g/cm^3）。

2) 理论密度

a. 当试件沥青按油石比 P_a 计时，试件的理论密度 ρ_t（g/cm^3）取 3 位小数，其值按式（19）计算，即

$$\rho_t = \frac{100 + P_a}{\frac{P_1}{\gamma_1} + \frac{P_2}{\gamma_2} + \cdots + \frac{P_n}{\gamma_n} + \frac{P_a}{\gamma_a}} P_w \qquad (19)$$

式中：P_1，…，P_n 为各种矿料的配合比（矿料总和为 $\sum_1^n P_i = 100$）；γ_1，…，γ_n 为各种矿料与水的相对密度（注意：矿料与水的相对密度通常采用表观相对密度，吸水率大于 1.5%的粗骨料可采用表观相对密度与表干相对密度的平均值）；P_a 为油石比（沥青与矿料的质量比），%。

b. 当试件沥青按沥青含量 P_b 计时，试件的理论密度 ρ_t 按式（20）计算，即

$$\rho_t = \frac{100}{\frac{P'_1}{\gamma_1} + \frac{P'_2}{\gamma_2} + \cdots + \frac{P'_n}{\gamma_n} + \frac{P_b}{\gamma_b}} P_w \qquad (20)$$

式中：P'_1，…，P'_n 为各种矿料的配合比（矿料与沥青之和为 $\sum_1^n P'_i + P_b = 100$）；$P_b$ 为沥青含量（沥青质量占沥青混合料总质量的百分率），%；γ_b 为沥青的相对密度，25℃。

3) 空隙率。试件的空隙率 VV（%）按式（21）计算，取 1 位小数，即

$$VV = (1 - \rho_s/\rho_t)100 \tag{21}$$

式中：ρ_t 为实测的沥青混合料最大密度或按式（19）、式（20）计算的理论密度，g/cm^3；ρ_s 为试件的表观密度，g/cm^3。

4）沥青体积百分率。试件中沥青的体积百分率 VA（%）按式（22）或式（23）计算，取1位小数，即

$$VA = \frac{P_b\rho_s}{\gamma_b\rho_w} \tag{22}$$

$$VA = \frac{100P_a\rho_s}{(100 + P_a)\gamma_b\rho_w} \tag{23}$$

5）矿料间隙率。试件的矿料间隙率 VMA（%）按式（24）计算，取1位小数，即

$$VMA = VA + VV \tag{24}$$

6）沥青饱和度。沥青混合料试件的沥青饱和度 VFA（%）按式（25）计算，取1位小数，即

$$VFA = \frac{VA}{VA + VV} \times 100 \tag{25}$$

六、沥青混合料马歇尔稳定度试验

马歇尔稳定度试验是指标准击实的试件在规定的温度和速度等条件下受压时，测定沥青混合料的稳定度和流值等指标所进行的试验。

本方法适用于标准马歇尔稳定度试验和浸水马歇尔稳定度试验。标准马歇尔稳定度试验主要用于沥青混合料的配合比设计及沥青路面施工质量检验。浸水马歇尔稳定度试验（根据需要，也可进行真空饱水马歇尔试验）主要是检验沥青混合料受水损害时抵抗剥落的能力，通过测试其水稳定性检验配合比设计的可行性。

该方法使用的沥青混合料试件按《公路工程沥青及沥青混合料试验规程》（JTJ 052—2000）的标准击实法成型马歇尔试件方法制作，其标准的试件尺寸为直径（101.6±0.25）mm、高（63.5±1.3）mm的圆柱体。

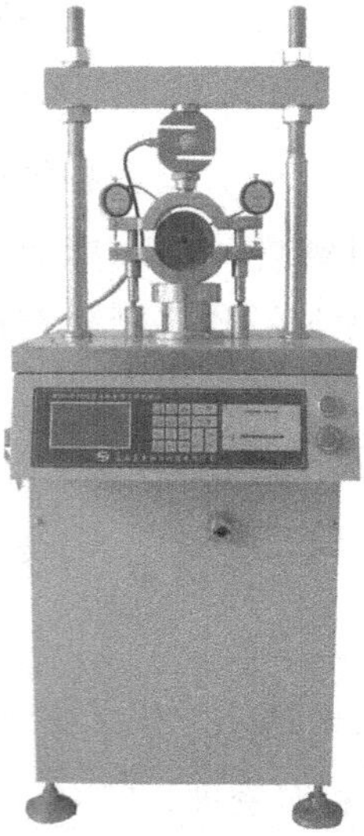

图32　马歇尔试验仪

（一）主要仪器设备

（1）沥青混合料马歇尔试验仪：符合《沥青混合料马歇尔试验仪》（GB/T 11823—1989）技术要求的产品，也可采用带数字显示或用 $X-Y$ 记录荷载-位移的自动马歇尔试验仪。试验仪最大荷载不小于25kN，测定精度为100N，加载速率能保持（50±5）mm/min。另有测定荷载与试件变形的压力环（或传感器）、流量计（或位移计），钢球的直径为16mm，上、下压头曲率半径为50.8mm（见图32）。

（2）恒温水槽：控温准确度为1℃，深度不小于150mm。

（3）真空饱水容器：包括真空泵及真空干燥器。

（4）天平：感量不大于0.1g。

（5）温度计：分度为1℃。

（6）烘箱、卡尺、棉纱和黄油等。

（二）试验方法

1. 标准马歇尔试验方法

（1）用卡尺（试件高度测定器）测量试件直径和高度［如试件高度不符合（63.5±1.3)mm要求或两侧高度差大于2mm时，此试件应作废］，按规定方法测定试件的物理指标（密度、空隙率、沥青体积百分率、沥青饱和度和矿料间隙率等）。

（2）将恒温水槽（或烘箱）调节至要求的试验温度，对于黏稠石油沥青混合料该温度为（60±1)℃。将试件置于已达规定温度的恒温水槽（或烘箱）中保温30～40min，试件应垫起，距容器底部不小于5cm。

（3）将马歇尔试验仪的上、下压头放入水槽（或烘箱）中达到同样温度。将上、下压头从水槽（或烘箱）中取出拭干净内面。为使上、下压头滑动自如，可在下压头的导棒上涂少量黄油。再将试件取出置于下压头下，然后装在加载设备上。

（4）将流值测定装置安装在导棒上，使导向套管轻轻地压住上压头，同时将流值计读数调零。在上压头的球座上放妥钢球，并对准荷载测定装置（应力环或传感器）的压头，然后调整应力环中百分表对准零或将荷重传感器的读数复位为零。

（5）启动加载设备，使试件承受荷载，加载速度为（50±5）mm/min。当试验荷载达到最大值的瞬间，取下流值计，同时读取应力环中百分表（或载荷传感器）读数和流值计的流值读数（从恒温水槽中取出试件至测出最大荷载值的时间，不应超过30s）。

（6）试验结果计算。

1）试件的稳定度及流值。当采用自动马歇尔试验仪时，将计算机采集的数据绘制成压力和试件变形曲线，按图33所示方法在切线方向延长曲线与横坐标相交于O_1，将O_1作为修正原点，从O_1起量取相应于荷载最大值时的变形作为流值（FL），以mm计，精确至0.1mm。最大荷载即为稳定度（MS），以kN计，精确至0.01kN。

当采用压力环和流值计测定时，根据压力环标定曲线，将压力环中百分表的读数换算为荷载值，或者由荷载测定装置读取的最大值即为试样的稳定度（MS），以kN计，精确至0.01kN。由流值计及位移传感器测定装置读取的试件垂直变形，即为试件的流值（FL），以mm计，精确至0.1mm。

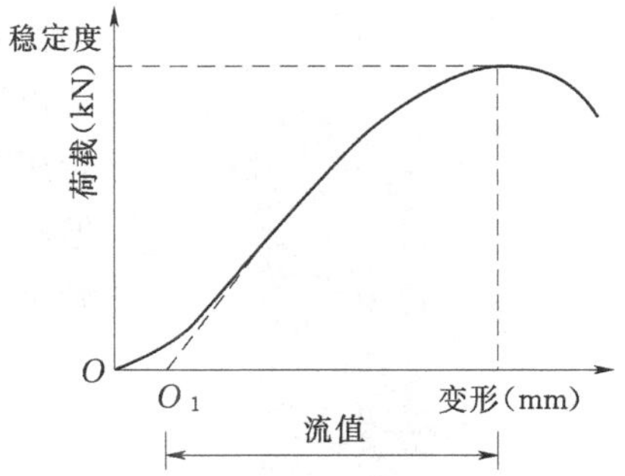

图33 马歇尔试验结果的修正方法

2）马歇尔模数。试件的马歇尔模数T（kN/mm）按式（26）计算，即

$$T=\frac{MS\times 10}{FL} \tag{26}$$

式中：MS为试件的马歇尔模数，kN；FL为试件的流值，mm。

2. 浸水马歇尔试验方法

（1）浸水马歇尔试验方法是将沥青混合料试件在规定温度［黏稠沥青混合料为（60±1)℃］的恒温水槽中保温48h，然后测定其稳定度。其余方法与标准浸水马歇尔试验方法相同。

（2）根据试件的浸水马歇尔稳定度，可按式（27）求得试件浸水残留稳定度MS_0（%），即

$$MS_0=\frac{MS_1}{MS}\times 100 \tag{27}$$

式中：MS_1 为 48h 后的稳定度，kN；MS 为试件按标准试验方法测得的稳定度，kN。

3. 真空饱和马歇尔试验方法

真空饱和马歇尔试验方法是将试件先放入真空干燥器中，关闭进水胶管，开动真空泵，使干燥器的真空度达到 97.3kPa（730mmHg）以上，维持 15min，然后打开进水管，靠负压进入冷水流，使试件全部浸入水中，浸水 15min 后恢复常压，取出试件再放入规定温度［黏稠沥青混合料为（60±1)℃］的恒温水槽中保温 48h，进行马歇尔试验，可按式（28）求得试件真空饱水残留稳定度 MS'_0（%），即

$$MS'_0=\frac{MS_2}{MS}\times 100 \tag{28}$$

式中：MS_2 为试件真空饱水浸水 48h 后的稳定度，kN；MS 为试件按标准试验方法的稳定度，kN。

（三）结果评定

（1）当一组测定值中某个数据与平均值大于标准差 k 倍时，该测定值应予舍弃，并以其测定值的平均值作为试验结果。当试验目的 n 为 3、4、5、6 个时，k 值分别为 1.15、1.46、1.67、1.82。

（2）采用自动马歇尔试验时，试验结果应附上荷载-变形曲线原件或自动打印结果，并报告马歇尔稳定度、流值、马歇尔模数，以及试件尺寸、试件的密度、空隙率、沥青用量、沥青体积百分率、沥青饱和度、矿料间隙率等各项物理指标。

七、沥青混合料车辙试验

沥青混合料的车辙试验是在规定尺寸的板块状试件上，用固定荷载的橡胶轮反复行走后，测定其在变形稳定期每增加变形 1mm 的碾压次数，即动稳定度，以“次/mm”表示。车辙试验的温度与轮压，可根据有关规定和需要选用。未经注明，试验温度为 60℃，轮压为 0.7MPa。若在寒冷地区也可采用 45℃或其他温度，但应在报告中注明。计算动稳定度的时间原则上是在试验开始后 40～60mm 之间。

图 34 车辙试样成型机

本方法适用于轮碾成型的长 300mm、宽 300mm、厚 50mm 的板块状试件，也适用于现场切割的长 300mm、宽 150mm、厚 50mm 的板块状试件；同时，也适用于测定沥青混合料的高温抗车辙能力，并作为沥青混合料配合比设计的辅助性检验使用。

（一）主要仪器设备

（1）车辙试样成型机（见图 34）。

（2）车辙试验机（见图 35）：主要由下列部分组成：

1）试件台：可牢固地安装两种宽度（300mm 及 150mm）的规定尺寸试件的试模。

2）试验轮：橡胶制的实心轮胎，外径为200mm，轮宽为50mm，橡胶层厚为15mm。

3）加载装置：使试验轮与试件的接触压强在60℃时为（0.7±0.05）MPa，施加的总荷重为700N左右，根据需要可以调整。

4）试模：钢板制成，由底板及侧板组成。试模内侧尺寸为300mm，宽为300mm，厚为50mm（实验室制作），也可固定150mm宽的现场切制试件。

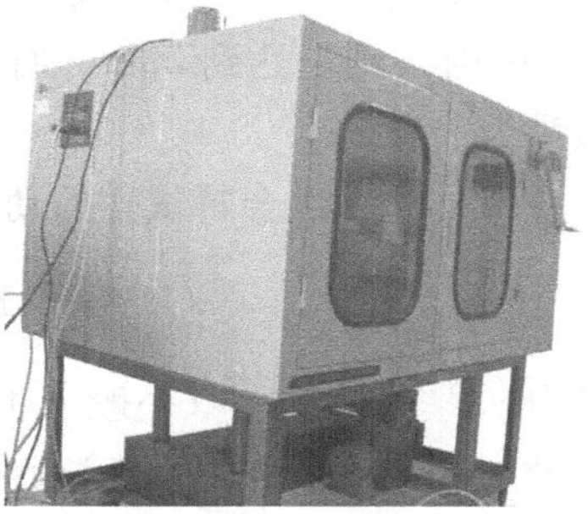

图35 车辙试验机

5）变形测量装置：自动检测车辙变形并记录曲线装置，常用LVDT、电测百分表或非接触位移计。

6）温度检测装置：自动检测并记录试件表面及恒温室内温度的温度传感器、温度计，精度为0.5℃。

（3）恒温室：能保持室内恒温（60±1）℃［试件内部温度（60±0.5）℃］，根据需要也可为其他温度，应能自动连续记录温度。

（4）台秤：称量为15kg，感量不大于5g。

（二）试验方法

（1）试验轮接地压强测定：测定在60℃时进行，在试验台上放置一块50mm厚的钢板，其上铺一张毫米方格纸，上铺一张新的复写纸，以规定的700N荷载后试验静压复写纸，即可在方格纸上印出轮压面积，并由此求接地压强。若压强不符合（0.7±0.05）MPa时，荷载应予适当调整。

（2）按《公路工程沥青及沥青混合料试验规程》（JTJ 052—2000）的规定用轮碾成型法制车辙试验试块。在实验室或工地制备成型的车辙试件，其标准尺寸为300mm×150mm×50mm。

（3）将试件脱模按规定的方法测定密度及空隙率等各项物理指标。经水浸，应用电风扇将其吹干，然后再装回原试模中。

（4）试件成型后，将试件连同试模一起，置于已达到试验温度（60±1）℃的恒温室中，保温不少于5h，也不得多于24h。在试件的试验轮行走的部位上，粘贴一个热电隅温度计（也可在试件制作时预先将热电隅导线埋入试件一角），控制试件温度稳定在（60±0.5）℃。

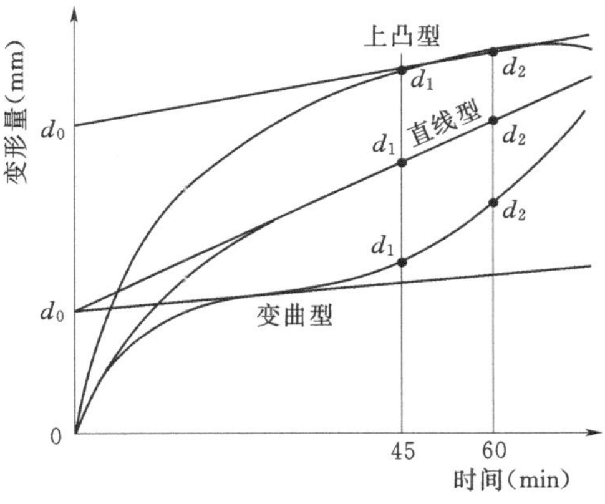

图36 车辙试验自动记录的变形曲线

（5）将试件连同试模移置于车辙试验机的试验台上，试验轮在试件的中央部位，其行走方向须与试件碾压或行车方向一致。开动车辙变形自动记录仪，然后启动试验机，使试验轮往返行走，时间约1h，或最大变形达到25mm时为止。试验时，记录仪自动记录变形曲线及试件温度，如图36所示。

（6）从图36中读取45min（t_1）及60mm

(t_2) 时的车辙变形 (d_1 及 d_2)，精确至 0.01mm。当形变过大，在未到 60min 变形已达 25mm 时，则以达到 25mm 时的时间为 d_2 时的时间即 t_2，将其前 15min 为 t_1，此时的变形量为 d_1。

(7) 沥青混合料试件的动稳定度 DS (次/mm) 按式 (29) 计算，即

$$DS=\frac{(t_2-t_1)\times 42}{d_2-d_1}\times C_1\times C_2 \tag{29}$$

式中：d_1 为时间 t_1 (一般为 45min) 的变形量，mm；d_2 为时间 t_2 (一般为 60min) 的变形量，mm；C_1 为试验机类型修正系数，曲柄连杆驱动试件的变速分赴方式为 1.0，链驱动试验轮的等速方式为 1.5；C_2 为试件系数，实验室制备的宽 300mm 的试件为 1.0，从路面切割的宽 150mm 的试件为 0.8。

(三) 结果评定

(1) 同一沥青混合料或同一路段的路面，至少平行试验 3 个试件，当 3 个试件动稳定度变异系数小于 20%时，取其平均值作为试验结果。变异系数大于 20%时应分析原因，并追加试验。若计算动稳定度的值大于 6000 次/mm，记作大于 6000 次/mm。

(2) 试验报告应注明试验温度、试验轮接地压强、试件密度、空隙率及试件制作方法等。

(3) 精密度或允许差：重复性试验动稳定变异系数允许值为 2%。

参 考 文 献

[1] 郑德明，钱红萍．21世纪高等教育土木工程系列规划教材．土木工程材料．北京：机械工业出版社，2005.

[2] 张爱勤．道路建筑材料．山东：山东大学出版社，2005.

[3] 陈雅福．土木工程材料．广州：华南理工大学出版社，2001.

[4] 黄晓明，潘钢华，赵永利．土木工程材料．第二版．南京：东南大学出版社，2007.

[5] 张德思．土木工程材料典型题解析及自测试题．西安：西北工业大学出版社．

[6] Hewlett，Peter C. et al. Lea' s Chemistry of Cement and Concrete. Fourth Edition. Arnold，London，1998.

[7] Neville，Adam. Properties of Concrete. Third Edition. Pitman Publishing Limited. London，1981.

[8] Derucher，K. N，et al．Materials for Civil and Highway Engineering. Fourth Edition. Prentice Hall，New jersey，1998.

[9] 严家伋．道路建筑材料．北京：人民交通出版社，2003.

[10] 建筑材料编写组．建筑材料．北京：中国建筑工业出版社，1985.

[11] 纪士斌．建筑材料．北京：清华大学出版社，2001.

[12] 孟志良，等．建筑材料．北京：科学出版社，2001.

[13] 赵方冉．土木建筑工程材料．北京：中国建材工业出版社，1999.

[14] 吴科如，等．建筑材料．上海：同济大学出版社，1999.

[15] 杨生茂．建筑材料工程质量监督与验收丛书：混凝土制品及其他制品分册．北京：中国计划出版社，1999．

[16] 徐定华，冯文元．混凝土材料实用指南．北京：中国建材工业出版社，2005.

[17] 郭成举．混凝土的物理和化学．北京：中国铁道出版社，2004.

[18] 吕伟民．沥青混合料设计原理与方法．上海：同济大学出版社，2001.

[19] 沈金安．沥青及沥青混合料路用性能．北京：人民交通出版社，2001.

[20] 叶枝荣．建筑材料标准规范实施手册．北京：中国建筑工业出版社，1994.

[21] 建筑材料工业技术监督研究中心，中国标准出版社第二编辑室．建筑材料标准汇编．建筑防水材料：2003. 北京：中国标准出版社，2004.

[22] 杨生茂．建筑材料工程质量监督与验收丛书．建筑保温、吸声材料分册．北京：中国计划出版社，1999.

[23] 湖南大学，天津大学，同济大学，东南大学．土木工程材料．北京：中国建筑工业出版社，2002.